大学计算机科学实验教学示范中心教材

总主编　张为群

网络技术基础实验

WANGLUO JISHU JICHU SHIYAN

主编　唐明　陆渝　刘盛弘

副主编　崔贯勋　龚伟　于显平　王勇　夏大飞

西南师范大学出版社

大学计算机科学实验教学示范中心教材

序

近几年我国每年培养的计算机应用、计算机软件等专业的毕业生已经达到数10万人的规模，一方面是学生就业率连年下滑，但另一方面却是相关企业存在严重的人才匮乏。为什么会出现如此矛盾的现象，就是因为很多毕业生只会照抄照搬别人的东西，不善于综合运用自己所学的理论、原理和方法进行新产品、新技术的革新，动手实践能力差，缺乏创新意识。这一矛盾现象提醒我们当前的人才培养模式中存在比较严重的问题，最主要的原因就在于教学的实践环节不能很好地培养学生的创新能力，不能满足社会对人才的新要求。

众所周知，计算机学科是一门实践很强的学科，对这一类学科而言，实验教学可以说是培养学生创新能力的基础。但是，当前计算机实验教学存在许多弊端，例如，实验课时偏少，学生上机实验和动手能力训练的时间不足；在开设的实验中验证型实验偏多，综合型、设计型、创新型实验较少，而后一类实验更能培养起学生的创新能力；实验教学形式的单一，教学方法呆板，缺乏灵活性和弹性，难以适应学生个性化学习的需要，更谈不上因材施教，不能调动学生学习的积极性；实验教学计划、教学大纲陈旧，已不能很好地满足社会的需要等等。因而改革计算机实验教学模式，建设起实验教学完整科学的体系，注重在实验教学中培养学生的创新实践能力有着十分重要的现实意义。

为此，教育部积极推动在全国各地建设一系列的“实验教学示范中心”，并且专门颁布了《实验教学示范中心建设标准》。在这一文件中明确指出，实验课程应该是“适应学科特点及自身系统性和科学性的、完整的课程体系”，其目的是使学生通过实验教学“掌握基本的实验操作方法，能够正确地使用仪器设备，准确地采集实验数据。具有正确记录、处理数据和表达实验结果的能力；认真观察实验现象进行判断、逻辑推理、作出结论的能力；正确设计实验（选择实验方法、实验条件、仪器和试剂等），并通过查阅手册、工具书及其他信息源获得信息以解决实际问题的能力。要注重培养学生实事求是的科学态度，百折不挠的工作作风，相互协作的团队精神、勇于开拓的创新意识。”

该系列教材就是按照教育部相关文件的精神，结合计算机学科的自身特点，并在总结各参编院校实验教学经验的基础上编撰而成。该套教材的编写宗旨是“以能力培养为目标，综合改革实验教学，以期构建起科学的实验教学课程体系”。沿循着从“技术方法”到“思维方法”而至“思想方法”的主线，培养学生的创新实践能力。

当然，综合改革人才培养模式无疑是一项规模浩大、充满挑战的教育工程，本系列教材仅仅是一次探索、一次尝试，疏漏差错在所难免。但我们愿以此抛砖引玉，为这一十分有意义事业尽一份绵薄之力。欢迎广大读者批评指正，不吝赐教。

总主编：张为群 教授

前言

随着社会的进步和计算机网络技术的迅速发展，网络应用日益广泛和深入，并已经延伸到了社会的各个部门、单位和千家万户，人们的工作、学习和生活越来越离不开网络，越来越依赖于网络，我们已进入一个“数字生存”时代。为了适应社会对新型人才计算机网络实践应用能力的需求，我们根据当前计算机网络实验教学的实际情况组织有经验的老师编写了本实验教程。

《网络技术基础实验》与本社出版的《交换与路由技术实验》同是计算机网络实际应用能力学习的姊妹篇，本书站在实训的角度，通过大量精心设计的实验来为读者提供计算机网络基本操作技能的系统训练。

本书中的实验内容分六大块：网络基础知识、网络服务、网络互联、网络安全配置、网络管理和网络协议、交换机与路由器配置基础等等。具体包括双绞线标准及制作，网络综合布线，网络实验工具 VMware 的使用，Windows 环境下对等网的组建，常见网络指令的使用，Windows2003 服务器的安装与配置，FTP 服务器的建立及设置，DHCP 服务器的安装与配置，Windows Server2003 中的远程访问/VPN 服务器，Windows Server2003 中的流媒体服务器，网络协议选择，Windows 环境与 NetWare 环境的互联，Windows 环境与 Linux 环境的互联，多种操作系统的互联、故障排除、Windows 操作系统安全，Linux 操作系统安全，常用网络设备安全，HP OpenView 的使用，Sniffer 的使用，局域网中常用的协议栈，局域网数据链路层帧及实例，协议分析实验，交换机与路由器配置实验等。

本书的实践性很强，为了提高网络的应用能力，相关章节还特意安排了有关“背景知识描述”、“应用场景描述”和“思考题”等内容，使得具体的技术训练和操作有一个理论根基，同时达到举一反三的目的。作为大学计算机科学实验教学示范中心教材，本书中的实验主要注重实际应用能力与日常工作中网络基础知识的培养，主要针对计算机专业和非计算机专业学生以及非计算机专业社会人员，通过一些日常应用中的实际操作实验将“学以致用”的观点贯穿其中，可以使学生更好地掌握计算机网络的基础知识和基础网络实验。

本书第一章由李仕峰等编写，第二章由程光德、孙天昊编写，第三由龚伟，黄鑫等编写，第四章由王勇等编写，第五章由于显平、夏大飞编写，第六章由崔贯勋，陆渝、石会恩等编写，唐明、陆渝、刘盛弘负责了该书的策划、统稿等工作。在本书的编写过程中，得到了西师出版社张浩宇老师的大力支持和帮助，也得到了各位参编人员的支持，谨在此表示衷心感谢！

本书运用简单易懂的描述和大量的图片及生动直观的实例对计算机网络的基础知识和实践能力进行阐述和培养，内容全面丰富，实用性强。本书可作为高等院校计算机专业和非计算机专业学生计算机网络基础课程的实验指导教材，也可作为网络工程师和计算机网络爱好者的学习参考书。

编　者

目录

第一章　网络基础知识

本章实验主要任务是认识常见网络设备、介绍双绞线的制作方法及制作工艺、网络综合布线测试的基本知识、虚拟机 VMware Workstation 的使用、建立对等网络以及常用网络调试命令的使用。通过本章实验，你能比较熟练地了解计算机网络的基础知识，具备组建并维护调试简单局域网络的能力。

实验一　常见网络设备

一、实验目的

1. 认识常见的网络设备外观及基本构造；
2. 了解常见网络设备的功能，工作位置，熟悉其性能。

二、实验设备

常见的网络互联设备，如网卡、集线器、交换机、路由器、防火墙、服务器、无线网络设备（AP、无线网卡等）、SOHO 设备、光纤收发器等；制线工具，如压线钳、测线仪、传输介质，如双绞线、同轴电缆、光纤等。

三、实验步骤

1. 准备常见的网络设备及其图片，以实物或图片的形式展示各种网络设备；
2. 了解各种网络硬件设备的主要功能、性能及使用注意事项；
3. 熟悉网络设备的指示灯状态及面板接口。

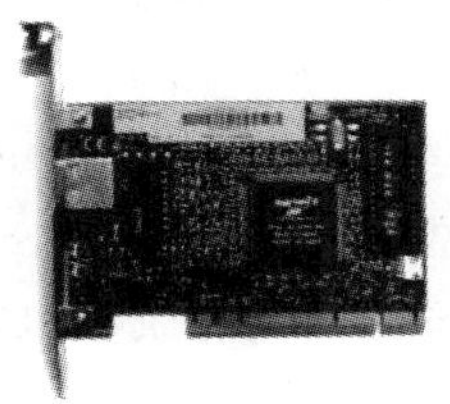
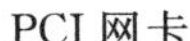

PCI 网卡

无线网卡

PCMICA 无线网卡

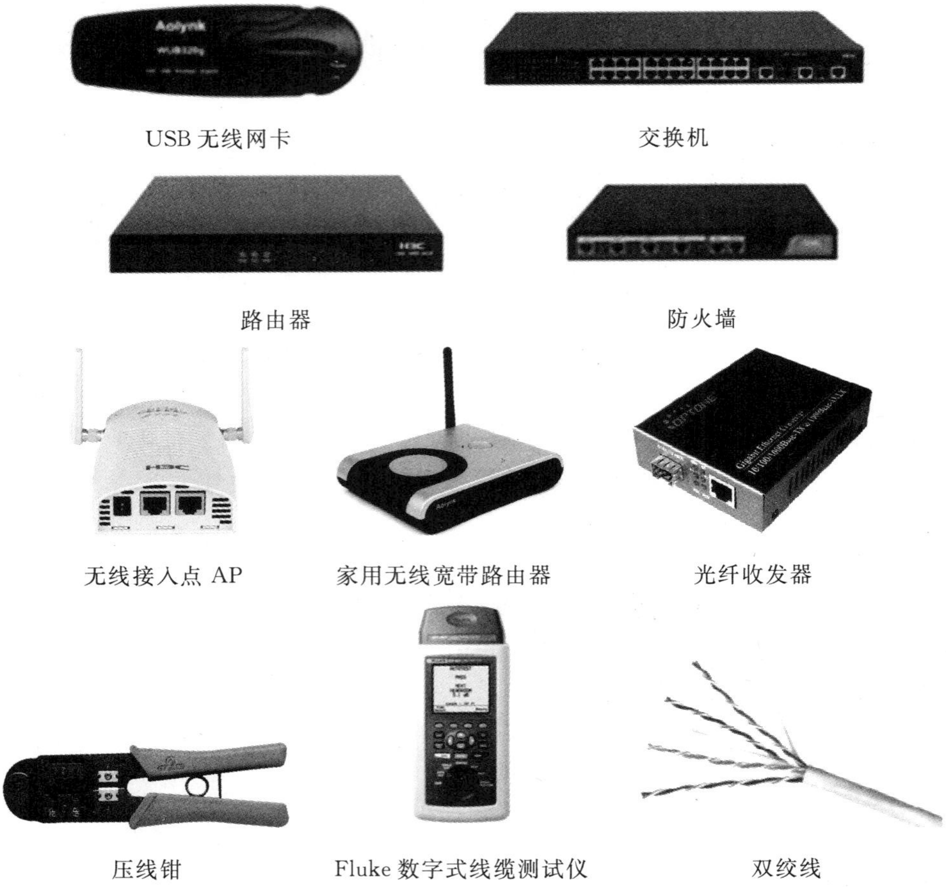

USB 无线网卡　　交换机

路由器　　防火墙

无线接入点 AP　　家用无线宽带路由器　　光纤收发器

压线钳　　Fluke 数字式线缆测试仪　　双绞线

图 1-1-1　常见网络设备及传输介质

实验二　双绞线的制作和连接

一、背景知识描述

双绞线(Twisted-Pair)是由两条相互绝缘的导线按照一定的规格互相缠绕(一般以顺时针缠绕)在一起而制成的一种通用配线,属于信息通信网络传输介质。过去双绞线主要是用来传输模拟信号,但现在更多地使用于数字信号的传输。

把两根绝缘的铜导线按一定规格互相绞在一起,能够降低电磁信号的干扰,每一根导线在传输中辐射的电波会被另一根线上发出的电波抵消。因其导线两两相绞,形成双绞线对,因而得名双绞线。

双线又分为屏蔽双绞线 STP(Shielded Twisted-Pair)和非屏蔽双绞线 UTP(Unshielded Twisted-Pair)。UTP 由多对双绞线和一个绝缘外皮构成，是目前使用最为广泛的传输介质。STP 与 UTP 的差异在于在双绞线和外皮之间增加了一个铅箔屏蔽层，目的是提高双绞线的抗干扰性能，其价格是 UTP 的一倍 以上，主要是用于安全性要求比较高的网络环境中。STP 要求所有的接头插口和配套设施均需使用屏蔽的设备，否则就达不到真正的屏蔽效果，所以整个网络的造价会比使用 UTP 的网络高出很多，因此一般的网络使用的都是 UTP。

按照 EIA/TIA 568A 标准，UTP 共分为 1～6 类，其中计算机网络使用的是 3 类、5 类和 6 类。

表 1-1-1 双绞线类型

规格型号	线缆类型	线缆标准	使用环境
1 类线	CAT－1	目前未被 TIA/EIA 承认	常用在传统电话网络
2 类线	CAT－2	目前未被 TIA/EIA 承认	曾用在 4 Mbit/s 的令牌环网络
3 类线	CAT－3	已被 TIA/EIA－568－B 所界定和承认	提供 16MHz 的带宽，曾用在 10Mbps 以太网络
4 类线	CAT－4	目前未被 TIA/EIA 承认	提供 20MHz 的带宽，曾用在 16 Mbit/s 的令牌环网络
5 类线	CAT－5	已被 TIA/EIA－568－B 所界定和承认	提供 100MHz 的带宽，常用在快速(100 Mbit/s)以太网中
超 5 类线	CAT－5e	已被 TIA/EIA－568－B 所界定和承认	提供 100MHz 的带宽，常用在快速以太网及千兆(1Gbit/s)以太网中
6 类线	CAT－6	已被 TIA/EIA－568－B 所界定和承认	提供 250MHz 的带宽，比 CAT－5 与 CAT－5e 高出一倍半

在构建局域网时，常用 CAT－5 或 CAT－5e 类线。双绞线的制作是计算机及相关专业技术人员需要掌握的最基本技能，是建设局域网的一个最基本的要求。制作双绞线的整个过程要准确到位，线序的错误或压线的不到位都会影响到网络的性能，造成网络不通、网速缓慢或丢包。

通常双绞线的制作有两种接线标准，即 EIA/TIA 布线标准中规定的 T568A 和 T568B 标准。其中，T568B 标准是 100M 局域网中常用的接线方式。T568B 标准如下表所示：

表 1-1-2 T568B 标准

脚位	1	2	3	4	5	6	7	8
颜色	橙白	橙	绿白	蓝	蓝白	绿	褐白	褐

T568A 标准如下表所示：

表 1-1-3 T568A 标准

脚位	1	2	3	4	5	6	7	8
颜色	绿白	绿	橙白	蓝	蓝白	橙	褐白	褐

双绞线的两端线序相同时为直连双绞线；如果一端为 T568A 标准、另一端为 T568B 标准，则为交叉双绞线。T568A 标准和 T568B 标准的接线差异就是通讯过程中的 1、3 脚位和 2、6 脚位交叉。如果网络设备的接口是 MDI(介质相关接口)，它们的接线方式要采用交叉双绞线，如果是 MDIX(介质非相关接口)与 MDIX 或 MDIX 与 MDI 接口的网络设备相连，则可使用直连线，常见的网络设备接线方式如下。

表 1-1-4 常见网络设备接线方式

	计算机	路由器	交换机 MDIX	交换机 MDI	集线器
计算机	交叉	交叉	直连	N/A	直连
路由器	交叉	交叉	直连	N/A	直连
交换机 MDIX	直连	直连	交叉	直连	交叉
交换机 MDI	N/A	N/A	直连	交叉	直连
集线器	直连	直连	交叉	直连	交叉

二、实验内容

1. 直连双绞线的制作；
2. 交叉双绞线的制作；
3. 双绞线的检测和连接。

三、实验目的

1. 掌握双绞线的制作方法和制作工艺；
2. 掌握双绞线的接线标准 T568A、T568B；
3. 掌握双绞线的检测方法，了解常见的连接方式。

四、实验设备

双绞线、压线钳、测线仪、计算机、剪刀、RJ45 水晶头。

五、实验步骤

1. 根据需要，取相应长度(≤ 100m)双绞线一根，用压线钳或剪刀等锐器剥去 15～20mm 的外皮，如图 1-2-1 所示。

图 1-2-1　将双绞线剥去 15～20mm 的外皮

在这个步骤中需要注意的是，压线钳挡位离剥线刀口的长度通常恰好为水晶头的长度，这样可以有效避免剥线过长或过短。若剥线过长看上去肯定不美观，另一方面因网线不能被水晶头卡住，容易松动；若剥线过短，则因有保护层塑料的存在，不能完全插到水晶头底部，造成水晶头插针不能与网线芯线完好接触，影响线路的质量。

2. 按照 T568B 标准将相互缠绕在一起的线缆逐一解开并把几组线缆依次地排列好并理顺，排列的时候应该注意尽量避免线路的缠绕和重叠，如图 1-2-2 所示。

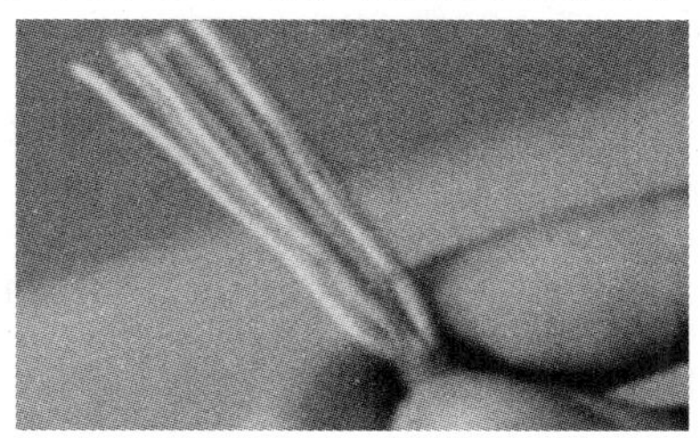

图 1-2-2　按 T568B 标准理线

3. 把线缆依次排列好并理顺压直之后，应该仔细检查一遍，确认无误后用压线钳的剪线刀口把线缆顶部裁剪整齐。

需要注意的是裁剪的时候应该是水平方向插入，否则线缆长度不一定会满足线缆与水晶头的正常接触。若裁剪之前把保护层剥下过多的话，可以在这里将过长的细线剪短，保留去掉外层保护层的部分约为 15mm 左右，这个长度正好能将各细导线插入到各自的线槽。如果该段留得过长，一来会由于线对不再互绞而增加串扰，二来会由于水晶头不能压住护套而可能导致线缆从水晶头中脱出，造成线路的接触不良甚至断开。

4. 把整理好的线缆插入水晶头内。需要注意的是要将水晶头有塑料弹簧片的一面向下，有针脚的一面向上，使有针脚的一端指向远离自己的方向，有方型孔的一端对着自己。此时，最左边的是第 1 脚，最右边的是第 8 脚，其余依次顺序排列。插入的时候需要注意缓缓地用力把 8 条线缆同时沿 RJ－45 头内的 8 个线槽插入，一直插到线槽的顶端。

5. 确认无误之后就可以把水晶头插入压线钳的 8P 槽内压线了，把水晶头插入后，用力握紧线钳，若力气不够的话，可以使用双手一起压，这样一压的过程使得水晶头凸出在外面的针脚全部压入水晶头内，受力之后听到轻微的“啪”一声即可。

6. 压线之后水晶头凸出在外面的针脚全部压入水晶头内，而且水晶头下部的塑料扣位也压紧在网线的灰色保护层之上。

7. 根据需要采用 T568A 或 T568B 标准用同样的方法制作双绞线的另一端。

8. 利用测线仪对制作好的双绞线进行检测。

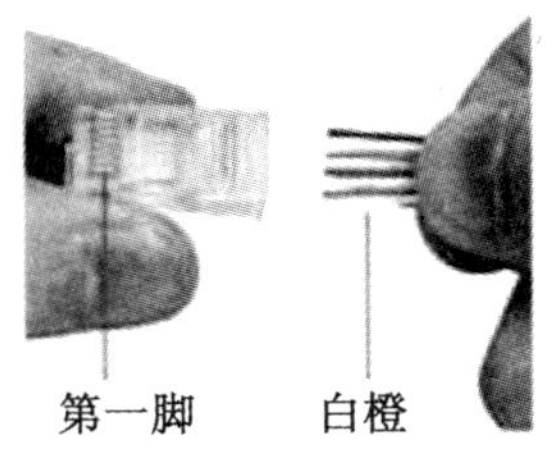
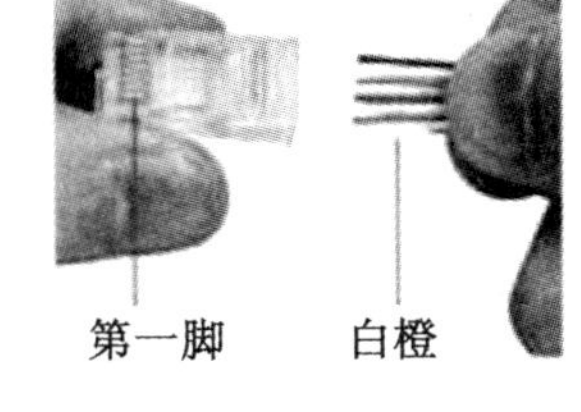

图 1-2-3 将理好的线剪齐后插入水晶头

图 1-2-4 实验测线仪

如果是直连双绞线，测线仪两端的灯的闪烁顺序从 1－8 是顺序闪烁的，如果是交叉双绞线，则测线仪两端闪烁顺序是 1、3 交叉，2、6 交叉。

9. 将检测通过的双绞线连接到网络设备，检查其连通性。

六、思考题

1. 现有两台带有网卡的计算机，在没有交换机等网络交换设备的情况下，如果想让这两台计算机进行资源共享，可采用什么方式实现？

2. 如果将计算机网卡直接连接到路由器的以太口，该采用直连双绞线还是交叉双绞线？

3. 如何判断计算机是 MDI 接口还是 MDIX 接口？

实验三　网络综合布线测试

一、背景知识描述

计算机网络是一个复杂的系统工程，由包括计算机、传输介质在内的硬件设备和网络软件组成。网络布线是网络物理层中最基础的一个环节，布线质量决定了网络的运行质量，线缆本身及安装的好坏将直接影响到网络的运行。前面实验二中制作的双绞线，虽经测线仪测试“合格”，但只能说明这条线是“连通”的，不能算是真正意义上的合格。对同一传输介质，由于在其上传输的信号不同，对介质各个方面的特性的要求也不一样。对同一条 CAT－5e 双绞线而言，在其上的传输速率可以是 10Mb/s、100Mb/s 和 1 000Mb/s。因此，随着传输速率的提高，应该用不同的指标来衡量传输介质的性能。

在综合布线系统工程中，由于信息点太多，通常采用专用设备随机抽样、自动检测的方法来检查工程的合格率。当检测出信息点故障时，再使用单项检测方法进行测试。

Fluke DSP－4000 系列数字式线缆测试仪，是 Fluke 公司专门为电缆生产厂商、布线集成商和网络技术人员依据当前的 Cat5e、Cat6 类及各类光缆业界标准和将来的更高标准认证高速铜缆、光缆链路而设计的电缆认证测试的专业工具。本节实验采用 Fluke DSP－4300 线缆测试仪，对 CAT－5 或 CAT－5e 双绞线进行测量。

Fluke DSP－4000 系列测试仪测试项目：

长度(Length)	接线图(Wire Map)
衰减(Attenuation)	HDTDX(电缆长度＜100m)
传输延迟(Propagation Delay)	HDTDR
延迟偏差(Delay Skew)	脉冲噪声
近端串扰(Next)	总能量近端串扰(Psnext)
远端串扰(Elfext)	总能量远端串扰(Pselfext)
DC 环路电阻	回波损耗(RL)
特性阻抗等	

(请参阅 Fluke DSP－4000 系列测试仪使用指南。)

二、实验内容

1. 利用 Fluke DSP－4300 的自动测试功能，对制作的双绞线进行测试；
2. 利用 Fluke DSP－4300 的单项测试功能，对制作的双绞线进行测试；
3. 使用 Fluke DSP－4300 存储测试的数据；
4. 使用 Fluke DSP－4300 制作测试报告。

三、实验目的

掌握使用 Fluke DSP－4300 测试仪的基本方法，加深对综合布线测试及相关知识的理解。

四、实验设备

双绞线若干、Fluke DSP－4300 测试仪一套。

五、实验步骤

1. 自动测试

(1)开机准备工作

分别将 DSP LIA－013 适配器和 DSP LIA－012 适配器安装在主机和远端器上，然后将被测双绞线两端分别插入两个适配器的 Cable Teset RJ－45 端口中。

（2）打开测试仪

将旋转开关转到"Auto Test"位置，约3秒钟后屏幕显示主机及远端适配器的硬、软件和测试标准的版本信息。如果自检有误，屏幕将显示"Internal Fault Detected，Refer To Manual"；如果自检无误，将出现如下Auto Test的主画面（如图1-3-1）。

```
Auto Test

TIA cat 5 Channel
UPT 100 Ohm CAT 5
STORE PLOT DATA
      Enable
Memory Card Present
Press TEST to start
```

图 1-3-1 Auto Test主画面

（3）选择测试标准

上图中"TIA Cat 5 Channel UPT 1000 hm CAT 5"表明，当前的测试标准为TIA制定的用于5类UPT进行通道测试的标准，也是本实验应该选择的标准。

（4）选择显示和报告的语言

将旋转开关转到"SETUP"位置，然后用Page Down、Page Up和▲、▼键选择所需语言，按Enter键确定。

（5）自动测试

确认旋转开关在"Auto Test"位置，按Test键，系统自动进行各项目的测试。

（6）显示测试结果

自动测试完成后，屏幕将显示出所有线对间的最差（小）的NEXT边界值（Margin）。所谓边界值是测量值和测试极限之差的最小值，它反映了电缆连接的综合性能，边界值越大则电缆性能越好。

```
AUTOTEST              PASS

Wire Map              PASS
Resistance            PASS
Length       307 ft   PASS
Delay Skew            PASS
Attenuation           PASS
Return Loss           PASS
NEXT                  PASS
Power Sum NEXT        PASS
ELFEXT                PASS
Power Sum ELFEXT      PASS
 ▲ ▼ & ENTER to view results
         Memory        Page
                       Down
```

图 1-3-2 自动测试的测试结果

（7）查看测试结果

测试通过后，通过对应软功能键选择在主机屏幕下方的"View Result"选项，可对各项结果和图形曲线进行查看。

自动测试过程中，若有某项指标不合乎要求，主机将显示FAIL，并产生错误的参数名称。故障信息功能以图形显示被测链路中故障的具体位置和解决方法。

2. 单项测试

（1）将旋转开关转到单项测试（Individual Tests）位置，主机出现测试主菜单（如图1-3-3）。

（2）选择所要测试的项目，然后按Test键，自动进行该项目测试。

3. 存储测试的数据

当我们对一个局域网络的综合布线系统进行检测验收时，由于信息点很多，往往会随机测试一定比例的信息点，这就要求将所测试的信息点的结果数据存储，以便于对其进行分析。Fluke DSP－4300测试仪可以存储2 500个以上的测试数据或250个图解格式数据。

（1）当对某个信息点测试完成后，按Save键。

(2)测试仪显示提示信息,要求给该信息点命名。

用▲、▼和左、右键来选择字母数字,然后按 Enter 键,输入名字,如 INFO1。

(3)按 Save 键,将信息点测试数据保存在 INFO1 中。

如果要保存图形数据,只需要在 Setup 功能下将 Store Plot Data 开启(Enable)即可。

TIA Cat Se Channel
UPT 100 Ohm Cat Se
HDTDX Analyzer
HDTDR
Wire Map
Length
Propagation Delay
Delay Skew
Next
Next @ Remote
Attenuation
Resistance
▼▲to select test
Page Down

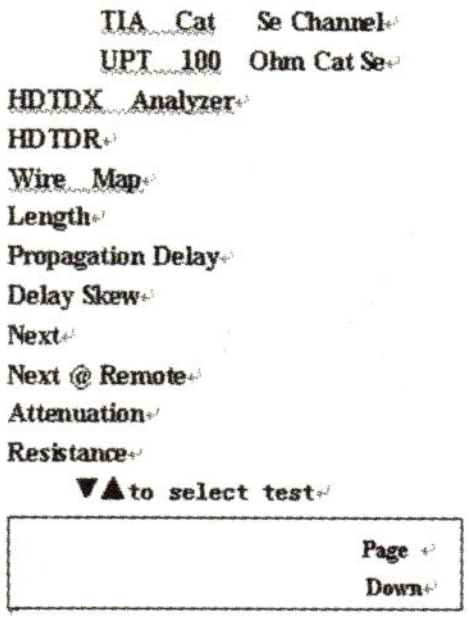

图 1-3-3 单项测试菜单

4. 制作测试报告

Fluke DSP－4300 测试仪提供了完整的数据处理和报告输出方法。当对某一信息点或一条双绞线测试完毕后,如果需要出据一份详细、正式的书面测试报告,可以用下面的方法来制作测试报告:

方法 1:

使用 Fluke 公司提供的数据处理软件包 Link Ware 生成测试报告,Link Ware 可以在 Fluke 公司官方网站上下载。

方法 2:

(1)将打印机与 Fluke DSP－4300 测试仪主机上的 RS－232 接口连接。

(2)将旋转开关转到“Print”位置,主机显示出打印功能菜单(如图 1-3-4)。

(3)在 Print 菜单中选择报告内容,然后按 Enter 键打印输出报告。

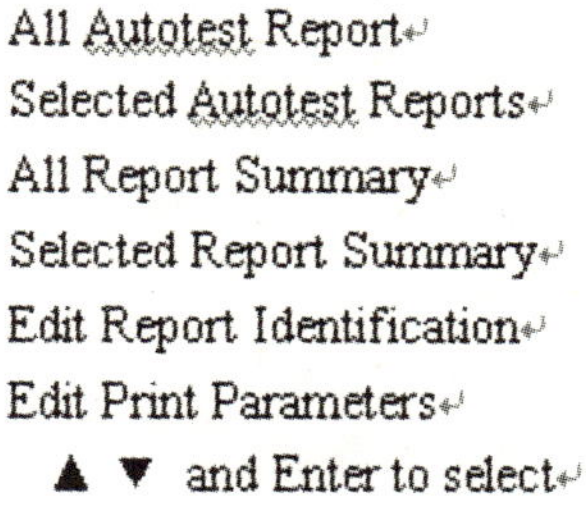

All Autotest Report
Selected Autotest Reports
All Report Summary
Selected Report Summary
Edit Report Identification
Edit Print Parameters
▲ ▼ and Enter to select

图 1-3-4 Print 功能菜单

六、思考题

1. Fluke DSP－4300 测试仪的工作原理是什么?
2. 测试分几类?分别针对什么?

实验四　网络实验工具 VMware 的使用

一、背景知识描述

在同一台计算机上安装多个操作系统,相信大家已经再熟悉不过了;但你有没有想过在一台计算机上同时运行多个不同的操作系统,例如 Windows XP 和 Windows Server 2003呢?美国 VMware 公司推出的虚拟计算平台——VMware 为我们提供了一个具有创新意义的解决方案,可以在同一台计算机上安装多个 Windows 版本和多个 Linux 版本。

VMware 是一款可以在一个操作系统平台上虚拟出其他操作系统的虚拟机软件,每一个在主机上运行的虚拟机操作系统都是相对独立的，拥有自己独立的网络地址，就像单机运行一个操作系统一样，提供全部的功能，可以是在窗口模式下运行，也可以在全屏模式下运行。你可以自由地对自己需要学习和实验的操作环境进行配置和修改，不用担心会导致系统崩溃，因此可以在单机上构造出一个虚拟网络环境来进行网络实验，加强对网络知识的学习。

二、实验内容

1. 在 Windows XP 系统平台上安装 VMware 软件包；
2. 在 VMware 上安装 Windows Server 2003 操作系统；
3. 登录并配置 Windows Server 2003 虚拟机操作系统。

三、实验目的

通过实验学习理解虚拟机的基本概念，掌握在单机上构造虚拟网络环境的方法，在虚拟环境下来进行客户/服务器网络实验、加深对网络知识的理解。

四、实验设备

安装 Windows 2000/XP 系统平台计算机一台，VMware Workstation 软件包，Windows Server 2003 系统光盘或镜像包。

五、实验步骤

1. 安装 VMware Workstation 6.0 软件包

(1)双击安装程序，打开 VMware Workstation 安装向导界面，单击“Next”按钮(图 1-4-1)。

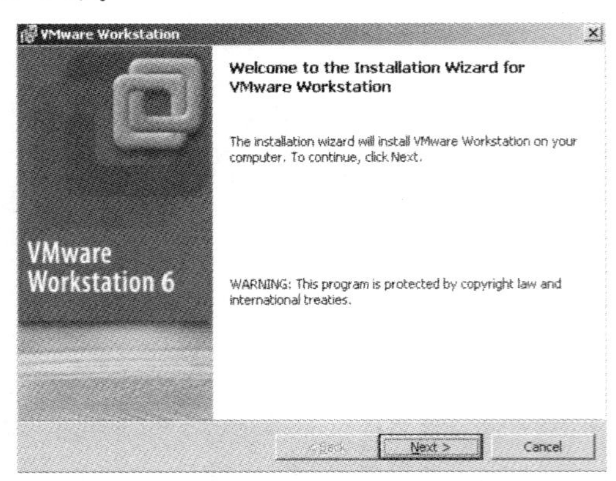

图 1-4-1 VMware Workstation 安装向导

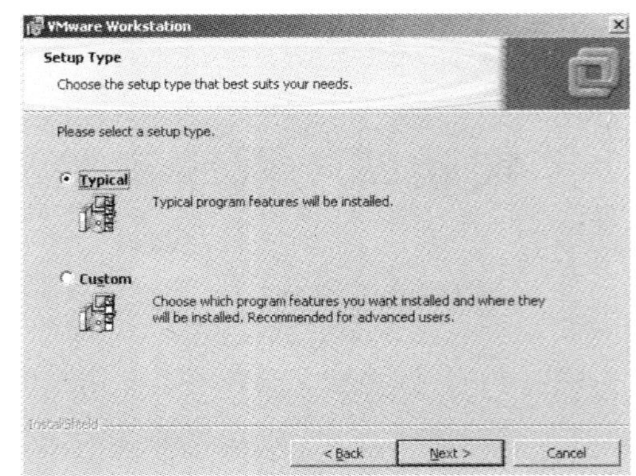

图 1-4-2 选择“Typical”

(2)选择所需的安装类型，如“Typical”，单击“Next”按钮(图 1-4-2)。

(3)选择 VMware Workstation 安装位置，单击“Next”按钮(图 1-4-3)。

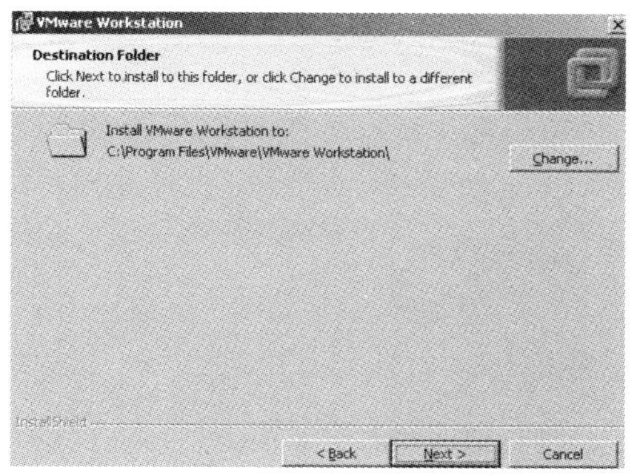

图 1-4-3　选择安装路径

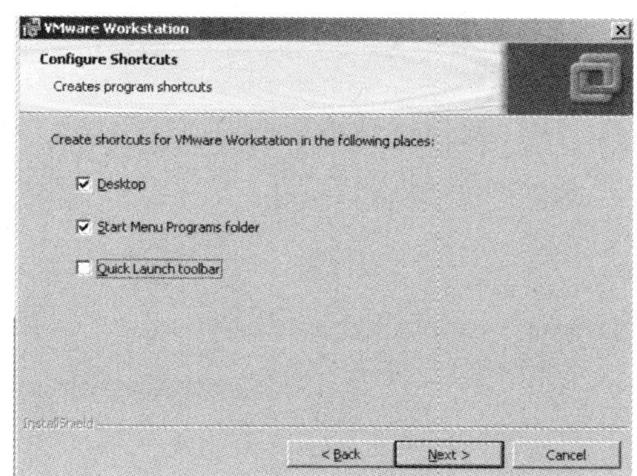

图 1-4-4　选择建立 VMware 的快捷方式

(4)选择建立 VMware 的快捷方式，然后按“NEXT”按钮(图 1-4-4)。

(5)确认后单击“Install”按钮进行安装，大约需要几分钟时间(图 1-4-5)。

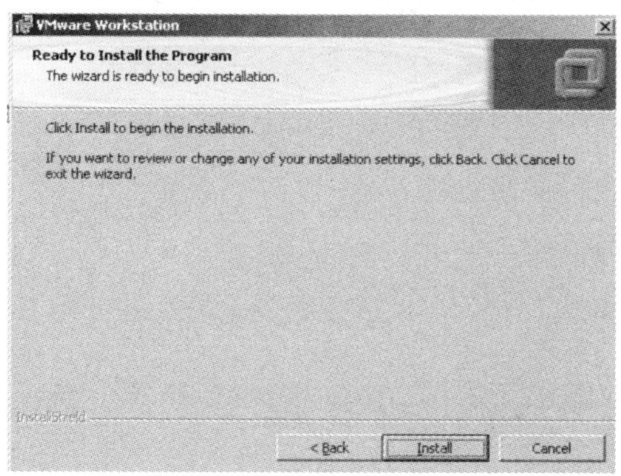

图 1-4-5　单击“Install”进行安装

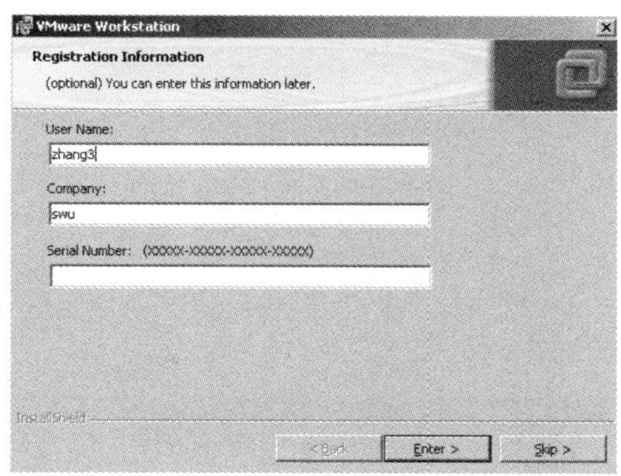

图 1-4-6　填写注册信息和软件序列号

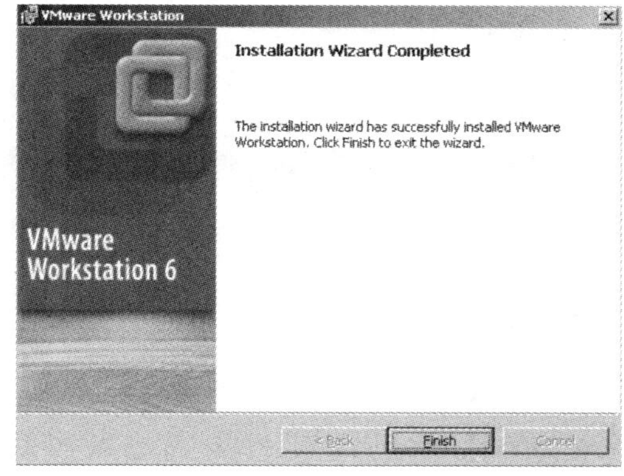

图 1-4-7　单击“Finish”按钮

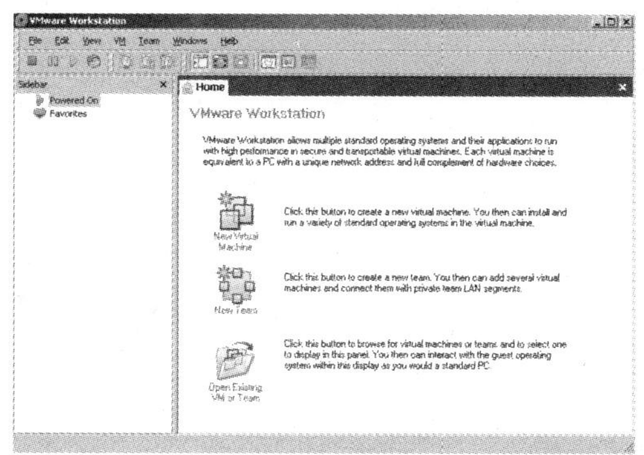

图 1-4-8　VMware Workstation 窗口

(6)填写 VMware Workstation 用户注册信息和软件序列号(图 1-4-6)。

(7)单击“Finish”按钮，结束 VMware Workstation 安装(图 1-4-7)。

(8)重启系统,完成 VMware Workstation 安装。

2. 创建 Windows Server 2003 虚拟机

(1)双击桌面上的“VMware Workstation”图标,打开 VMware Workstation 窗口(图 1-4-8)。

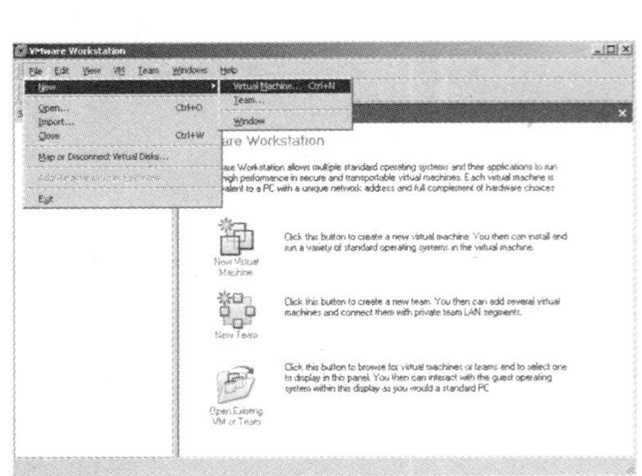

图 1-4-9 新建虚拟主机

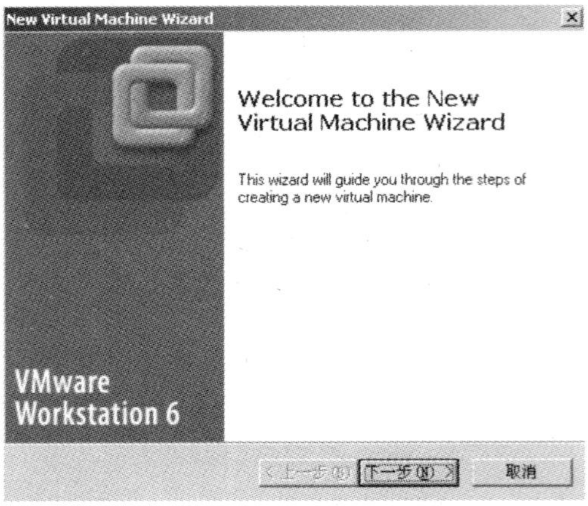

图 1-4-10 虚拟机安装向导

(2)单击“File”菜单,展开选择“New”→“Virtual Machine……”(图 1-4-9)。

(3)弹出虚拟机安装向导,单击“下一步”按钮(图 1-4-10)。

(4)选择虚拟机配置,如果 PC 内存大于 512M,建议选“Typical”,然后单击“下一步”按钮(图 1-4-11)。

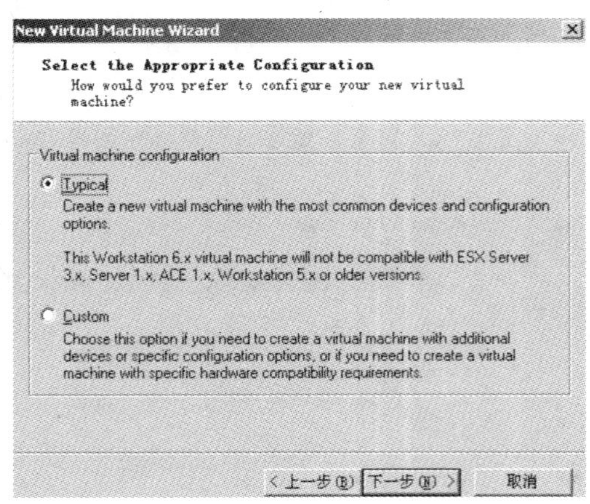

图 1-4-11 选择虚拟机配置

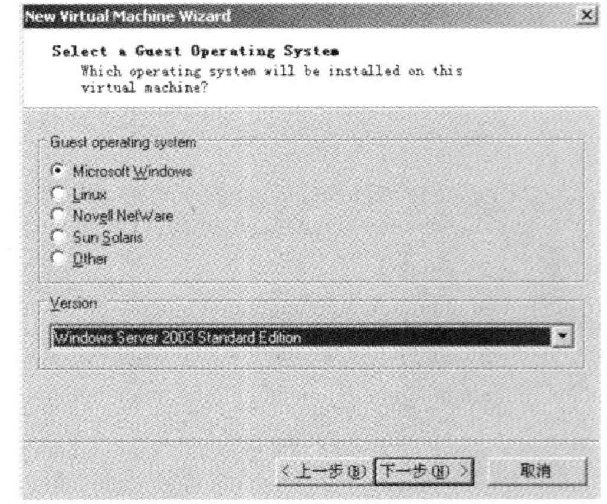

图 1-4-12 选择安装虚拟机操作系统

(5)选择需要安装的 Windows 操作系统,版本为 Windows Server 2003,然后单击“下一步”按钮(图 1-4-12)。

(6)为虚拟机命名并指定安装目标,然后单击“下一步”按钮(图 1-4-13)。

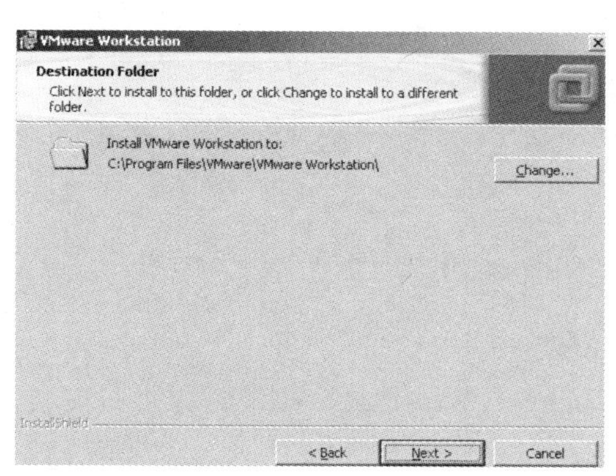

图 1-4-13　为虚拟机命名

New Virtual Machine Wizard
Network Type
What type of network do you want to add?
Network connection
Use bridged networking
Give the guest operating system direct access to an external Ethernet network. The guest must have its own IP address on the external network.
Use network address translation (NAT)
Give the guest operating system access to the host computer's dial-up or external Ethernet network connection using the host's IP address.
Use host-only networking
Connect the guest operating system to a private virtual network on the host computer.
Do not use a network connection
< 上一步(B)　下一步(N) >　取消

图 1-4-14　添加网络类型

(7)为虚拟机添加网络类型，然后单击“下一步”按钮(图 1-4-14)。

(8)指定虚拟磁盘容量：建议不要勾选复选框，这样创建的虚拟磁盘将会如图中描述的大小并随着对虚拟磁盘安装操作系统和应用软件的多少而增加。大小可以保持默认的 8GB，这对安装常用的操作系统和应用软件来说已经足够了(图 1-4-15)。

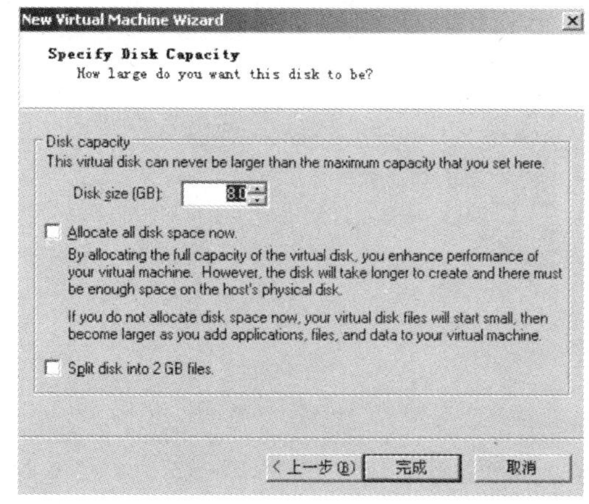

图 1-4-15　指定虚拟磁盘容量

图 1-4-16　Windows Server 2003 虚拟机窗口

(9)单击“完成”按钮，Windows Server 2003 虚拟机就建立完毕(图 1-4-16)。

3. 安装 Windows Server 2003 操作系统

(1)将 Windows Server 2003 系统光盘插入驱动器，双击“Start this virtual machine”命令，不用理睬弹出的信息(图 1-4-17)；

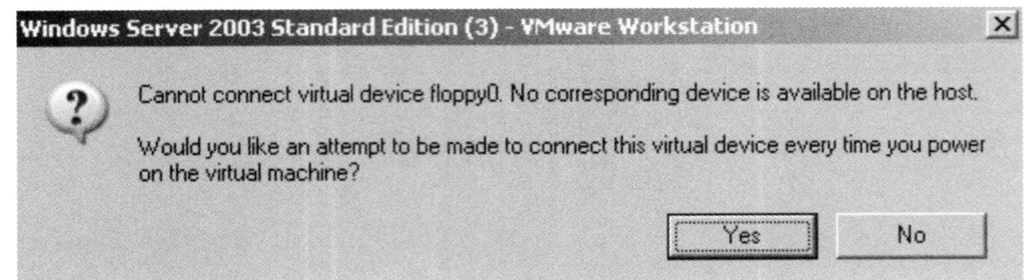

图 1-4-17 单击"Yes"按钮,开始 Windows Server 2003 安装

(2)单击"Yes"按钮，虚拟机从光驱引导 Windows Server 2003 安装程序进行安装，其过程与标准安装过程完全一样,在此不再赘述。

4. 启动 Windows Server 2003 虚拟机操作系统

(1)双击桌面上的 VMware Workstation 图标,打开 VMware Workstation 窗口(图 1-4-18)。

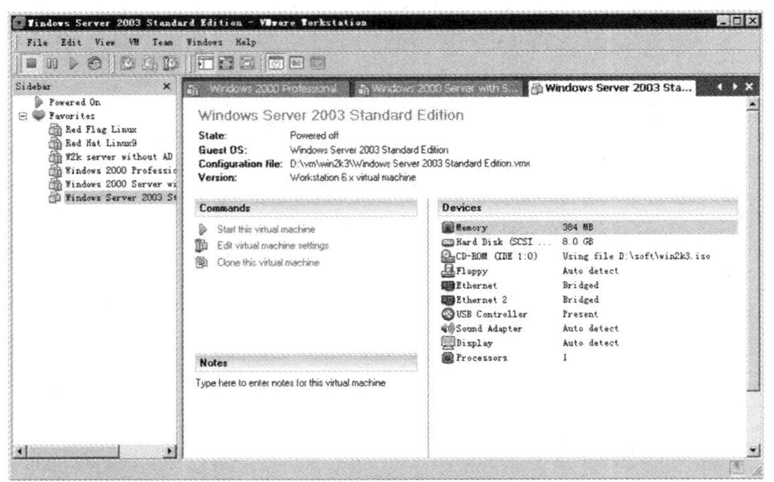

图 1-4-18 VMware Workstation 窗口

(2)在"Sidebar"窗口下方,单击要启动的虚拟机"Windows Server 2003",然后双击命令窗口"Command"下方"Start this virtual machine"命令,启动虚拟机操作系统(图 1-4-19)。

(3)按 CTRL+ALT+Delete 登录 Windows Server 2003 虚拟系统后,就可以和正常情况一样配置和使用 Windows Server 2003,完成了在单机上构造 Windows XP 和 Windows Server 2003 虚拟网络环境。

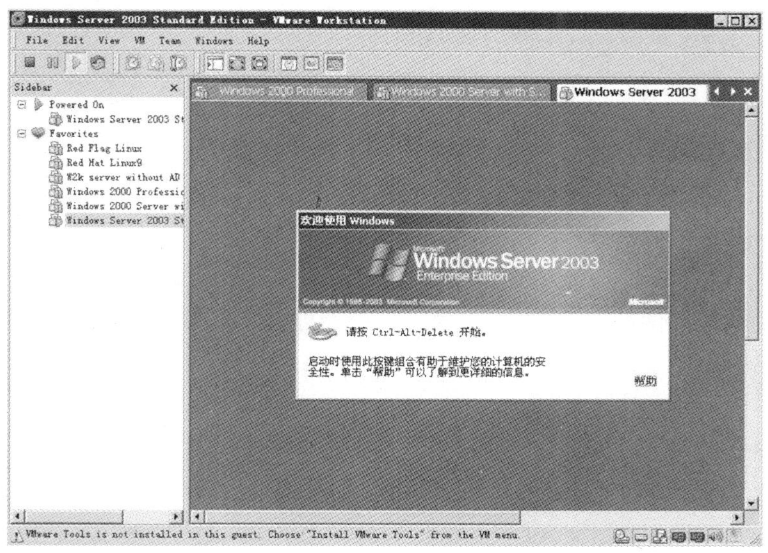

图 1-4-19　Windows Server 2003 虚拟机窗口

六、思考题

1. 虚拟机能否与外界真实网络通讯？如何实现？
2. 在 VMware Workstation 中创建虚拟主机有哪些步骤？有哪些注意点？

实验五　Windows 环境下对等网的组建

一、背景知识描述

对等网是由很少几台计算机组成的工作组局域网。对等网采用分散管理的方式，网络中的每台计算机既可以是客户机又可以是服务器，每个用户都管理自己机器上的资源。

对等网是最简单的网络，非常适合于家庭、宿舍及小型办公室。它不仅投资少，连接也很容易；连接的电脑数量最好不超过 10 台，否则网络系统的性能会明显降低。如果网络连接的电脑数量较多，通常使用客户/服务器结构的 Windows 网络或 Linux 网络。

对等网的组建有两种形式：一种是不需要集线器(HUB)或交换机(Switch)连接的对等网，称为双机互连，只适合两台计算机之间的连接，如果是三台计算机，则可以通过将其中一台机计算机装上两块网卡的方法来解决；另外一种就是通过集线器或交换机连接的对等网，下面的实验分别就这两种形式进行组网。

二、实验内容

1. 简单的双机互联方式组建对等网络；
2. 基于 HUB 或 Switch 组建对等网络；
3. 设置资源共享。

三、实验目的

掌握常用的对等网的组网方法，组建一个小型办公室局域网络，实现资源共享。

四、实验设备

安装有网卡的 PC 机若干台、集线器或交换机一台、打印机一台、交叉双绞线若干、直连双绞线若干。

五、实验拓扑

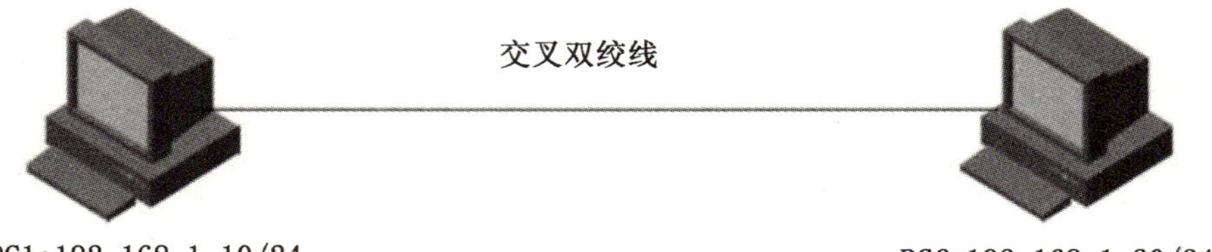

图 1-5-1 双机对等网

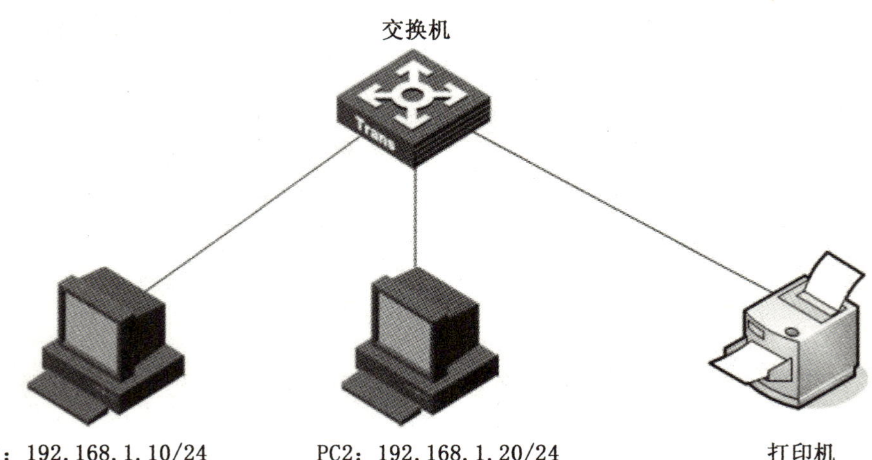

图 1-5-2 多机对等网实现资源共享

六、实验步骤

1. 分别按照上面拓扑图 1-5-1 和 1-5-2 进行网络连接；

2. 将这两台计算机的 IP 地址设置在同一网段；

(1)右击“网上邻居”，打开“属性”，双击“本地连接”图标，单击“属性”，弹出“本地连接属性”窗口(图 1-5-3)。

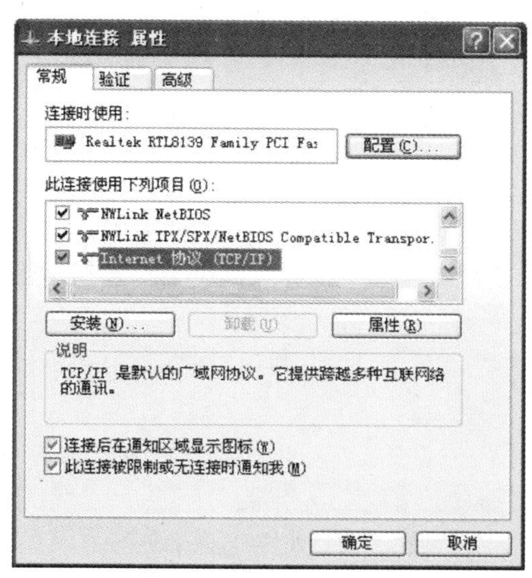

图 1-5-3 “本地连接属性”窗口

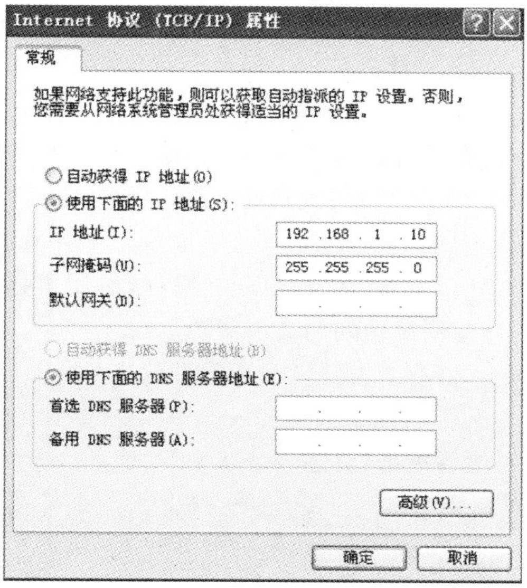

Internet 协议 (TCP/IP) 属性
常规
如果网络支持此功能，则可以获取自动指派的 IP 设置。否则，您需要从网络系统管理员处获得适当的 IP 设置。
自动获得 IP 地址(O)
使用下面的 IP 地址(S):
IP 地址(I): 192 . 168 . 1 . 10
子网掩码(U): 255 . 255 . 255 . 0
默认网关(D):
自动获得 DNS 服务器地址(B)
使用下面的 DNS 服务器地址(E):
首选 DNS 服务器(P):
备用 DNS 服务器(A):
高级(V)...
确定 取消

图 1-5-4 Internet 协议(TCP/IP)属性

(2)双击其中的“Internet 协议(TCP/IP)”，弹出“Internet 协议(TCP/IP)属性”窗口(图 1-5-4)。

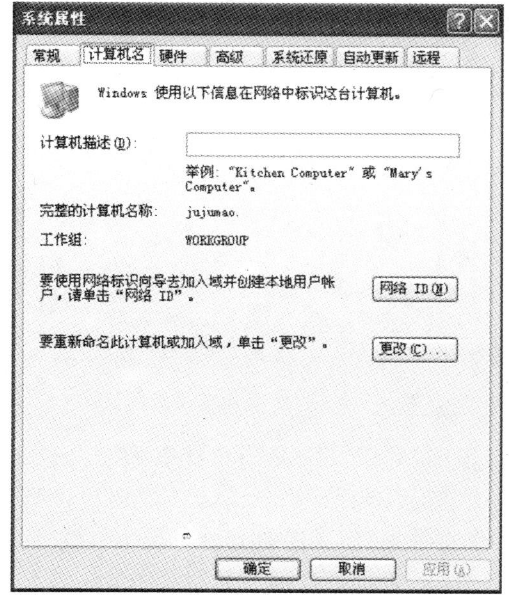

图 1-5-5 “系统属性”窗口

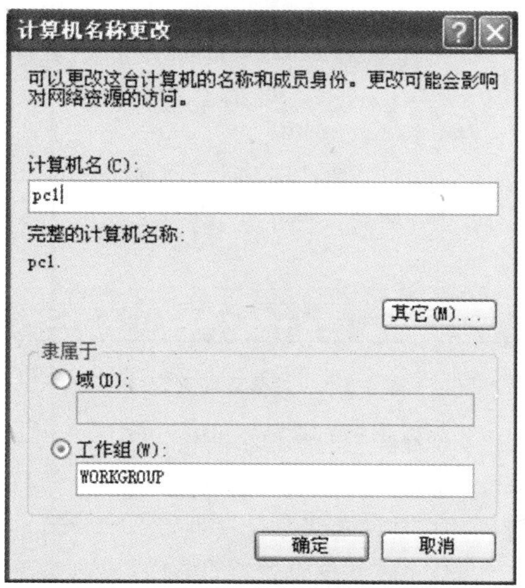

图 1-5-6 “计算机名称更改”窗口

(3)选择"使用下面的 IP 地址(S)"项,即可进行 IP 及子网掩码的设置。

(4)右击"我的电脑",打开"系统属性"窗口,选中"计算机名"选项卡,单击"更改"按钮,弹出"计算机名称更改"窗口,为计算机设置一个在局域网内唯一标识的名字,同一局域网内需要相互通讯的计算机最好使用相同的工作组名。设置完成后单击"确定"按钮。

3. 验证测试

在 PC1 或 PC2 上 ping 对方机器的 IP 地址,应该能够 Ping 通;再双击"网上邻居"就可以看到自己和本网内的其他计算机的名字。

4. 共享网络资源

为了实现资源共享,最好保证所用连接安装了"Microsoft 网络文件和打印机共享"和"Microsoft 网络客户端"组件,然后可以将计算机上的文档和资源指定为可被网络上的其他用户访问的共享资源。

(1)右击需要设置为共享的文件夹,点击"共享和安全(H)",弹出"属性"对话框(图 1-5-7);在"网络共享和安全"栏内,选择"在网络上共享这个文件夹(S)"复选框,设置共享名,然后单击"应用"和"确定"按钮。

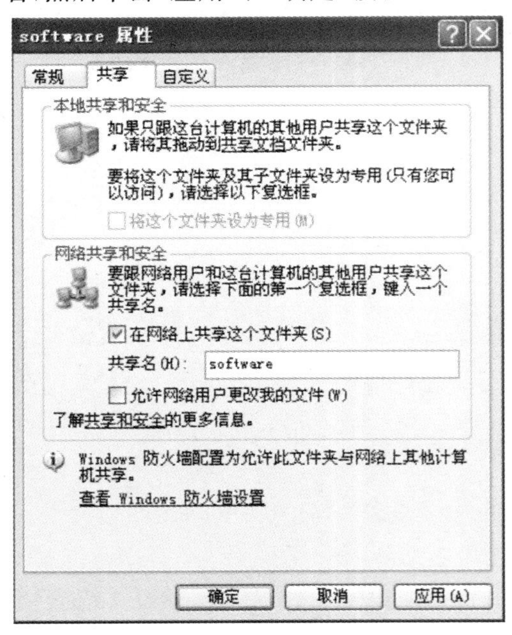

图 1-5-7 共享文件夹属性

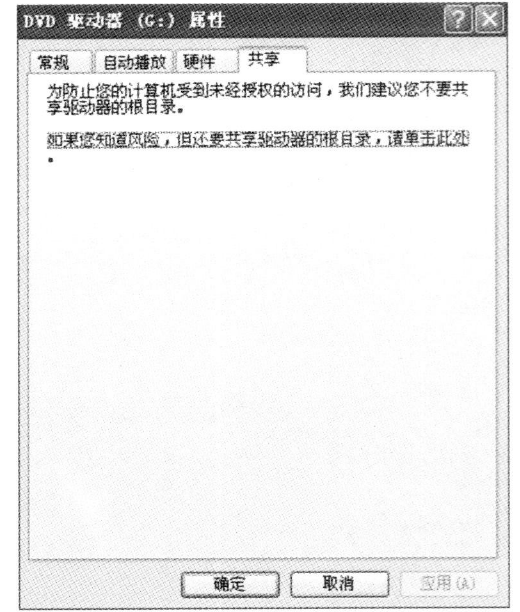

图 1-5-8 驱动器共享风险确认

(2)若选中"允许网络用户更改我的文件"复选框,则设置该共享文件夹为完全控制属性,任何访问该文件夹的用户都可以对该文件夹进行编辑修改;若清除该复选框,则设置该共享文件夹为只读属性,用户只可访问该共享文件夹,而无法对其进行编辑修改。

(3)完成共享设置后,该文件夹将被一只小手托起,表示支持网络共享。

(4)共享驱动器的方法与文件夹共享类似,只是多一步风险确认,(图 1-5-8),其余步骤同(1)。

5. 共享打印机

要设置网络共享打印机，用户需要将该打印机设置为共享，并在网络中其他计算机上安装该打印机的驱动程序。

(1)单击“开始”按钮，选择“打印机和传真”命令，打开“打印机和传真”对话框(图 1-5-9)。

(2)右击要设置共享的打印机图标，在弹出的快捷菜单中选择“共享”命令。

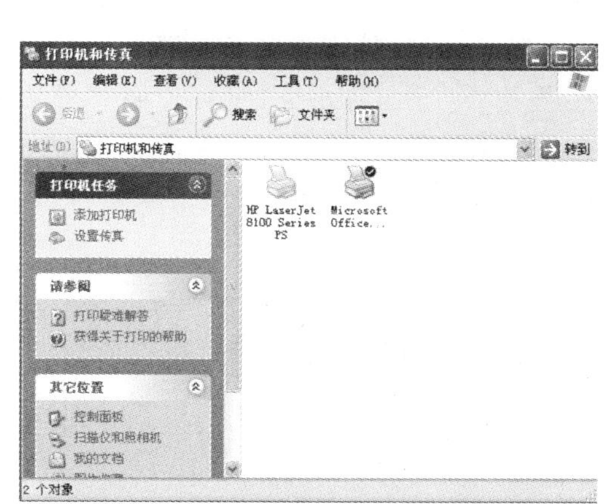

图 1-5-9 打印机和传真

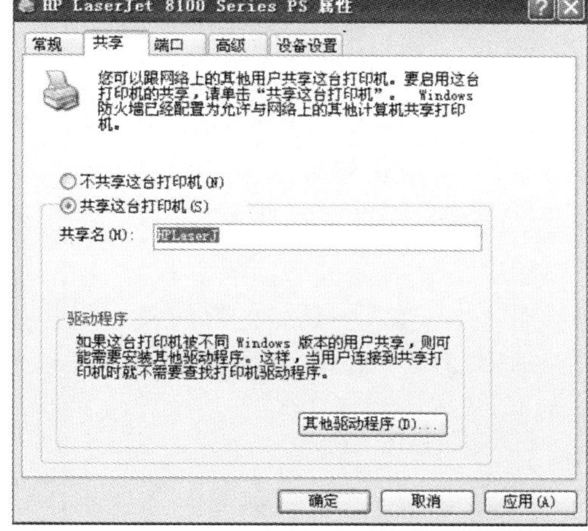

图 1-5-10 打印机属性

(3)在弹出的“打印机属性”对话框中(图 1-5-10)，点击“共享这台打印机”，然后单击“应用”和“确定”按钮，即完成共享打印机设置。和其他资源共享一样，打印机也被一只小手托起。

(4)在其他计算机上进行打印机的共享设置，同安装本地打印机类似，只是在设置“本地或网络打印机”时点选“网络打印机或连接到其他计算机的打印机”。

七、思考题

1. 两种组建对等网的方式有什么区别，各自的优缺点？
2. 如果在没有 HUB 的情况下可否用交换机代替？
3. 组建对等网的 PC 机的子网掩码是不是必须一致？

实验六 利用家用无线宽带路由器组建小型办公/宿舍网络

一、背景知识描述

无线宽带路由器是近几年来新兴的一种网络互联产品，它伴随着宽带的普及应运而生。无线宽带路由器在一个紧凑的箱子中集成了路由器、AP、防火墙、带宽控制和管理等功能，具备快速转发能力、灵活的网络管理和丰富的网络状态等特点。无线宽带路由器可以满足不同的网络流量环境，具备良好的网络适应性和网络兼容性，是为家庭、宿舍上网和小型企业办公的需要而设计。

通过本实验，使具备计算机基本操作技能的学生能够轻松利用家用无线宽带路由器组建小型局域网络，实现无线连接、资源共享、通信数据加密和 Internet 的连接共享。

二、实验内容

1. 无线宽带路由器的连接和基本配置；
2. 广域网 WAN 和局域网 LAN 基本设置；
3. 无线网络的基本设置和安全加密；
4. 利用无线宽带路由器防火墙 DMZ 功能，使某台特定 PC 向互联网开放。

三、实验目的

1. 掌握无线宽带路由器和无线网卡的基本配置方法，组建小型办公及宿舍局域网络；
2. 构建 Infrastructure 无线局域网络，实现 Internet 连接共享和通信数据安全加密；
3. 了解防火墙及 DMZ 基本概念。

四、实验设备

安装有网卡（或无线网卡）的 PC 机若干台、NETGEAR WPN824v2 无线路由器一台、ADSL Modem 一台、电话线一条、双绞线若干。

五、实验拓扑

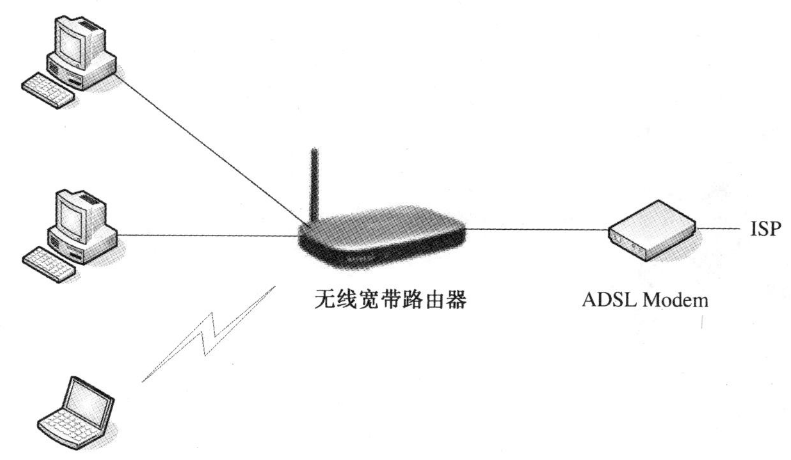

图 1-6-1　实验拓扑

六、实验步骤

1. 连接和基本配置

按照图 1-6-1 所示进行网络连接:将无线宽带路由器的 LAN 口和 WAN 口分别用双绞线与 PC 和 ADSL Modem 连接。

可能需要对无线宽带路由器进行复位设置,即加电后用细棍(如笔尖)压住[Reset]按钮三秒以上,然后释放。将其还原为出厂设置(有的无线宽带路油器的复位方式有可能不同,具体可参阅其使用手册,其后的初始 IP、用户名、密码等信息亦是如此)。

2. PC 机 TCP/IP 属性的设置

将 PC 机 TCP/IP 属性设置为"自动获得 IP 地址"、"自动获得 DNS 服务器地址"(图 1-6-2)。

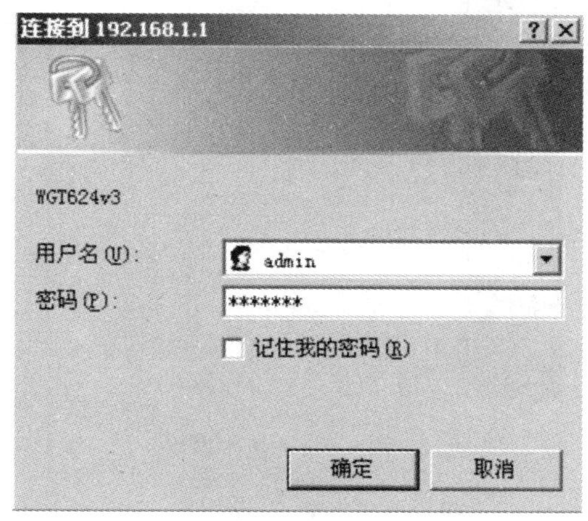

图 1-6-2　登录路由器

3. 登录路由器

在浏览器的地址栏键入 http://192.168.1.1(主流的宽带路由器通常用该地址,具体可查阅宽带路由器手册)后回车,填写用户名"admin",密码"password"。登录后进入设置向导页面(图 1-6-2)。

NETGEAR
108 Mbps Wireless Firewall Router WGT624 v3

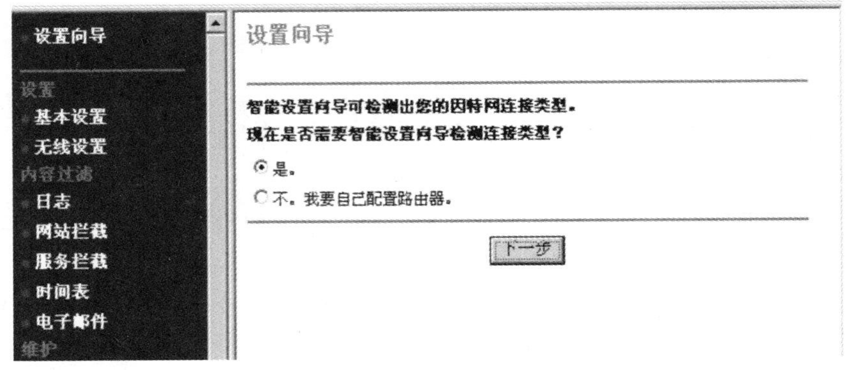

图 1-6-3 设置向导页面

4. 在左边“设置向导”窗口中，点击“基本设置”，打开基本设置页面。在“登录”和“密码”文本框内分别输入你的 ISP 提供的用户名和密码，并选择“从 ISP 处动态获得”因特网 IP 地址和“从 ISP 处自动获得”域名服务器(DNS)地址(图 1-6-4)。

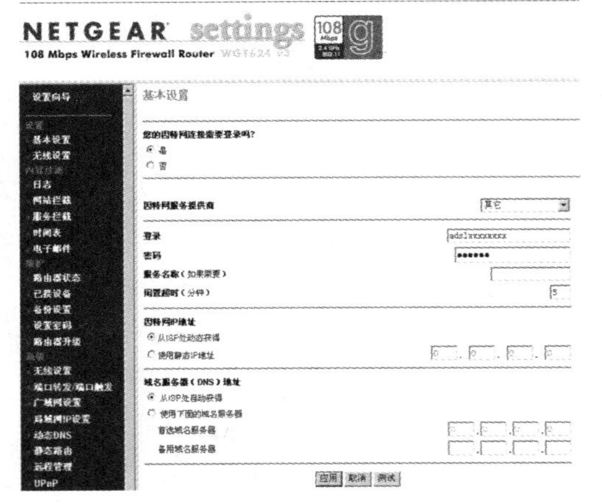

图 1-6-4 基本设置

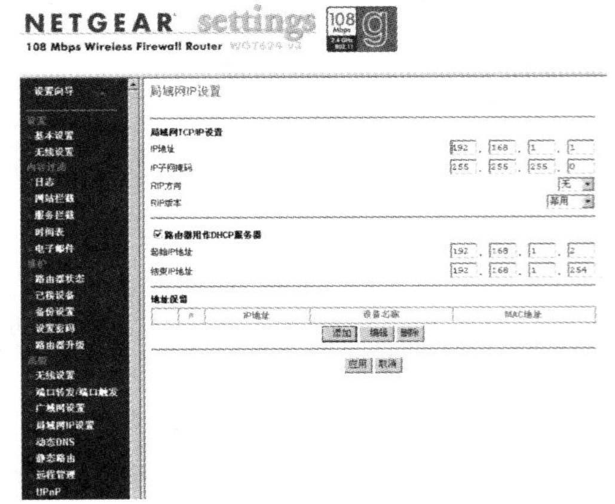

图 1-6-5 设置局域网 IP 地址

5. 在左边“设置向导”窗口中，点击“高级”功能下的“局域网 IP 设置”，设置局域网 IP 地址。选择“路由器用作 DHCP 服务器”复选框，设置起始和结束地址范围(图 1-6-5)。

6. 在左边“设置向导”窗口中，点击“设置”功能下的“无线设置”，打开“无线设置”页面。

在“无线网络标识 SSID”本框中输入无线网络的名称；从“地区”下拉列表中选择所在的地区；“频道”确定了将要使用的工作频率，除非发现与附近的接入点之间存在干扰问题，否则无需更改无线频道；选择所需的无线“模式”(图 1-6-6)。

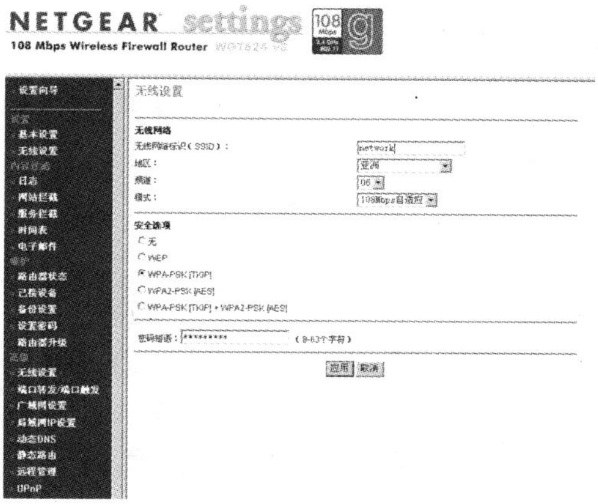

图 1-6-6　无线设置

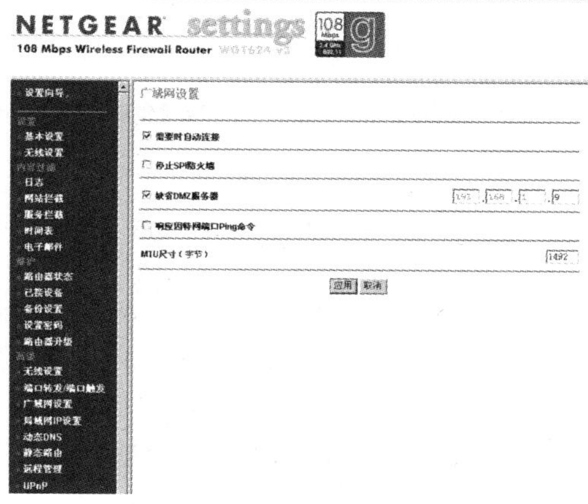

图 1-6-7　广域网设置

如果需要安全加密，选择所需的安全加密选项，如 WPA-PSK [TKIP]采用预共享密钥的 Wi-Fi 保护访问，采用 WPA-PSK 标准加密技术，加密类型为 TKIP；在“密码”框中输入一个词语或者一组可打印字符，其密码长度必须介于 8 到 63 个字符之间。

7. 单击“应用”按钮，完成无线宽带路由器组建局域网的简单设置。

8. 在安装无线网卡的 PC 机(或笔记本)上，设置无线网卡工作模式为“架构式”(或 Infrastructure)，设置与无线宽带路由器相同的 SSID、安全加密技术和密码短语，完成无线客户端的设置。

至此，我们已经完成了如图 1-6-7 要求的局域网络的组建，局域网络内的 PC 都可以相互 Ping 通，也能在“网上邻居”中进行访问，所有 PC 机都可以通过宽带路由器访问 Internet。路由器内置的防火墙，在没有指定缺省 DMZ 服务器时，就会丢弃来自因特网的所有未定义的服务请求。如果局域网内需要建立对外发布信息的 Web 服务器，可以将某台 PC 机或者服务器设置为缺省 DMZ 服务器。缺省 DMZ 服务器将对因特网上的所有人开放——即使是那些尚未定义的服务也是如此。但设置了缺省 DMZ 服务器之后将引入安全风险。

9. 将某台计算机或者服务器设置为 DMZ 服务器

在左边“设置向导”窗口中，点击点击“高级”功能下的“广域网设置”，打开“广域网设置”页面。选择“缺省 DMZ 服务器”复选框，输入该 Web 服务器的 IP 地址，单击“应用”按钮。

七、思考题

1. 观察宽带路由器指示灯，判断其正常工作状态。
2. PC 机采用静态地址，如何能正常登录到宽带路由器的管理界面？
3. 常见的无线网络安全加密方法有哪些？
4. 如果家中有两台电脑，其中一台电脑希望做成 Web 服务器，应如何设置来保证安全？

实验七 Windows 常见网络实用程序

一、背景知识描述

图形界面的 Windows 操作系统是从简单的 DOS 字符界面发展过来的，虽然在使用 Windows 操作系统的时候，主要是对图形界面进行操作，但是命令行界面的 DOS 命令仍然非常有用。这些命令中有许多是 Windows 系统提供的网络实用程序，方便用户测试、访问网络，进行网络参数设置、网络性能监视、状态查看和故障检测。下面简单介绍在 Windows 2000/XP 系统上常用的一些网络命令及其使用方法。

(1)Ping 命令

Ping 命令是网络测试最常用的命令 。Ping 用于测试网络连接状况和信息包发送及接收状况，是检测网络连接非常有用的工具。Ping 向目标主机(地址)发送一个回送请求(ICMP) 数据包，要求目标主机收到请求后给予答复，从而判断网络的响应时间和本机是否与目标主机(地址)连通。

如果执行 Ping 不成功，则可以从下几个方面分析故障：网线质量，网络适配器配置不正确，IP 地址不正确。如果执行 Ping 成功而网络仍无法使用，那么问题很可能出在网络系统的协议配置方面，Ping 成功只能保证本机与目标主机间存在一条连通的物理路径。

命令格式：

ping IP 地址或主机名 [－t] [－a] [－n count] [－l size]

参数含义：

－t 不停地向目标主机发送数据；

－a 以 IP 地址格式来显示目标主机的网络地址；

－n count 指定要 Ping 多少次，具体次数由 count 来指定(缺省为 4)；

－l size 指定发送到目标主机的数据包的大小(缺省为 32 字节)。

Ping 以毫秒为单位显示发送回送请求到返回回送应答之间的时间，应答时间的长短，反映出通过路由器的多少或网络连接速度的快慢。TTL(Time To Live)值可以推算数据包所经过路由器的多少：源地点 TTL 起始值(比返回 TTL 略大的一个 2 的乘方数)—返回时 TTL 值。例如，TTL＝119，TTL 起始值就是 128，而源地点到目标地点要通过 9(128－119)个路由器网段。

通过 Ping 检测网络故障的典型次序

- ping 127.0.0.1、ping localhost 或 ping 本机 IP
- ping 局域网内其他 IP
- ping 网关 IP
- ping 远程 IP

• ping www. xxx. com(如 www. 163. com)

如上面 Ping 命令都能正常运行,那么对自己的计算机进行本地和远程通信的功能基本上就可以放心了。但是,这些命令的成功并不表示所有的网络配置都没有问题,例如,某些子网掩码错误就可能无法用这些方法检测到。

(2)Netstat 命令

Netstat 命令可以使你了解网络的整体使用情况。Netstat 命令可以显示当前网络连接的详细信息,例如显示网络连接、路由表和网络接口信息,可以统计目前总共有哪些网络连接正在运行。Netstat 命令还可以显示所有协议的使用状态,这些协议包括 IP、TCP、UDP 和 ICMP 协议等;选择特定的协议并查看其具体信息,还能显示当前主机的所有端口号以及当前主机的详细路由信息。一般用于检验本机各端口的网络连接情况。

命令格式:

netstat [—r] [—s] [—n] [—a]

参数含义:

—r 显示本机路由表的内容;

—s 显示每个协议的使用状态(包括 TCP 协议、UDP 协议、IP 协议);

—n 以数字表格形式显示地址和端口;

—e 显示以太网统计,该参数可以与 —s 选项结合使用;

—a 显示当前主机的所有端口号,该参数可以与 —n 选项结合使用。

(3)IPConfig 命令

IPConfig 命令显示当前的 TCP/IP 的配置信息,包括本地连接以及其他网络连接的 IP 地址、子网掩码、默认网关和 DNS 等。还可以重设 DHCP 和 DNS 的。

命令格式:

ipconfig [/all] [/renew [Adapter]] [/release [Adapter]] [/displaydns] [/flushdns]

参数含义:

/all 显示网络适配器详细的 TCP/IP 配置信息;

/renew [Adapter]更新网络适配器的 DHCP 设置,为自动获取 IP 地址的计算机分配 IP 地址,Adapter 表示特定网络适配器的名称;

/release [Adapter]释放网络适配器的 DHCP 设置,并丢弃 IP 地址设置,与 /renew [Adapter]参数的操作相反;

/displaydns 显示 DNS 缓存的内容,包括本地主机以及最近获取的 DNS 解析记录;

/flushdns 清理并重设 DNS 缓存的内容。

(4)ARP 命令

ARP 命令可以显示和修改"地址解析协议 (ARP)"缓存中的信息。ARP 缓存中包含一个或多个表,它们用于存储 IP 地址及其经过解析的以太网或令牌环物理地址。计算机上安装的每一个以太网或令牌环网络适配器都有自己单独的表。如果在没有参数的情况下使用，则 ARP 命令将显示帮助信息。

命令格式：

arp [—a [InetAddr] [—N IfaceAddr]] [—g [InetAddr] [—N IfaceAddr]] [—d InetAddr [IfaceAddr]]
[—s InetAddr EtherAddr [IfaceAddr]]

参数含义：

—a [InetAddr] [—N IfaceAddr] 显示所有接口的当前 ARP 缓存表；

显示指定 IP 地址的 ARP 缓存项，使用带有 InetAddr 参数的 arp - a；显示指定接口的 ARP 缓存表，使用 —N IfaceAddr 参数。

—g [InetAddr] [—N IfaceAddr] 与 —a 相同；

—d InetAddr [IfaceAddr]删除指定的 IP 地址项；

对于指定的接口，要删除表中的某项，使用 IfaceAddr 参数，删除所有项，使用星号（*）通配符代替 InetAddr。

—s InetAddr EtherAddr [IfaceAddr] 向 ARP 缓存添加可将 IP 地址 InetAddr 解析成物理地址 EtherAddr 的静态项。

向指定接口的表添加静态 ARP 缓存项，使用 IfaceAddr。

InetAddr 代表指定的 IP 地址，IfaceAddr 代表分配给指定接口的 IP 地址。

InetAddr 和 IfaceAddr 的 IP 地址用带圆点的十进制记数法表示。物理地址 EtherAddr 由六个字节组成，这些字节用十六进制计数法表示并且用连字符隔开（比如，00—AA—00—4F—2A—9C）。通过—s 参数添加的项属于静态项，它们不会在 ARP 缓存中超时。如果终止 TCP/IP 协议后再启动，这些项会被删除。要创建永久的静态 ARP 缓存项，可在批处理文件中使用适当的 ARP 命令并通过"计划任务程序"在启动时运行该批处理文件。只有当网络协议（TCP/IP 协议）在网络连接中安装为网络适配器属性的组件时，该命令才可用。

(5)Tracert 命令

Tracert 是路由跟踪实用程序，用于确定 IP 数据包访问目标所采取的路径。Tracert 命令用 IP 生存时间(TTL)字段和 ICMP 错误消息来确定从一个主机到网络上其他主机的路由。

Tracert 命令将包含不同生存时间（TTL）值的 Internet 控制消息协议(ICMP）回显数据包发送到目标，以决定到达目标采用的路由。要在转发数据包上的 TTL 之前至少递减 1，所以 TTL 是有效的跃点计数。数据包上的 TTL 到达 0 时，路由器将"ICMP 已超时"的消息发送回源系统。Tracert 先发送 TTL 为 1 的回显数据包，并在随后的每次发送过程将 TTL 递增 1，直到目标响应或 TTL 达到最大值，从而确定路由。路由通过检查中级路由器发送回的"ICMP 已超时"的消息来确定路由。不过，某些路由器不经询问直接丢弃 TTL 过期的数据包，这在 tracert 中看不到。

命令格式：

tracert [－d] [－h maximum_hops] [－j computer－list] [－w timeout] target_name

参数含义：

/d 指定不将地址解析为计算机名；

－h maximum_hops 指定搜索目标的最大跃点数；

－j computer-list 指定沿 computer-list 的稀疏源路由；

－w timeout 每次应答等待 timeout 指定的微秒数；

target_name 目标计算机的名称。

(6)Route 命令

Route 命令用来显示、人工添加和修改路由表项目。该命令只有在安装了 TCP/IP 协议后才可以使用。

命令格式：

route [－f] [－p] [command][destination] [mask subnetmask] [gateway] [metric costmetric]

参数含义：

－f 清除所有网关入口的路由表。如果该参数与某个命令组合使用，路由表将在运行命令前清除；

－p 该参数与 add 命令一起使用时，将使路由在系统引导程序之间持久存在。默认情况下，系统重新启动时不保留路由。与 print 命令一起使用时，显示已注册的持久路由列表；

command 指定下列的一个命令：

print 打印路由；

add 添加路由；

delete 删除路由；

change 更改现存路由。

destination 指定发送 command 的计算机；

mask subnetmask 指定与该路由条目关联的子网掩码。如果没有指定，将使用 255.255.255.255；

gateway 指定网关。名为 Networks 的网络数据库文件和名为 Hosts 的计算机名数据库文件中均引用全部 destination 或 gateway 使用的符号名称。如果命令是 print 或 delete，目标和网关还可以使用通配符，也可以省略网关参数；

metric costmetric 指派整数跃点数(从 1 到 9999)在计算最快速、最可靠和(或)最便宜的路由时使用。

(7)Nbtstat 命令

Nbtstat 命令用来查询涉及到 NetBIOS 信息的网络机器。另外，它还可以用来消除

NetBIOS 高速缓存器和预加载 LMHOSTS 文件。这个命令在进行安全检查时非常有用。

命令格式：

Nbtstat [—a RemoteName] [—A IP_address] [—c] [—n] [—R] [—r] [—S] [—s] [interval]

参数含义：

—a RemoteName 使用远程计算机的名称并列出其名称表；

—A IP_address 列出为其 IP 地址提供的远程计算机名称表；

—c 列出包括了 IP 地址的远程名字高速缓存器；

—n 列出本地 NetBIOS 名字；

—r 列出通过广播和 WINS 解析的名字；

—R 消除和重新加载远程高速缓存器名字表；

—S 列出有目的地 IP 地址的会话表；

—s 列出会话表对话。

interval：每隔 interval 秒重新显示所选的统计，直到按" ctrl＋c"。如果省略该参数，nbtstat 将打印一次当前的配置信息。此参数和 netstat 的一样，nbtstat 中的"interval"参数是配合—s 一起使用的。

二、实验内容

1. 利用 Ping 对某个已知 IP 域名的计算机进行连通检测，对查询结果进行分析；
2. 利用 Netstat 对本机的网络状态进行检测，对查询结果进行分析；
3. 利用 IPConfig 对本机的网络状态进行检测，对查询结果进行分析；
4. 对 ARP 命令的功能作出简单解释。

三、实验目的

1. 了解并掌握网络常用命令；
2. 掌握 Ping、Netstat、IPConfig、ARP 等命令的功能及一般用法 ；
3. 能应用上述命令进行网络连通性、网络状态、网络配置的检测与查看。

四、实验设备

PC 机若干台、交换机 1 台、双绞线若干、局域网络环境。

五、实验步骤

1. 单击"开始"→"运行"，在"运行"命令框输入"CMD"命令，然后按"确定"按钮，进入 DOS 命令行提示状态(图 1-7-1)。

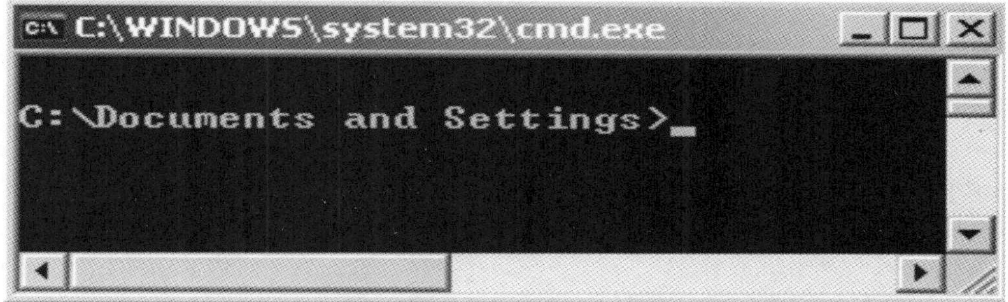

图 1-7-1　DOS 命令行

2. Ping 命令实验

(1)对域名 swu. edu. cn 进行测试，显示连通的情况(图 1-7-2)。

```
C:\WINDOWS\system32\cmd.exe
C:\Documents and Settings>ping www.swu.edu.cn

Pinging www.swu.edu.cn [202.202.96.35] with 32 bytes of data:

Reply from 202.202.96.35: bytes=32 time<1ms TTL=60
Reply from 202.202.96.35: bytes=32 time<1ms TTL=60
Reply from 202.202.96.35: bytes=32 time<1ms TTL=60
Reply from 202.202.96.35: bytes=32 time<1ms TTL=60

Ping statistics for 202.202.96.35:
    Packets: Sent = 4, Received = 4, Lost = 0 (0% loss),
Approximate round trip times in milli-seconds:
    Minimum = 0ms, Maximum = 0ms, Average = 0ms

C:\Documents and Settings>
```

图 1-7-2　Ping 通域名 swu. edu. cn

(2)Ping 已知 IP，Ping 不通的情况(图 1-7-3)。

```
C:\WINDOWS\system32\cmd.exe

C:\Documents and Settings>ping 202.202.96.38

Pinging 202.202.96.38 with 32 bytes of data:

Request timed out.
Request timed out.
Request timed out.
Request timed out.

Ping statistics for 202.202.96.38:
    Packets: Sent = 4, Received = 0, Lost = 4 (100% loss),

C:\Documents and Settings>
```

图 1-7-3　Ping 不通的情况

以上测试信息请同学们自己分析。

3. 用 netstat 对本机的网络状态进行检测

C:\>netstat - an

Active Connections

Proto	Local Address	Foreign Address	State
TCP	0.0.0.0:80	0.0.0.0:0	LISTENING
TCP	0.0.0.0:21	0.0.0.0:0	LISTENING
TCP	0.0.0.0:7626	0.0.0.0:0	LISTENING
UDP	0.0.0.0:445	0.0.0.0:0	
UDP	0.0.0.0:1046	0.0.0.0:0	
UDP	0.0.0.0:1047	0.0.0.0:0	

Active Connections:指当前本机活动连接;

Proto:指连接使用的协议名称;

Local Address:本地计算机的 IP 地址和连接正在使用的端口号;

Foreign Address:连接该端口的远程计算机的 IP 地址和端口号;

State:表明 TCP 连接的状态。

检测信息显示,后三行的监听端口是 UDP 协议的,所以没有 State 表示的状态。机器的 netstat 命令检测到端口 7626 已经开放,正在监听等待连接,像这样的情况极有可能是已经感染了某类病毒。

4. 利用 IPConfig 对本机的网络状态进行检测

C:\>ipconfig /all

```
Windows IP Configuration                              / Windows IP 配置
   Host Name . . . . . . . . . . . . . : www-ef3065c5182
                                                      /主机名
   Primary Dns Suffix . . . . . . . :                 /主 DNS 后缀
   Node Type . . . . . . . . . . . . : Unknown        /节点类型
   IP Routing Enabled. . . . . . . . : Yes            / IP 路由启用情况
   WINS Proxy Enabled. . . . . . . . : No             / WINS 代理启用情况
Ethernet adapter 本地连接:                            /以太网适配器 本地连接
   Connection-specific DNS Suffix . :                 /连接特定的 DNS 后缀
   Description . . . . . . . . . . . : Realtek RTL8139 Family PCI Fast Ethernet NIC
                                                      /描述
   Physical Address. . . . . . . . . : 00-10-5D-EA-F8-F4
                                                      /物理地址
   Dhcp Enabled. . . . . . . . . . . : No             / DHCP 启用情况
   IP Address. . . . . . . . . . . . : 192.168.1.21   /IP 地址
```

Subnet Mask . . . . : 255.255.255.0/子网掩码
Default Gateway . . . . : 192.168.1.1 /默认网关
DNS Servers . . . . : 61.128.128.68/DNS 服务器
Ethernet adapter 本地连接 3: /以太网适配器 本地连接 3
Media State . . . . : Media disconnected /介质状态
Description . . . . : ICEFLOW VPN Adapter /描述
Physical Address. . . . . : 00—FF—E0—5C—8A—EB /物理地址

5. 对 ARP 命令的功能作出简单解释

C:\>arp —a /显示所有接口的 ARP 缓存表

Interface: 192.168.1.21 ——— 0x2

Internet Address	Physical Address	Type
192.168.1.1	00—1b—2f—50—46—a6	dynamic

C:\> arp —a —N 10.0.0.99 /对指派的 IP 地址为 192.168.1.21 的接口,显示其 ARP 缓存表

Interface: 192.168.1.21 ———0x2

Internet Address	Physical Address	Type
192.168.1.1	00—1b—2f—50—46—a6	dynamic

六、思考题

1. 当一台电脑不能正常上网后,要排除故障,首先应该检测什么?

2. 在一台电脑上使用 ping 命令,其回显中的 TTL 值是什么含义,如果回显中 TTL 值小于 127,说明什么?

3. route print 命令和 tracet 命令有什么异同?

第二章 网络服务

实验一 Windows Server 2003 服务器中 AD 的安装与配置

一、背景知识描述

Active Directory 是用于 Windows Server 2003 的目录服务，它是 Windows Server 2003 网络体系的基本结构模型，是 Windows Server 2003 网络操作系统的核心支柱，也是中心管理机构。Microsoft 在 Windows Server 2003 提供的活动目录中是一个全面的目录服务管理方案，也是一个企业级的目录服务，具有很好的可伸缩性。活动目录采用了 Internet 的标准协议，它与操作系统紧密地集成在一起。活动目录不仅可以管理基本的网络资源，比如计算机对象、用户账户、打印机等，它也充分考虑了现代应用的业务需求，为这些应用提供了基本的管理对象模型，比如用户账户对象具有办公电话、手机、呼机、住址、上司、下属、电子邮件等属性。几乎所有的应用可以直接利用系统提供的目录服务结构，而且活动目录也具有很好的扩充能力，允许应用程序定制目录中对象的属性或者添加新的对象类型。

Active Directory 以对象为基本单位，采用层次结构来组织管理对象。这些对象包括网络中的各项资源，如用户、计算机、打印机和应用程序等。提供 Active Directory 目录服务的服务器称为域控制器。

工作组与域的区别。它们虽然在网络结构上很相似，但表现模式不同。工作组是将数量不多的计算机连成一个可互相共享资源的网络，在这种工作方式下，信息的安全保护只能靠给共享信息设置密码或使用权限设置给特定用户来实现；域则是采用域控制器来进行信息管理的，每个用户都有自己的账号和密码，并可根据不同的情况赋予不同的使用权限，这种方式不但使网络信息的安全得到了非常好的保障，同时很好地满足了大型网络的要求。

二、实验内容

1. 安装域控制器；
2. 域控制器的配置及应用。

三、实验目的

1. 了解 Active Directory 的原理、结构及作用；
2. 熟练掌握域控制器的安装；
3. 熟练掌握域控制器的基本配置及应用。

四、应用场景描述

随着局域网(LAN)、广域网(WAN)规模与复杂性的不断提高和这些网络不断被连入 Internet,以及应用程序对网络的依赖程度不断增强并不断被链接到协作企业网中的其他系统上,从而对 Windows 网络资源的管理也提出了更高的要求。如:需要提供对用户、应用程序和设备的单一性、一致性的管理点;向用户提供单一的网络资源登录,为管理员提供强大、一致性的工具以使他们能够管理为内部台式机用户、远程拨号用户以及外部电子商务客户提供的安全服务等。因此,对于 Windows 网络来说,规模越大,需要管理的资源越多,建立 Active Directory 目录服务的也就越有必要。

五、实验步骤

1. 域控制器的安装

(1)依次单击"开始"→"管理你的服务器"→"添加或删除服务器角色",打开"配置你的服务器向导",然后在"服务器角色"列表中选中"域控制器(Active Directory)"选项,单击"下一步"开始安装。

(2)设置域控制器类型。选择"新域的域控制器",单击"下一步"。

(3)在"创建一个新域"界面中选择"在新林中的域",单击"下一步"。

(4)设置域名(如 adserver. com),单击"下一步"。

(5)设置新建域的 NetBIOS 名称,一般使用其默认值,单击"下一步"。

(6)接下来需要设置 Active Directory 数据库、日志文件和 Sysvol 文件夹的存放位置,建议保持其默认路径不变,然后就会打开"DNS 注册诊断"界面。选中"在这台计算机上安装并配置 DNS 服务器,并将这台 DNS 服务器设为这台计算机的首选 DNS 服务器"单击"下一步"。

(7)为了保证系统的通用性,建议选择"与 Windows 2000 之前的服务器操作系统兼容的权限",单击"下一步"。

(8)设置域控制器在"目录服务还原模式"下启动时的管理员密码。用于在域控制器出现错误需还原到某个正确状态时使用。单击"下一步"。

(9)接下来，向导将给出新建域的“摘要”信息，确认无误后，单击“下一步”。然后根据提示插入 Windows Server 2003(SP1)系统光盘安装 DNS 服务。安装结束后单击“完成”按钮，并根据提示重新启动计算机即可。

2. 添加 AD 域用户账户

(1)依次单击“开始”→“管理工具”→“Active Directory 用户和计算机”，打开“Active Directory 用户和计算机”控制台。右键单击“Users”，在弹出的快捷菜单中依次选择“新建”→“用户”命令。

(2)设置账户基本信息，如图 2-1-1 所示。在“用户登录名”框中输入用户从工作站登录域时使用的名称(如“bingyu”)。单击“下一步”。

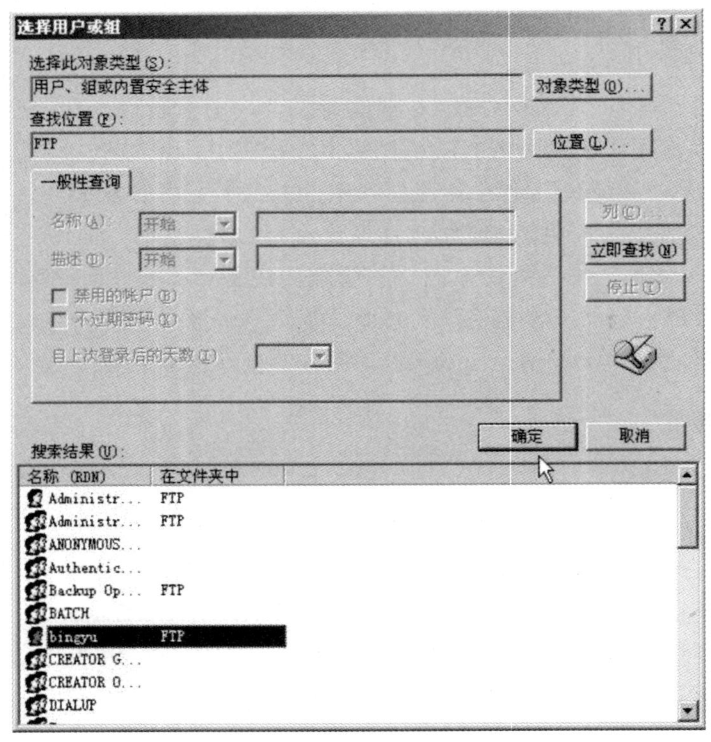

图 2-1-1 “新建—用户”界面

(3)设置用户的登录密码。注意密码必须符合密码策略(可以在未升级到域控制器前，禁用密码策略)，否则将出现错误提示。

重复上述步骤添加其他用户账户。

3. 在 AD 域中创建用户组

(1)新建用户组

为了提高管理用户的效率，我们可以在 AD 域中将具有相同属性的用户放入同一个组，然后打开“Active Directory 用户和计算机”控制台。右键单击“Users”，在弹出的快捷菜单中依次选择“新建”→“组”命令。然后在“组名”编辑框中输入所创建的组的名称(如

jsjdepartment),其他设置保持不变,单击“确定”按钮。

(2)配置用户组

依次单击“开始”→“管理工具”→“Active Directory 用户和计算机”,打开“Active Directory 用户和计算机”控制台。选中 Users 容器,然后在右窗格中双击组名称(如 jsjdepartment),打开“jsjdepartment 属性”界面。

- “成员”标签

该选项陈列当前组中包含的所有成员的信息。其中,通过成员列表及位于界面底部的“添加”与“删除”按钮可以更改组成员的组成信息属性。如添加组成员,则依次单击“添加”→“高级”→“立即查找”按钮。在用户列表中选中多个用户账户,并连续单击“确定”按钮即可完成组成员的添加。

- “隶属于”标签

由于组本身也可以作为另一个组的成员,因此,可通过该选项将当前组添加为其他组的成员。依次单击“添加”→“高级”→“立即查找”按钮。在用户列表中选中上一级组(如 Administrators,系统管理员组),并依次单击“确定”→“确定”按钮,即可将当前组设置为其他组的成员。

- “管理者”标签

该选项用于设置组管理用户。依次单击“更改”→“高级”→“立即查找”按钮。在用户列表中为该组选择管理员账户,并依次单击“确定”→“确定”按钮返回“管理者”标签。选中“管理员可以更新成员列表”复选框,然后单击“确定”按钮。

4. 将计算机添加到域

(1)设置客户端“Internet 协议(TCP/IP) 属性”,将其 DNS 服务器地址配置为域控制器的 IP 地址。

(2)在桌面上右键单击“我的电脑”图标,选择“属性”命令。打开“系统特性”界面,切换到“标识更改”标签,选中“域”单选钮,并在“域”编辑框中输入域名(如 adserver)。单击“确定”按钮。

(3)打开“域用户名和密码”界面,在此输入域控制器的管理员账户及密码。单击“确定”按钮,通过验证后,即会弹出加入域成功提示界面。

5. 域成员计算机登录到域

启动域成员计算机(服务器或工作站),按 Ctrl+Alt+Del 组合键切换到登录界面,在“用户名”编辑框中输入域用户账户(如 bingyu),在“密码”编辑框中输入初始密码,然后单击“登录到”右侧的下拉按钮,在下拉菜单中选中域名(如 adserver)并单击“确定”按钮即可登录域控制器。

6. 配置用户账户

打开“Active Directory 用户与计算机”控制台,单击“Users”容器,然后在右窗格中双击需要配置的账户名称(如 bingyu),打开“bingyu 属性”界面,切换到“账户”标签,在这里我们可对用户账户的有效期限、登录时间及登录工作站进行相应的设置。

• 设置账户有效期限

系统默认将账户的有效期限设置为“永不”过期。如果需要指定用户账户的有效期限，则可以在“账户过期”框中选择“在这之后”单选按钮，然后利用按钮右侧的下拉式日历选择有效期限的截止日期即可。

• 设置 AD 域用户登录时间

单击“登录时间”按钮，打开“bingyu 的登录时段”界面。其中，利用蓝色标记的区域为允许登录的时间段。

• 设置用户账户的登录工作站

通过设置登录工作站，可以限制用户使用别人的计算机登录到域控制器。单击“登录到”按钮，打开“登录工作站”界面。选中“下列计算机”单选按钮，在 “计算机名”编辑框指定登录的计算机名并单击“添加”按钮。

7. 在 AD 中发布共享文件夹

首先要在某台域成员计算机上创建共享文件夹，然后在域控制器上打开“Active Directory 用户和计算机”控制台，右键单击要添加共享文件夹的域或组织单元，在快捷菜单中选择“新建”→“共享文件夹”命令，在“新建对象—共享文件夹”界面中设置共享文件夹名称和网络路径(UNC 名称)。最后根据需要为该共享文件夹设置用户访问权限，可以针对域用设置权限。

8. 创建和管理 OU(组织单位)

打开“Active Directory 用户和计算机”控制台。右键单击域名，从快捷菜单中依次选择“新建”→“组织单位”命令，出现“新建对象—组织单位”界面，输入组织单位的名称(如“计算机系”)并单击“确定”按钮完成组织单元的创建。

• 在 AD 域 OU 中添加用户账户

打开“Active Directory 用户和计算机”控制台，在左窗格中展开 Users 容器，按住 Ctrl 键的同时选中所有合适的用户账户，然后在选中状态下右键单击这些用户账户，并选择“移动”快捷命令，如图 2-1-2 所示。接下来在打开的“移动”界面中展开域名目录树，并选中刚才创建的“计算机系”OU，然后单击“确定”按钮即可。

• 在 OU 中进行用户权限委派

① 打开“Active Directory 用户和计算机”控制台，在左窗格中右键单击“计算机系”OU。然后在弹出的快捷菜单中选择“委派控制”命令，打开“控制委派向导”界面，单击“下一步”。

② 在“用户和组”界面中，将拥有修改密码权限的用户账户添加进来。单击“添加”按钮，通过高级查找功能将用户(如 bingyu)添加进来，单击“下一步”。

③ 在打开的“要委派的任务”界面中选择要委派的任务，单击“下一步”，完成权限委派操作。

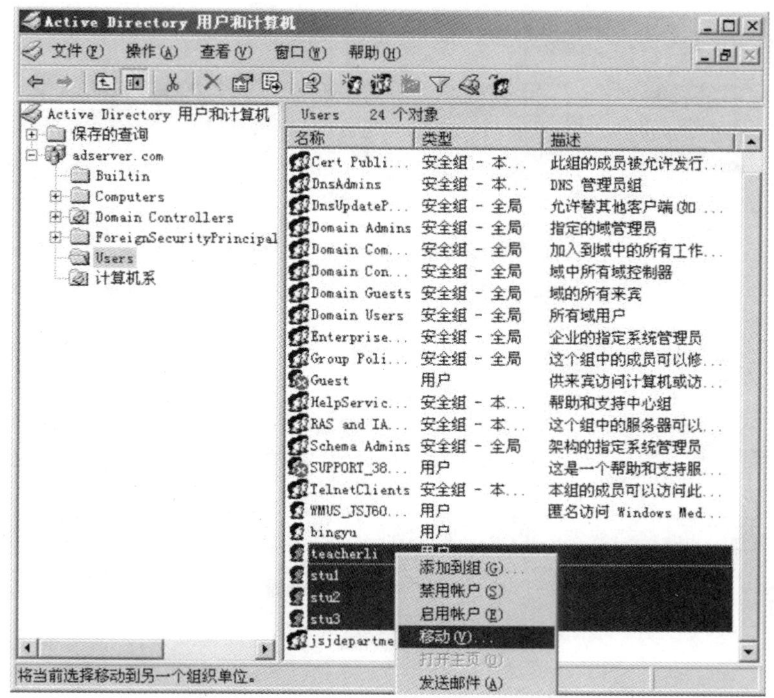

图 2-1-2　将用户账户添加到 OU

9. 通过组策略控制和管理 Windows 网络

组策略是基于 Active Directory 的一种系统管理技术，用来定义自动应用到网络中特定用户和计算机的默认设置，这些设置包括安全选项、软件安装、脚本文件设置、桌面外观及用户文件管理等。

(1)配置组策略对象

① 打开“Active Directory 用户和计算机”控制台，右键单击域名(如 adserver. com)，从快捷菜单中选择“属性”命令，打开域属性设置界面。

② 切换到“组策略”标签，在组策略对象链接列表中选中默认的组策略对象，单击“编辑”按钮，打开要编辑的组策略对象，设置相应的选项，如图 2-1-3 所示。

③ 返回到“组策略”选项卡，单击“确定”按钮。

④ 添加组策略对象链接，在“组策略”标签中单击“添加”按钮，选择已有的组策略对象。

(2)应用组策略

由于组策略应用比较广泛，现以删除域成员计算机“开始”菜单中的“注销”命令为例。打开组策略编辑器，依次双击“用户配置”→“管理模板”→“任务栏和[开始]”，然后在右窗格中双击“删除[开始]菜单上的‘注销’”图标，在弹出的界面中选中“已启用”选项以启用该策略，最后单击“确定”按钮。

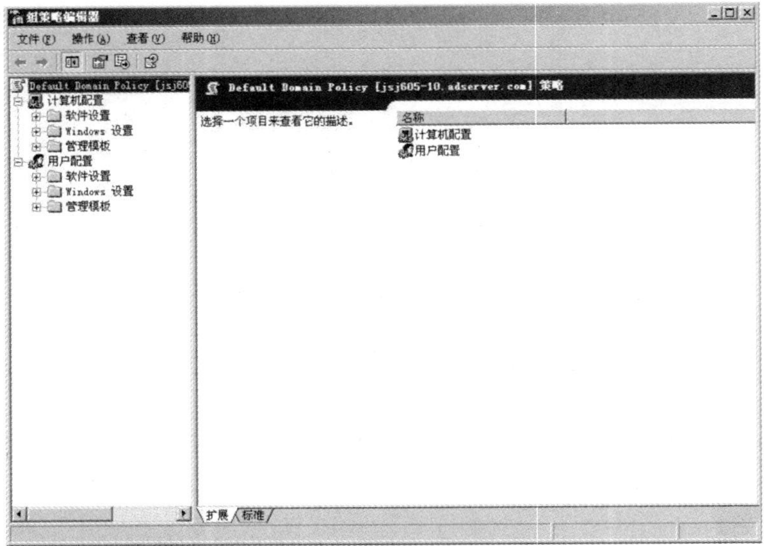

图 2-1-3 组策略编辑器

实验二 Windows Server 2003 服务器中的文件服务

一、背景知识描述

文件服务是局域网中最常用的服务之一，从 Windows NT 开始就随着 Windows Server 家族的不断升级换代而保留至今。在局域网中搭建文件服务器以后，可以通过设置用户对共享资源的访问权限来保证共享资源的安全。

文件服务器提供和管理文件访问权限。如果计划使用此计算机上的磁盘空间存储、管理及共享(如文件和网络访问的应用程序的信息)，请将该计算机配置为文件服务器。文件服务器在网络上提供了一个中心位置，可存储文件并通过网络与用户共享文件。当用户需要文件(比如项目计划)时，他们可以访问文件服务器上的文件，而不必在各自独立的计算机之间传送文件。如果网络用户需要相同文件或可通过网络访问的应用程序，就要将该计算机配置为文件服务器。

二、实验内容

文件服务器的搭建和配置。

三、实验目的

1. 了解文件服务器的基本工作原理；

2. 熟练掌握文件服务器的搭建和配置。

四、应用场景描述

在日常办公中，部门与部门，员工与员工之间往往需要一些共有的数据，为了提高工作效率，这些数据必须被共享才得以实现。但这样势必存在安全隐患，为了加强对共享文件的管理，往往有如下要求：

1. 网络管理员对所有共享文件夹拥有完全控制权；

2. 所有员工对公共文件夹只拥有读取权限；

3. 每位员工只对自己的私人文件夹拥有完全控制权，且不能读取其他员工的文件夹；

4. 每位员工所能使用的磁盘空间有一定限制，并且已用空间达到一定程度后会被警告。

搭建文件服务器后，上述要求就可以迎刃而解了。

五、实验步骤

1. 安装文件服务器

(1)依次单击“开始”→“管理你的服务器”→“添加或删除服务器角色”，打开“配置你的服务器向导”，然后在“服务器角色”列表中选中“文件服务器”，单击“下一步”。

(2)磁盘配额设置，根据磁盘剩余空间及用户实际需要在“将磁盘空间限制为”和“将警告级别设置为”编辑框中键入合适的数值，单击“下一步”。

(3)用索引服务，选中“是，启用索引服务”单选钮，单击“下一步”。

(4)共享文件夹的设置。单击“浏览”按钮，选择共享文件夹的位置，单击“下一步”。

(5)设置共享文件夹的名称及其相应的描述，指定用户如何在网络上查看和使用此共享单击“下一步”。

(6)在“权限”向导页中点选下面某种基本共享权限，单击“完成”按钮结束设置。

2. 创建用户

(1)依次单击“开始”→“管理工具”→“计算机管理”，打开“计算机管理”界面，展开“本地用户和组”目录。右键单击“用户”文件夹，在弹出的快捷菜单中选择“新用户”命令。

(2)在弹出的“新用户”界面中，设置新建用户的“用户名”和“密码”，取消选中“用户下次登录时须更该密码”复选框，并选中“用户不能更该密码”和“密码永不过期”复选框。最后单击“创建”按钮。

重复1、2两个步骤创建其他账户

3. 设置用户访问权限

(1)创建好用户账户后,为了给不同的账户设置共享文件的访问权限,我们还需要对共享文件的“共享权限”和“安全”等属性进行设置。

(2)依次单击“开始”→“管理工具”→“文件服务器管理”,打开“文件服务器管理”界面,右键单击需要设置访问权限的共享名(如“学生资料”),在弹出的快捷菜单中选择“属性”命令,打开“学生资料 属性”界面。

(3)切换到“共享权限”标签,在这里我们可以查看可访问该共享文件的用户及其相应的权限。选中“Everyone”用户,并单击“删除”按钮将该用户删除,单击“添加”按钮,添加其他可使用该共享文件的账户。

(4)打开“选择用户或组”界面,如图 2-2-1 所示。依次单击“高级”→“立即查找”按钮,然后在“搜索结果”列表框中选择新建的用户或组(如 bingyu),单击“确定”按钮。

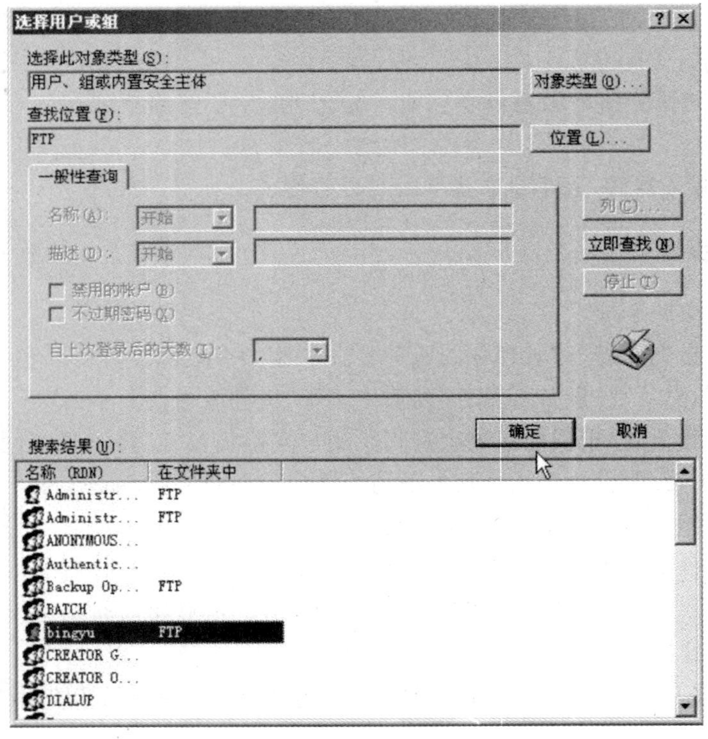

图 2-2-1 添加用户或组

(5)返回“学生资料 属性”在“组或用户名称”列表中选中刚才添加的用户(如 bingyu)后在其对应的权限(如:bingyu 的权限)列表中,根据实际需要设置相应的权限。

(6)切换到“安全”标签设置共享文件的“安全”属性。单击“添加”按钮查找并添加第三步中添加的用户或组(如:bingyu)。然后选中该用户,并在“bingyu 的权限”列表中选择与“共享权限”对应的复选框,并单击“确定”按钮。

重复(1)~(5)步骤设置其他文件夹的共享权限和安全权限。

4. 客户端访问共享文件夹

假设文件服务器的 IP 地址为：192.168.3.2。在客户端主机打开“我的电脑”窗口，在地址栏输入 UNC 路径，如 file://192.168.3.2（192.168.3.2 为文件服务器的 IP 地址），就会弹出“输入网络密码”界面，输入合法的用户名和密码，即可打开共享文件夹，并可执行与自己所拥有的权限相对应的操作。

实验三　Windows Server 2003 服务器中的打印服务

一、背景知识描述

打印服务器就是在网络上向用户提供打印机共享使用服务的服务器。这里大家要注意的是网络打印与共享打印的区别。虽然都是为了共享打印机，但是它们却有着本质的区别。共享打印是指将打印机安装在网络中某一台计算机上（或者是单独的打印机作为节点），可以供某一网络域内拥有访问权的多个用户共同使用，连接电缆长度很有限，适合计算机位置集中且用户不多的情况，如小型办公室。而打印服务器旨在实现网络打印，需要计算机网络支持，还能实现有效的打印控制和管理。实现网络打印能集中管理和控制打印机，有效降低总体拥有成本，提高整个网络的打印能力，提高打印管理效率，提高打印系统的可用性。

打印服务器提供并管理打印机访问权限。如果计划远程管理打印机，使用 Windows Management Instrumentation（WMI）管理打印机或者使用 URL 从服务器或者客户端计算机打印到服务器，那么就将服务器配置为打印服务器。

二、实验内容

打印服务器的安装、配置及管理。

三、实验目的

1. 了解共享打印和网络打印基本原理；
2. 熟悉网络打印服务器的安装；
3. 掌握网络打印服务器的配置。

四、应用场景描述

在同一个局域网中，往往不可能每台计算机都拥有一台打印机，但几乎每台计算机在某些时候都有打印任务。将要打印的文件复制到安装有打印机的计算机上进行打印显得过于繁琐，设置共享的打印机服务器就可以很好的解决这个问题。一个局域网只需要一、两台打印机就足以完成网内所有用户的打印需求，这样既方便用户使用又有效地利用了打印机资源，而且通过外设管理软件，可以随时对打印机、打印文档进行有效地管理。

五、实验步骤

1. 安装打印服务器

(1)依次单击"开始"→"管理你的服务器"→"添加或删除服务器角色"，打开"配置你的服务器向导"，然后在"服务器角色"列表中选中"打印服务器"，单击"下一步"，打开"添加打印机向导"界面。

(2)设置向网络上所有 Windows 客户端提供打印机驱动程序，这样客户端就可通过网络安装打印机驱动程序。选中"所有 Windows 客户端"，单击"下一步"。

(3)设置打印机的连接方式。选中"连接到这台计算机的本地打印机"，并取消选中"自动检测并安装我的即插即用打印机"，单击"下一步"。

(4)设置计算机与打印机相连的端口，若打印机端口为 LPT 端口，则应选中"使用以下端口"单选钮，并在下拉列表中选择"LPT(推荐的打印机端口)"选项，单击"下一步"。

(5)安装打印机驱动程序。点选相应"厂商"打印机的型号。如果列表中没有合适的打印机型号，则选择"从磁盘安装"。

(6)命名打印机，设置打印机共享名(如 jsjprint)。单击"下一步"。

(7)选中"是"单选按钮，打印测试页，验证打印机安装是否成功，单击"下一步"，如果打印机能成功打印测试页，说明打印机已经成功安装。

(8)在打开的"处理器和操作系统选择"界面中，选中所有的 X86 处理器复选框，并依次单击"下一步"→"从磁盘安装"，完成服务器的配置。

2. 客户端配置

在客户端输入打印机的 UNC 名称，如"\\192.168.2.247\jsjprinter"，就会弹出"输入网络密码"界面。输入具有打印权限的用户名和密码，则会通过网络安装来自打印服务器上的打印机驱动程序。

3. 配置和管理共享打印机

(1)设置打印机权限

依次单击"开始"→"控制面板"→"打印机和传真"，打开"打印机和传真"窗口，右键单击要设置权限的打印机，在快捷菜单中选择"属性"命令，切换到"安全"标签，设置用户或组的权限。默认情况下 EveryOne 组用户拥有"打印"权限，建议将其删除，只为具备打印资格的用户分配"打印"权限。

(2)设置打印机高级选项

使用高级标签可有效地管理打印服务器，如计划轮流打印时间、启用打印机位置跟踪或者对不同组设置不同的优先级等。如限制打印时间，则切换到"高级"标签，选中"使用时间从”单选按钮，设置起始时间即可。

(3)Web 方式远程管理打印机

在 Windows Server 2003 中，如果打印服务器安装了 IIS 服务器，则拥有权限的网络用户可以通过 IE 等浏览器来管理打印服务器，也可以通过浏览器来安装打印机、管理自己打印的文档等。

① 安装 Internet 打印组件

打开“添加/删除 Windows 组件”窗口，在“Windows 组件向导”窗口中双击“应用程序服务器”选项后，在弹出的窗口中选择“Internet 信息服务(IIS)”复选框。单击“详细信息”按钮，在弹出的窗口中选中“Internet 打印”选项，单击“确定”按钮。

② 通过 WEB 方式远程管理打印机

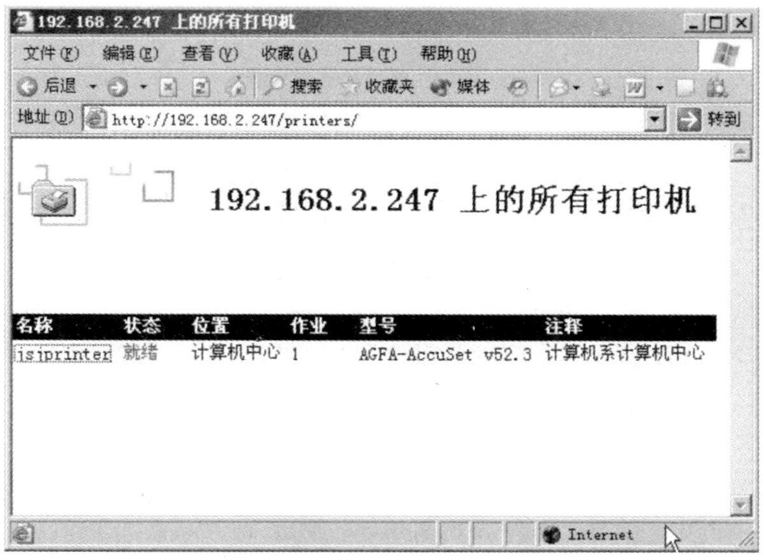

图 2-3-1 服务器端打印机列表

在客户端输入 URL 地址：“http://打印服务器 IP 地址/printers”(如：http://192.168.2.247/printers)，在打开的身份验证界面输入合法的用户名和密码，即可看到打印服务器上的所有打印机及状态，如图 2-3-1 所示。从打印机列表中单击要访问的共享打印机，即可进入该打印机的管理窗口，如图 2-3-2 所示。从该界面中可查看打印机状态、操作打印机、操作打印文档。

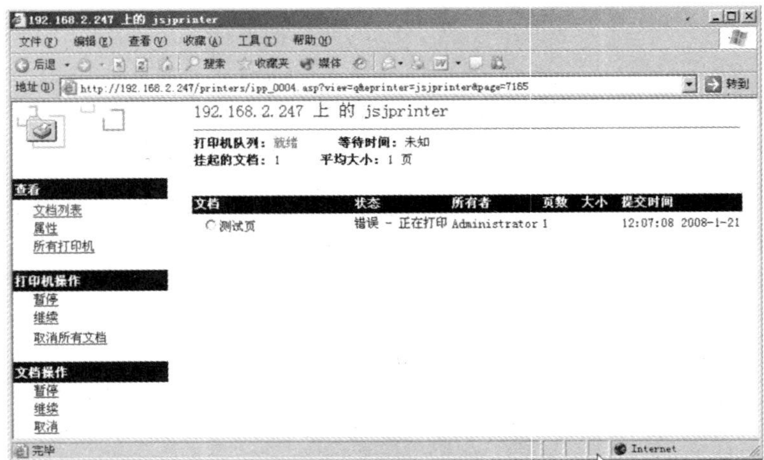

图 2-3-2 打印机管理窗口

实验四 Windows Server 2003 服务器中的终端服务

一、背景知识描述

终端服务是在 Windows NT 中首先引入的一个新服务。终端服务使用 RDP 协议(远程桌面协议)客户端连接,使用终端服务的客户可以在远程以图形界面的方式访问服务器,并且可以调用服务器中的应用程序、组件、服务等,和操作本机系统一样。这样的访问方式不仅大大方便了各种各样的用户,而且大大地提高了工作效率,并且能有效地节约企业的成本。默认终端服务所使用的端口是 3389 端口。

二、实验内容

在 Windows server 2003 环境下安装、配置终端服务并测试。

三、实验目的

掌握 Windows server 2003 环境下终端服务的安装与配置。

四、应用场景描述

假设用户需要在服务器的 Windows Server 2003 环境下运行某一应用程序。这时就可以在本地机安装终端服务器客户端,然后通过"远程桌面连接"连接至单位的终端服务器进行操作。

五、实验步骤

1. 安装终端服务器

在 Windows Server 2003 中，终端服务没有被默认安装，需要我们进行手动添加：

依次单击“开始→控制面板→添加或删除程序”，单击“添加/删除 Windows 组件”标签。选择“组件”列表中的“终端服务器”和“终端服务器授权”选项。这时可能会弹出一个关于 IE 安全配置的警告界面，单击“是”按钮将其关闭并依次单击“下一步”按钮。

在打开的“为应用程序兼容性选择默认权限”界面中，系统给出了两种安装模式，即“完整安全模式”和“宽松安全模式”。选择“完整安全模式”并单击“下一步”按钮。在“使用下列许可证服务器”中输入服务器名称或 IP 地址，单击“下一步”按钮，选择“每设备授权模式”，插入安装光盘，单击“下一步”按钮，文件复制完毕单击“完成”按钮，重启计算机即可。

2. 配置终端服务器

(1)赋予用户权限

默认情况下只有系统管理员组用户(Administrators)和系统组用户(SYSTEM)拥有访问和完全控制终端服务器的权限，另外远程桌面用户组(Remote Desktop Users)的成员只拥有访问权限而不具备完全控制权。而在很多时候，默认的权限设置往往并不能完全满足我们的实际需求，因此我们还需要赋予某些特殊用户远程连接的权限。

依次单击“开始→管理工具→终端服务配置”，在打开的“终端服务配置”界面中双击右侧的“RDP-Tcp”连接。打开“RDP-Tcp 属性”界面。然后切换到“权限”标签下，单击“添加”按钮，在“输入对象名称来源”编辑框中填入准备赋予权限的用户名(如 cqu，如果没有相应的用户请先创建)并单击“确定”按钮。

返回“RDP-Tcp 属性”界面后，在“组和用户名称”列表中单击刚刚添加的用户“cqu”，然后根据需要勾选权限列表框中的复选框。例如勾选允许“来宾访问”、“用户访问”复选框。

(2)限制并发连接数量

默认情况下，终端服务对远程连接不限制数量，并且只允许两个并发管理远程桌面连接。考虑到节约服务器系统资源问题，我们可以对并发连接数量加以限制，以保证服务器保持较高的性能。设置方法如下：

在“RDP-Tcp 属性”界面中切换至“网卡”标签。在“网卡”下拉列表中选中使用 RDP-Tcp 协议的网卡，然后点选“最多连接数”单选框，并在右侧调整并发连接数值。

(3)设置客户端可用的本地资源

在“RDP-Tcp 属性”界面中切换至“客户端设置”标签，可以勾选“禁用下列项目”区域中的项目以限制对客户端资源的使用。例如在勾选“音频映射”复选框后，服务器端的声音将不能通过客户端的声卡播放。而有时用户的需求恰恰相反，比如必须使用本地的打印机。那么这时必须保证“Windows 打印机映射”和“LPT 端口映射”两项是非选中状态。

3. 连接终端服务器

(1)安装客户端

用户要想远程连接到终端服务器，首先需要安装客户端。假设 Windows Server 2003 的系统目录在 C 盘，那么可以在“C:\WINDOWS\system32\clients\tsclient\win32”目录下找到客户端的安装程序。通过“网上邻居”或其他方式将客户端的安装程序分发给客户机并完成安装。

(2)远程连接

在客户机上依次单击“开始→所有程序→远程桌面连接”，在打开的界面中单击“选项”按钮切换至详细的登录界面。在“计算机名”编辑框中键入终端服务器的 IP 地址，在“用户名”编辑框中键入“cqu”并单击“连接”按钮。出现 Windows 登录界面后键入已授权的用户名的密码即可完成连接。

当然要想成功连接到终端服务器，必须保证允许进行“远程桌面”连接：右击“我的电脑”，选择“属性”，切换至“远程”标签，勾选“启用这台计算机上的远程桌面”复选框。

实验五 DNS 服务器的安装与配置

一、背景知识描述

域名管理系统 DNS(Domain Name System)是域名解析服务器的意思．它在互联网的作用是：把域名转换成为网络可以识别的 IP 地址。比如：我们上网时输入的 www.cqu.edu.cn 会自动转换成为 202.202.0.35。

二、实验内容

在 Windows Server 2003 环境下安装配置 DNS 服务并使用 Nslookup 命令观察转换结果。

三、实验目的

掌握 Windows Server 2003 环境下 DNS 服务的安装与配置。

四、应用场景描述

通过交换机把服务器相互连接，已配置好 DNS 服务的服务器可以作为其他服务器的 DNS 服务器使用。

五、实验步骤

1. 在“开始→管理工具”中看是否有“DNS”项。如果没有，需在“控制面板→添加/删除程序→添加/删除 Windows 组件→网络服务”中安装域名系统(DNS)。

2. 运行“开始→管理工具”中“DNS”项。

3. 创建正向搜索区域并在正向搜索区域中创建新区域。选中“正向搜索区域”右击选择“新建区域”,为 DNS 服务器创建一个新区域,区域是一个数据库,链接 DNS 名称和相关数据。选择要创建的区域的类型(“主要区域”)。依照规范为新区域命名(例如:lc.com),创建新区域文件,一般新文件名会自动创建。完成正向搜索区域下的新建区域工作。

4. 创建反向搜索区域并在反向搜索区域中创建新区域。选中“反向搜索区域”右击选择“新建区域”,选择反向搜索区域下新建区域的类型(“主要区域”),输入反向搜索 DNS 的 IP 地址的网络地址(如 192.168.0)。自动创建反向搜索区域的新文件名。完成反向搜索区域下新区域的创建。

5. 在正向区域中添加主机,在反向区域内添加指针。右击刚创建的正向区域,选择“新建主机”,输入主机名(如 www)和对应的 IP 地址(如 192.168.0.61)为正向搜索的新区域添加要解析的主机名。右击刚创建的反向区域,选择“新建指针”,输入主机 IP 号(如 61)和对应的主机名(www.lc.com)。

6. 利用 Nslookup 命令分别测试正反方向的解析.

设置本机 IP 地址和 DNS 地址,在命令窗口中运行 Nslookup,输入计算机的域名可得到相应的 IP 地址,输入计算机的 IP 地址可得到相应的域名。

7. 重复上述步骤,可建立其他区域(如 edu.cn),并在该区域中添加主机及对应 IP 地址。如果已配置 WWW、FTP 等服务,就可通过浏览器,使用域名来访问相应的网页和 FTP 目录。

实验六　DHCP 服务器的安装与配置

一、背景知识描述

DHCP 是动态主机配置协议(Dynamic Host Configure Protocol)的缩写。一台 DHCP 服务器可以为网络中的计算机提供 IP 地址、子网掩码、默认网关、DNS 服务器地址等配置信息,客户机不需要手动配置 TCP/IP 相关参数,每台 DHCP 服务器拥有一定数量的 IP 资源,这些 IP 资源以租用的方式向客户机提供。当网络中有一台客户机想要访问网络时,如果它还没有 IP 地址,就向网络中的 DHCP 服务器发出请求,租用一个 IP 地址来用,在租约期限内,该计算机占有这个 IP 资源;当租约期限到期后,它释放这个 IP 资源,如果还想继续访问网络,需要重新向 DCHP 服务器租用一个 IP 地址。

二、实验内容

DHCP 服务器的搭建、验证和 DHCP 设置的验证。

三、实验目的

1. 了解 DHCP 的工作原理

2. 熟练掌握 DHCP 服务器的搭建和配置。

四、应用场景描述

手工静态分配 IP 地址的操作不但繁琐，而且容易出错，易造成 IP 地址冲突，适用于规模比较小的网络。DHCP 服务适用于规模比较大的网络，或者是经常变动的网络，或者是因网络管理需要统一配置 TCP/IP 的网络。使用 DHCP，让管理人员能够集中管理 IP 地址的分配和发放问题，既可减轻手工管理的负担，有助于规模较大的网络管理，又可避免多人设置同一 IP 地址所造成的冲突及手工设置的其他错误。

五、实验步骤

1. 安装 DHCP 服务

依次单击“开始”→“管理你的服务器”→“添加或删除服务器角色”→“配置你的服务器向导”，然后在服务器角色列表中选择“DHCP 服务器”，单击“下一步”开始安装。

2. 配置 DHCP 服务

(1)创建 DHCP 作用域

① 作用域名配置。作用域名称标识唯一一个作用域，将新建的作用域命名为“school”，并增加了相应的描述信息。

②IP 地址范围配置。根据局域网所使用的私有网段设置 IP 地址范围(如网段为 192.168.3.0，则应将起始 IP 地址和结束 IP 地址分别填为 192.168.3.1 和 192.168.3.254；长度为 24，子网掩码设置为：255.255.255.0)。

③添加排除配置。添加排除是让 DHCP 服务器对 IP 地址范围内的某些 IP 地址不进行动态分配，留给局域网中的服务器使用(如排除 192.168.3.1～192.168.3.10 则应在填入起始和结束 IP 地址分别填入 192.168.3.1、192.168.3.10)。

④租约期限设置。对于位置比较固定的网络，如公司内部网络，应当设置比较长的租期，而对于可移动网络，如拨号上网客户的网络，应当设置比较短的租期。

⑤配置 DHCP 选项。选择“是，我想现在配置这些选项”。

⑥路由器配置。输入局域网网关(如 192.168.3.1)，并将这个 IP 地址添加进去。

⑦域名称和 DNS 服务器配置。如果网络中有 DNS 服务器，请正确填写父域、服务器名及 IP 地址，这样网络中主机就能在局域网中使用 DNS 服务。如果没有 DNS 服务器可以直接进入下一步。

⑧WINS 服务器配置。输入 WINS 服务器的 IP 地址，使得用户 NetBIOS 计算机名能转换为 IP 地址。若本地网络中没有 WINS 服务器请直接单击“下一步”。

⑨激活作用域，完成作用域的创建。

(2)作用域的基本配置

设定客户端保留地址：

依次单击“开始”→“管理你的服务器”→“管理此 DCHP 服务器”，进入 DHCP 控制台。在 DHCP 控制台中展开作用域，右键单击其中的“保留”项，选择“新建保留”命令，打开如图 2-6-1 所示界面。

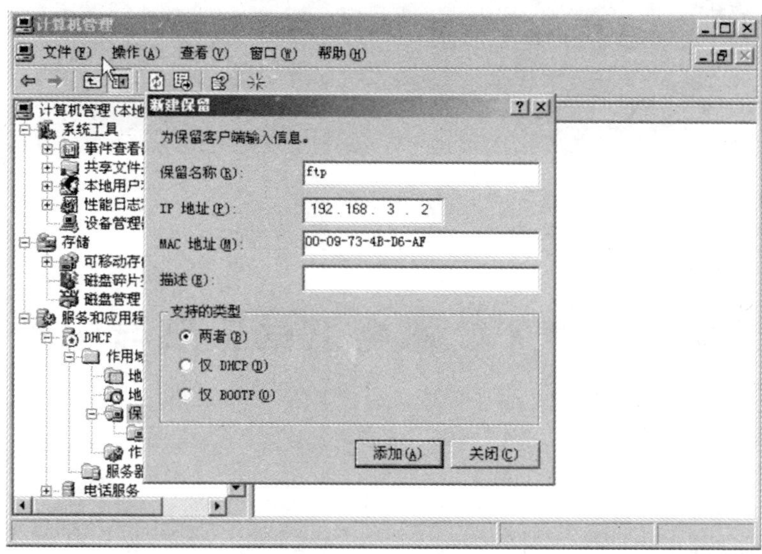

图 2-6-1　设置客户机保留地址

在“保留名称”文本框中指定保留的标识名称(如“ftp”)，在“IP 地址”中输入要为客户机保留的 IP 地址，在“MAC 地址”框中输入客户机网卡的 MAC 编号(可在客户端 MS-DOS 界面中，输入 ipconfig/all 命令获取)。

3. DHCP 设置的验证

(1)在客户端设置 TCP/IP 属性，将 IP 地址和 DNS 服务器地址设定为自动获取。

(2)打开 MS-DOS 界面，首先输入命令“ipconfig/release”释放该主机的 IP 地址信息，这时主机的 IP 地址、子网掩码等都清零；然后输入“ipconfig/renew”命令向 DHCP 服务器租用 IP 地址，若客户端获取的 IP、子网掩码、网关及 DNS 等信息与 DHCP 服务器端设置一致，则服务器搭建成功，如图 2-6-2 所示。

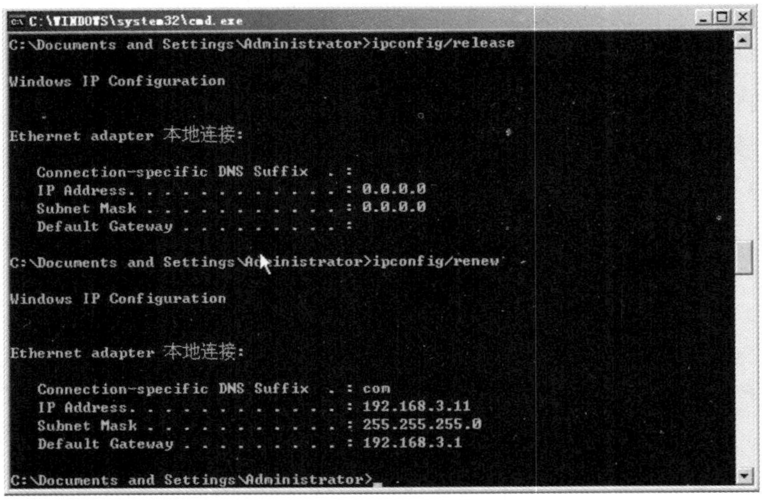

```
C:\WINDOWS\system32\cmd.exe
C:\Documents and Settings\Administrator>ipconfig/release

Windows IP Configuration


Ethernet adapter 本地连接:

   Connection-specific DNS Suffix  . :
   IP Address. . . . . . . . . . . . : 0.0.0.0
   Subnet Mask . . . . . . . . . . . : 0.0.0.0
   Default Gateway . . . . . . . . . :

C:\Documents and Settings\Administrator>ipconfig/renew

Windows IP Configuration


Ethernet adapter 本地连接:

   Connection-specific DNS Suffix  . : com
   IP Address. . . . . . . . . . . . : 192.168.3.11
   Subnet Mask . . . . . . . . . . . : 255.255.255.0
   Default Gateway . . . . . . . . . : 192.168.3.1

C:\Documents and Settings\Administrator>_
```

图 2-6-2 客户端租用 IP 地址验证

实验七 FTP 服务器的安装与配置

一、背景知识描述

1. FTP——文件传输协议(File Transfer Protocol)

FTP 实现计算机之间的文件传输。使用 FTP 时,用户无需关心对应计算机的位置以及使用的文件系统。FTP 使用 TCP 连接和 TCP 端口;在进行通信时,FTP 需要建立两个 TCP 连接,一个用于控制信息(如命令和响应,TCP 端口号缺省值为 21),另一个是数据信息(端口号缺省值为 20)的传输。

2. 匿名 FTP 服务

为了支持文件的共享,有些 FTP 服务器提供了匿名 FTP 服务。用户在对应的主机上可以没有专用的用户帐号,采用公共的帐号“anonymous”,口令字可以是任意的字符串,一般常使用用户自己的电子邮件地址,以便匿名 FTP 服务器的管理人员知道谁在使用系统,并且可以方便地与你取得联系。从此意义上说,使用匿名 FTP 获取因特网上的文件或者软件时,软件的提供者可以知道谁收取了什么软件。

3. FTP 子命令

FTP 命令:FTP [－dgintv] [host]

其中:－ d 允许调试 ;

－ g 不允许在文件名中出现“ * ”和“?”等通配符;

－ i 多文件传输时,不显示交互信息;

－ n 不利用 HOME/netrc 文件进行自动登录;

－ t 允许分组跟踪；

－ v 显示所有从远程服务器上返回的信息；

用户输入 FTP 命令后，屏幕显示"FTP →" 提示符，用户可输入子命令：

? 或 HELP [command] 显示子命令及其有关信息；

ASCII 进入 ASCII 方式，传送文本文件；

BINARY 传送二进制文件，进入二进制方式；

BYE 或 QUIT　　结束本次文件传输，退出 FTP 程序；

CD dir 改变远地当前目录；

LCD dir 改变本地当前目录；

DIR 或 LS [remote-dir] [local-file] 列表远地目录；

GET remote-file [local-file] 获取远地文件；

MGET remote-files 获取多个远地文件，可以使用通配符；

PUT local-file [remote-file] 将一个本地文件传递到远地主机上；

MPUT local-files 将多个本地文件传递到远地主机上，可用通配符；

DELETE remote-file 删除远地文件；

MDELETE remote-files 删除远地多个文件；

MKDIR dir-name 在远地主机上创建目录；

RMDIR dir-name 删除远地目录；

OPEN host 与指定主机的 FTP 服务器建立连接；

CLOSE 关闭与远地 FTP 程序的连接；

PWD 显示远地当前目录；

STATUS 显示 FTP 程序的状态；

USER user-name [password] [account] 向 FTP 服务。

二、实验内容

使用 IIS 提供的基本服务安装、配置与测试 FTP 服务器。

三、实验目的

1. 掌握 IIS 服务中 FTP 站点的建立过程；
2. 掌握访问及维护 FTP 服务器的方法。

四、应用场景描述

1. 计算机 4 台，标准网线 4 条；
2. 每组 4 名同学，两两合作进行实验。

五、实验步骤

1. 创建新的 FTP 站点

在“开始→管理工具”中看是否有“Internet 信息服务(IIS)管理器”项。如果没有，需通过“控制面板→添加/删除程序→添加/删除 Windows 组件→应用程序服务器→Internet 信息服务(IIS)→文件传输协议(FTP)服务”进行 FTP 服务器安装。

执行“开始→管理工具→Internet 信息服务(IIS)管理器”命令，打开“Internet 信息服务(IIS)管理器”界面。

右击 FTP 节点，选择“新建→FTP 站点”命令，打开“欢迎使用 FTP 站点创建向导”界面，然后单击“下一步”按钮，弹出“FTP 站点描述”界面，在“描述”文本框中输入站点的相应描述文字，比如“FTP 下载站点”，然后单击“下一步”按钮。

打开“IP 地址和端口设置”界面，在“输入 FTP 站点使用的 IP 地址”下拉列表中选择或者直接输入 IP 地址，并设定 TCP 端口的值为“21”(这里可以通过改变不同的端口值来创建多个 FTP 站点)，单击“下一步”按钮继续。

弹出“FTP 站主目录”界面，在“路径”文本框中选择主目录的路径，然后单击“下一步”按钮。

打开“FTP 站点访问权限”界面，FTP 站点只有两种访问权限：读取和写入。前者对应下载权限，后者对应上传权限，单击“下一步”继续。在最后弹出的界面中单击“完成”按钮，完成站点的创建。

2. 创建虚拟目录

主目录是存储站点文件的主要位置，虚拟目录以在主目录中映射文件夹的形式存储数据，可以更好地拓展 FTP 服务器的存储能力。

右击要建立虚拟目录的 FTP 站点，在弹出菜单中选择“新建→虚拟目录”命令。

打开虚拟目录创建向导并单击“下一步”按钮，在“虚拟目录别名”界面中的“别名”文本栏中指定虚拟目录别名，比如“资料下载”。

在“FTP 站点内容目录”界面中单击“浏览”按钮设定虚拟目录所对应的实际路径。

在“访问权限”界面中，设定虚拟目录允许的用户访问权限，可以选择“读取”或“写入”权限，并单击“下一步”按钮完成虚拟目录的设置。

同样道理，我们还可以创建一个名为“资料上传”的虚拟目录。在 IIS 管理界面中，单击展开 FTP 站点，可以找到刚才新建的虚拟目录。

3. 站点的维护与管理

(1)查看连接用户

右键单击 FTP 站点，从弹出菜单中选择“属性”命令，打开“FTP 站点”标签。在这里可以对站点描述、IP 地址及 TCP 端口号等内容进行配置。同时，在“连接”中可以设定同时连接到该站点的最大并发连接数。

单击“当前会话”按钮，打开“FTP 用户会话”界面，在这里可以查看当前连接到 FTP 站点的用户列表，从列表中选择用户，单击“断开”可以断开当前用户的连接。

(2)配置匿名登录

右击 FTP 站点，从弹出菜单中选择“属性”命令，单击选择“安全账号”标签。在默认状态下，当前站点是允许匿名访问的。

在这里如果选择“允许匿名连接”选项，那么 FTP 服务器将提供匿名登录服务。如果选择“只允许匿名登录”选项，则可以防止使用有管理权限的账号进行访问，即便是 Administrator 账号也不能登录，从而加强 FTP 服务器的安全管理。

(3)设定 FTP 站点消息

FTP 站点消息分为四种：标题、欢迎、退出、最大连接数。在“消息”标签可以分别设定，“标题消息”用于向每一个连接到当前站点的访问者介绍本站点的信息，“欢迎消息”用于向每一个连接到当前站点的访问者显示本站点的欢迎信息，“退出消息”用于在客户断开连接时发送给站点访问者的信息，“最大连接数消息”用于在系统同时连接数达到上限时，向请求连接站点的新访问者发出的提示消息，完成后单击“确定”按钮。

(4)修改主目录

选择“主目录”标签，可以使用“主目录”属性改变 FTP 站点的主目录并修改其属性。单击“浏览”按钮，改变 FTP 站点的主目录文件夹存储的位置。如果打算改变主目录读写权限改变，可以选择是否允许“读取”或“写入”权限。为了更加进一步保障服务器的安全，建议选择“日志访问”选项，这样就可以同步记录 FTP 站点上的操作，从而便于在服务器发生故障的时候，及时打开日志文件检查故障的发生情况。

(5)安全访问

单击选择“目录安全性”标签，在这里可以通过限制某些 IP 地址来控制访问 FTP 服务器的计算机。选择“授予访问”或“拒绝访问”选项，可以用来调整如何处理这些 IP 地址，单击“添加”按钮可以进行 IP 地址的添加操作，从而控制来自安全的 IP 地址的访问。

4. FTP 客户端测试

(1)利用 FTP 命令管理站点

FTP 命令提供了直接管理站点的方法，具体格式为：ftp 主机名 端口或者 ftp 回车 open 主机名 端口。

(2)利用 IE 浏览器连接到 FTP 站点

打开 IE 浏览器，在 URL 处输入“ftp://主机名:端口”，如果允许匿名连接则可以直接进入，否则输入用户名和密码后，只要用户有相应的权限，就能进行文件的上传和下载。

(3)利用第三方 FTP 客户端软件

Internet 最有用的功能之一是 FTP，它专门用来在不同机器之间传送文件。如在 Windows 下，最常用的 FTP 软件有 CuteFtp 和 FlashFXP。它们的功能强大，设置灵活，使用方便。

实验八 WWW服务器的安装与配置

一、背景知识描述

1. 理解HTTP

HTTP是一个无状态协议。换句话说，一个万维网客户端形成一个到万维网服务器端的链接，服务器将请求访问的文件传输到客户端，此后这一连接就被终止，服务器对这一事务处理过程没有在内存中保留任何信息。下面是详细的HTTP事务处理过程：

(1) 一个万维网客户端(例如Internet Explorer)，使用一种传输层协议(一般是TCP)与运行在万维网服务器(例如Internet Information Server)上的万维网服务之间建立一个连接。这时通常使用的是端口80。

(2)建立上述的连接之后，客户端向服务器端发送一项请求，这通常是一项HTTP Get请求信息，请求访问服务器的一个文件(第一个被请求访问的文件是web页自身的文本文件)。HTTP Get请求包括若干请求标头。这些请求标头包含了有关请求的事务处理方法的类型信息，HTTP Get请求还包括发送请求的万维网客户端(浏览器)的属性，以及其他一些数据。

(3)服务器端的万维网服务响应上述的请求，并传输请求访问的文件(如果请求访问的文件不能得到，将返回错误代码)。

(4)服务器端可以与客户端建立一个“永久连接”(persistent connection)，这样连接一旦建立之后，就可以保持TCP连接的开放。这样做可以通过减少建立重复连接或多次连接的需要来提高那些组成web页面的文件的传输速度。

2. WWW服务器

目前windows 2003的IIS服务器版本为6.0。IIS 6.0有一个HTTP 1.1协议兼容的WWW服务来为内联网、外联网或者因特网提供最优的服务。

目前IIS可以提供FTP(文件传输协议)、Web(即WWW)、SMTP(简单邮件传输协议)，NNTP(网络新闻传输协议)等服务。

要启动IIS，我们可以依次选择“开始→管理工具→Internet信息服务→IIS管理器”。

展开“网站”，可以看到当前机器中所有Web站点，展开“默认网站”，在左面窗口可以看到该站点下的所有目录和虚拟目录，在右面的窗口罗列了目录、虚拟目录及主目录下的所有文件。

3. WWW服务器的基本参数说明

右击“默认网站”，选择“属性”，系统会弹出配置Web服务的对话窗口，其基本的参数如下，更全面、详细的参数说明请查阅相关资料。

(1)“网站”标签下

IP 地址：使用 IP 地址的下拉框来为选中的 web 站点分配特定的 IP 地址，如果你将这里设置为“全部未分配”，web 站点将响应所有的没有被其他 web 站点特别指定的 IP 地址，实际上就是让这个站点成为默认 web 站点。

TCP 端口：HTTP 默认的 TCP 端口是 80。和 FTP 一样可以通过改变不同的端口值来创建多个 Web 站点。

(2)“性能”标签下

网络连接：对同时连接服务器的数目进行限制。要暂时拒绝用户访问你的 Web 服务器，可以将该参数设为 0。

(3)“主目录”标签下

主目录：一个 Web 站点的主目录是指它的主页面和其他相关的内容所存储的位置。当你安装 IIS 的时候，它就在下面的目录下创建了一个默认的 web 站点主目录：c:\inetpub\wwwroot。如果你在服务器上创建一个新的 Web 站点，你可以选择指定新站点的主目录位置。

目录权限：如果想让用户可以浏览主目录或选中的目录下的内容，可以允许读(Read)访问。通常来说，包含 HTML 文件(web 页面)的目录应该指定为允许读访问的，这样用户可以查看这些文件。包含有你不想让用户读到的文件的目录(例如，CGI 脚本和 ISAPI 应用程序)应该禁止读访问。“脚本资源访问”允许用户下载而不是执行脚本文件，所以一般不设置。

(4)“文档”标签下

默认文档：在“文档”标签下选中“启用默认文档”来定义，当来自浏览器的请求包含一个目录时将返回一个文件，但并不是一个指定的文件；如果这项设置是有效的，那么请求的 URL(http://ballack)将返回文件 http://ballack/Default. htm 或 http://ballack/Default. asp

如果在主目录下这两种类型的文件都存在，那么将向浏览器中返回列表框中的第一个文件(默认是 default. htm)，你可以使用上下箭头按钮来修改列表框中的顺序。

文档页脚：选中启用文档页脚，将一段 HTML 代码自动附加到每一个从服务器检索到的文档中。

4. 虚拟目录

虚拟目录是一种允许 Web 内容存储在默认路径 c:\inetpub\wwwroot 之外的其他地方的机制，上述默认路径 c:\inetpub\wwwroot 是在本地计算机上安装 IIS 时创建的默认 Web 站点的主路径。这可以通过为默认路径定义一个别名并将这个别名映射到 Web 内容所在的物理地址来实现。实际的 Web 内容可能存储在：

• 本地计算机上的某个目录下(就是本地虚拟目录)；

• 远程服务器上的共享文件(就是远程虚拟目录)。

虚拟目录，尤其是远程虚拟目录是非常有用的：

• 它可以更容易地将现有的内容保留在现有的文件服务器上，而不需要将其移动到一台新的IIS服务器上。

• 如果内容保留在现存文件服务器上的话，实现内容备份会更容易。你的网络在适当的时候要为现有的文件服务器做备份；使用远程虚拟目录意味着你不需要修改你现有的备份方法。

• 可以不用关闭Web服务器自身就升级你的内联网存储内容的服务器的容量，减少了Web服务器的停机时间。

二、实验内容

每2人一组，配置IIS服务器，使其能够正常工作。

三、实验目的

1. 掌握IIS服务中WWW站点的建立过程；
2. 掌握访问及维护WWW服务器的方法。

四、应用场景描述

1. 计算机4台，标准网线4条；
2. 每组4名同学，两两合作进行实验。

五、实验步骤

1. 安装IIS服务

在“开始→管理工具”中看是否有“Internet 信息服务(IIS)管理器”项。如果没有，需在“控制面板→添加/删除程序→添加/删除 Windows 组件→应用程序服务器”中选中“Internet 信息服务”，以安装IIS服务，安装过程需要操作系统光盘支持。

2. 浏览默认的Web页面

(1)通过打开“开始→管理工具→Internet 信息服务”，通过微软管理控制台对IIS进行管理，检查“默认网站”是否启动，如果没有启动其后会出现“停止”，此时可以右键点击该站点选择“启动”来启动Web服务。

(2)打开Internet Explorer，在地址栏中输入：http://服务器名称，本地测试可以使用localhost或者127.0.0.1，如果一切正常，你应该看到浏览器打开了一张介绍IIS的页面。

3. 更改Web服务的默认端口号

(1)右键点击“默认网站”，选择“属性”，系统会弹出配置Web服务的对话窗口，在窗口的“网站”标签栏中的TCP端口填入你想修改的端口号(不要与系统已使用的端口相冲突，推荐使用1024以上的端口，如8080)，点击窗口的“确定”按钮以保存设置。

(2)打开Internet Explorer，在地址栏中输入：http://服务器名称：端口号，如果一切正常，你应该看到浏览器打开了一张与实验步骤2相同的页面。

4. 使用虚拟目录

(1)右击"默认网站",选择"新建→虚拟目录",在弹出的向导中首先输入虚拟目录名称、对应本地硬盘的某个目录,然后接受默认的权限设置就建好了一个虚拟目录。(如建立了一个 VirtualPath 的虚拟目录,让它对应于 d:\TruePath 目录)

(2)使用记事本在 d:\TruePath 中创建一个 index. htm 文档,文档内容如下:

```
<html>
  <head>
    <title>虚拟目录测试</title>
  </head>
  <body>大家好！我是虚拟目录测试文件！</body>
</html>
```

(3)右击"默认网站"下刚创建的"VirtualPath"虚拟目录,选择"属性",在弹出界面中的"文档"标签中,指定该虚拟目录的默认页面为 index. htm。

(4)打开 Internet Explorer,在地址栏中输入:http://服务器名称/虚拟目录名称,此时可以访问到刚才创建的 index. htm 文件。

(5)右击"默认网站"下刚创建的"VirtualPath"虚拟目录,选择"属性",在弹出界面中的"虚拟目录"标签中选择"另一计算机上的共享位置",然后输入另一台计算机上的一个共享文件夹。然后将 index. htm 拷贝到该共享文件夹中。

(6)打开 Internet Explorer,在地址栏中输入:http://服务器名称/虚拟目录名称,此时的访问效果等同于访问本地虚拟目录。

实验九　配置基于
Windows Server 2003 的路由器

一、背景知识描述

路由器是工作在 OSI 参考模型第三层(网络层)的网络连接设备,它的基本功能是根据数据包的 IP 地址选择发送路径,转发数据到相应网络。路由器一般工作在广域网,具有两个以上端口,分别连接不同的网路。从通信角度看,路由器是一种中继系统,与物理层的中继器,数据链路层中的网桥类似,只不过它工作在网络层,结构更复杂,功能也要强大的多。

路由器的数据转发是基于路由表实现的,每个路由器都会维护一张路由表,根据路由表决定数据包的转发路径。当路由器接收到一个数据包后,首先对数据包进行校正,对于发给路由器的数据包(协议处理),路由器将交给相应模块去处理,而大多数需要转发的数据包,路由器将查询路由表,然后根据查询结果转发数据包到相应的端口或网络。

路由表是路由器对网络拓扑结构的认识,所以路由表的更新和维护对于路由器至关重要,常见的选择策略有静态路由和动态路由:

• 静态路由不能对网络的改变做出及时的反应,并且当网络规模较大时,其配置将十分复杂。

• 动态路由能够使路由器的功能更加完善,包括维护路由,发现并汇聚到一致的网络拓扑结构等,常见的动态路由协议有距离矢量路由选择协议(RIP),链路状态路由选择协议(OSPF),边界网关协议(BGP)等。

IP 协议是非连接的,IP 数据包的发送并不指定传输路径,而是由路由器决定如何转发,所以 IP 数据包的转发一般采用步跳的方式,每次路由器转发数据包到下一个距离目的地更近的路由器。数据包的传输过程可以分为三个步骤:源主机发送 IP 数据包,路由器转发数据包和目的主机接收数据包。

二、实验内容

Windows Server 2003 环境下的静态路由和动态路由的配置。

三、实验目的

1. 掌握多宿主机的配置;
2. 掌握 Windows Server 2003 环境下的静态路由和动态路由的配置。

四、应用场景描述

4 台 PC 计算机构成了 3 个网段进行互连的网络环境。其中,2 台工作站(带网卡)PC-1 和 PC-2,2 台 Windows Server 2003 服务器(各带 2 个网卡)分别在网段 A (192.168.0.0)与网段 B(192.168.1.0)之间,网段 B(192.168.1.0)与网段 C (192.168.2.0)之间承担路由功能,注意计算机之间的连接使用交叉线。

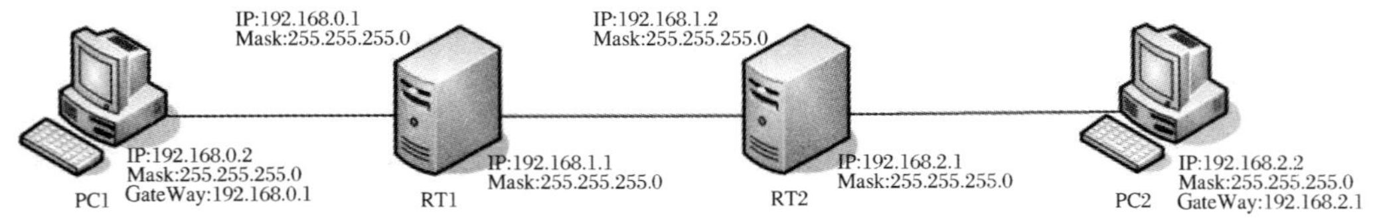

图 2-9-1 Windows Server 2003 路由配置图

五、实验步骤

1. 在服务器中启动软件路由功能,实现直接相连 IP 网段之间的通信

(1)服务器路由功能的启用

要使 Windows Server 2003 中的路由功能发生作用,首先要在服务器上启用相应的路由功能:

①在服务器的 Windows Server 2003 中，依次选开始菜单中的“程序→管理工具→路由和远程访问”，则可以进入关于路由配置主窗口。(注:只有是第一次使用时，“服务器状态”才会处于“未设置”状态，并要进行以下②－⑤的步骤，否则说明该机器上的路由功能已启动)

②在主窗口的左侧栏中的服务器名处单击右键，选择“配置并启用路由和远程访问”，以打开此服务的安装向导。

③在“配置”中，选择“自定义配置”再点“下一步”。

④在“自定义配置”中，选择“LAN 路由”再点“下一步”，完成安装。

⑤至此，该服务器即可作为路由器使用了，并且在“路由器和远程访问”的主窗口中可以看到已经完成了相关操作。

(2)网络连通性的检测

以 PING 命令检查与 RT1 直接相连的该两个网段之间的连通性；

A、B 网段之间，B、C 网段之间，A、C 网段之间；

检查服务器上的路由表数据信息。

分别在两个路由表服务器上打开一个命令窗口，运行命令“route print”，记录下两个路由服务器上的路由表数据信息。结合连通性测试从而进一步分析所测试的各网段之间能通信或不能通信的原因。

2. 通过静态路由实现三个 IP 网段间的通信

简单地启动服务器上的路由功能只能实现路由器直接相连的网段间的相互通信，即 A,B 和 B,C 网段之间的两两相连，但不能实现所有网段之间的相互通信。这是由于 RT1 尚无建立到网段 C 的路由信息，RT2 中尚无建立到网段 A 的路由信息，要实现所有网段的互连，需要在两个路由器中具备相应的路由表项。更新路由表的方法有静态路由和动态路由两种方式。

以静态路由的方式实现三个网段之间的通信可参考以下步骤进行：

(1)在 RT1 上加入到网段 C 的路由信息

在 RT1 中的路由管理器中，找到“IP 路由选择”中的“静态路由”选项，单击鼠标右键，打开“静态路由”添加界面，找到 192.168.1.1 的网络接口，然后键入网段 C 的网络号，即在“目标”中键入 192.168.2.0，子网掩码为 255.255.255.0，网关为 192.168.1.2。

(2)在 RT2 加入到网段 A 路由信息

在 RT2 的路由管理器中，找到“IP 路由选择”中的“静态路由”选项，右键打开“新建静态路由”界面，找到 192.168.1.2 网络接口，然后键入网段 A 网络号，即在“目标”中键入 192.168.0.0，子网掩码为 255.255.255.0，网关为 192.168.1.1。

(3)使用 PING 和 tracert 命令检查各网段之间的连通状况。

(4)检查服务器上的路由表状态。

(5)分别在两台 Windows 2003 的路由服务器上运行“route print”命令，记录下路由表中新增的路由表项。

3. 通过动态路由实现 3 个 IP 网段的互连

在 Windows Server 2003 上，可以选择使用 RIP2 和 OSPF 动态路由协议，这里采用 RIP2 协议实现三个 IP 网段之间的相互通信。

(1)将刚才建立的静态路由全部删除(建议以"route print"命令确认删除结果)。

(2)安装路由协议 RIP2：选中"IP 路由选择"中"常规"，右击选择"新增路由协议"，在列表框中选"用于 Internet 协议的 RIP 版本 2"。

(3)设置 RIP2 协议。

分别在 RT1 与 RT2 上完成 RIP2 协议的相关设置。右击"RIP"，选"新增接口"，在接口列表框中，选择第一个接口，在接下来的界面中只需简单地按默认设置；重复该操作，将另一接口也加入。

(4)检查各网段之间地连通状况。

分别采用 PING 命令与 tracert 命令测试各网段之间的连通性。注意，由于动态路由表的更新需要一点时间，所以可能刚开始不能马上连通，而需要等待少许时间。

(5)检查服务器上的路由表。

分别在两台 Windows Server 2003 的路由服务器运行"route print"命令，记录下路由表中新增的路由表项。

实验十 Windows Server 2003 中的远程访问/VPN 服务器

一、背景知识描述

远程访问是允许客户机通过拨号连接或虚拟专用连接登录网络。远程访问服务(RAS)提供了两种连接：拨号连接和虚拟专用连接。

远程访问协议：可以用来控制连接建立以及数据在 WAN 链路上传输。

Windows Server 2003 远程访问支持 3 种类型的远程访问协议：

(1)PPP(POINT TO POINT PROTOCOL)：点到点协议；

(2)SLIP(Serial Line Internet Protocol)：串行线路网际协议，是一种老式的 UNIX 远程访问服务器上使用的协议；

(3)Microsoft RAS 协议：是一种运行在 Microsoft 操作系统远程客户机上所使用的远程访问协议。

VPN 就是基于公共网络，在两个或两个以上的局域网之间创建传输数据的网络隧道。当传输数据通过网络隧道时，进行安全的 VPN 数据加密，从而确保了用户数据的安全性、完整性和真实性。

1. PPTP(点到点隧道协议)

PPTP 能将 PPP 封装成 IP 数据包,以便能在基于 IP 的互联网上传输。PPTP 使用基于 TCP 连接创建、维护和终止隧道。并使用 GRE(通用路由封装)将 PPP 帧封装成隧道数据。被封装后的 PPP 帧的有效载荷(有效的数据信息)可以被加密或者压缩。

2. L2TP(第二层隧道协议)

• L2TP 可以对在 IP 网络上传送的 PPP 帧进行封装。当 L2TP 帧在 IP 互联网上发送时,L2TP 帧被封装成 UDP 消息。

• L2TP 并非利用 MPPE 对 PPP 帧进行加密,而是依靠 IPSEC(Internet 协议安全性)技术提供加密服务。

• IPSEC 是一套在网络层提供 IP 安全性的协议,它可以在一个公共 IP 网络上确保数据通讯的可靠性和完整性。

• 在 IPSEC 数据包基础上所进行的 L2TP 封装由两个层次组成:

(1)L2TP 封装:PPP 帧(IP 或 IPX 数据包)将通过 L2TP 报头和 UDP 报头进行封装。

(2)IPSEC 封装:上述封装后所得到的 L2TP 报文将通过 IPSEC 封装式安全措施负载(ESP)报头、用以提供消息完整性与身份验证的 IPSEC 身份验证报尾以及 IP 报头再次进行封装。

• IP 报头中将提供与 VPN 客户端和 VPN 服务器相对应的源 IP 地址和目标 IP 地址。

• IPSEC 加密机制将通过由 IPSEC 身份验证过程所生成的涓埃米密钥对 L2TP 报文进行加密。

二、实验内容

Windows Server 2003 环境下的远程访问/VPN 服务器的配置。

三、实验目的

掌握 Windows Server 2003 环境下的远程访问/VPN 服务器的配置。

四、应用场景描述

远程访问允许客户机通过虚拟专用连接登录网络,方便外部人员使用相互访问和共享资源。

五、实验步骤

1. 启动 VPN 服务

在“管理工具”中打开“路由和远程访问”;

在列出的本地服务器上点击右键,选择“配置并启用路由和远程访问”,单击“下一步”;

在“配置”中，选择“自定义配置”再点“下一步”；

在“自定义配置”中，选择“VPN”再点“下一步”，完成安装并开始服务。

如果是基于上个实验（配置基于 Windows Server 2003 的路由器）进行本次实验，则右击服务器名，选择“属性”，在“常规”标签中选择“远程访问服务器”。

2. 配置 VPN 服务器

在服务器上点击右键，选择“属性”，在弹出的窗口中选择“IP”标签，在“IP 地址指派”中选择“静态地址池”，然后点击“添加”按钮设置 IP 地址范围，这个 IP 范围就是 VPN 局域网内部的虚拟 IP 地址范围，每个拨入到 VPN 的服务器都会分配到一个范围内的 IP，在虚拟局域网中用这个 IP 相互访问。

这里设置为 10.240.60.1～10.240.60.10，一共 10 个 IP，默认的 VPN 服务器占用第一个 IP，所以，10.240.60.1 实际上就是这个 VPN 服务器在虚拟局域网的 IP。

至此，VPN 服务部分配置完毕。

3. 添加 VPN 用户

每个客户端拨入 VPN 服务器都需要有一个账号，默认是 windows 身份验证，所以要给每个需要拨入到 VPN 的客户端设置一个用户，并为这个用户制定一个固定的内部虚拟 IP 以便客户端之间相互访问。

在管理工具中的计算机管理里添加用户，这里以添加一个 chnking 用户为例。

先新建一个叫“chnking”的用户，创建好后，查看这个用户的属性，在“拨入””标签中做相应的设置，远程访问权限设置为“允许访问”，以允许这个用户通过 VPN 拨入服务器。

选择“分配静态 IP 地址”，并设置一个 VPN 服务器中静态 IP 池范围内的一个 IP 地址，这里设为 10.240.60.2。如果有多个客户端机器要接入 VPN，请给每个客户端都新建一个用户，并设定一个虚拟 IP 地址，各个客户端都使用分配给自己的用户拨入 VPN，这样各个客户端每次拨入 VPN 后都会得到相同的 IP。如果用户没设置为“分配静态 IP 地址”，客户端每次拨入到 VPN，VPN 服务器会随机给这个客户端分配一个范围内的 IP。

4. 配置 windows Server 2003 客户端

客户端可以是 windows Server 2003，也可以是 windows XP，设置几乎一样，这里以 Windows Server 2003 客户端设置为例。

选择“程序→附件→通讯→新建连接向导”，启动连接向导，这里选择第二项“连接到我的工作场所的网络”，（这个选项是用来连接 VPN 的。）单击“下一步”，选择“虚拟专用网络连接”→“下一步”，在“连接名”窗口，填入连接名称 szbti，“下一步”，填入 VPN 服务器的公网 IP 地址，“下一步”，完成新建连接。完成后，在控制面板的网络连接中的虚拟专用网络下面可以看到刚才新建的 szbti 连接。

在 szbti 连接上点击右键，选“属性”，在弹出的窗口中点击“网络”标签，然后选中“internet 协议（TCP/ IP）”，点击属性按钮，在弹出的窗口中再点击“高级”按钮，把“在远程网络上使用默认网关"前面的勾去掉。如果不去掉这个勾，客户端拨入到 VPN 后，将使用远程的网络作为默认网关，导致的后果就是客户端只能连通虚拟局域网，上不了因特网了。

下面就可以开始拨号进入 VPN 了，双击"szbti 连接"，输入分配给这个客户端的用户名和密码，拨通后在任务栏的右下角会出现一个网络连接的图标，表示已经拨入到 VPN 服务器。一旦进入虚拟局域网，客户端设置共享文件夹，别的客户端就可以通过其他客户端 IP 地址访问其共享文件夹。

实验十一　Windows Server 2003 中的流媒体服务器

一、背景知识描述

1. 什么是流媒体

流媒体简单来说就是应用流技术在网络上传输的多媒体文件，而流技术就是把连续的影像和声音信息经过压缩处理后放上网站服务器，让用户一边下载一边观看、收听，而不需要等整个压缩文件下载到自己机器后才可以观看的网络传输技术。该技术首先在使用者端的电脑上创造一个缓冲区，于播放前预先下载一段资料作为缓冲，于网路实际连线速度小于播放所耗用资料的速度时，播放程序就会取用这一小段缓冲区内的资料，避免播放的中断，也使得播放品质得以维持。安装有流媒体服务软件，为网络用户提供流媒体服务的计算机称为流媒体服务器。

2. 流媒体常用格式

到目前为止，Internet 上使用较多的流媒体格式主要有 RealNetworks 公司的 RealMedia、Apple 公司的 QuickTime 和 Microsoft 公司的 Windows Media。

RealNetworks 公司的 RealMedia 包括 RealAudio、RealVideo 和 RealFlash 三类文件。其中 RealAudio 用来传输接近 CD 音质的音频数据；RealVideo 用来传输不间断的视频数据；RealFlash 则是 RealNetworks 公司与 Macromedia 公司新近联合推出的一种高压缩比的动画格式。

Apple 公司的 QuickTime 于 1991 年登台亮相，是 Apple 公司面向专业视频编辑、Web 网站创建和 CD-ROM 内容制作领域开发的多媒体技术平台，QuickTime 支持几乎所有主流的个人计算机平台，是数字媒体领域事实上的工业标准，是创建 3D 动画、实时效果、虚拟现实、A/V 和其他数字流媒体的重要基础。

Microsoft 公司的 Windows Media 的核心是 ASF(Advanced Stream Format)。ASF 是一种数据格式，音频、视频、图像以及控制命令脚本等多媒体信息通过这种格式，以网络数据包的形式传输，实现流式多媒体内容发布。其中，在网络上传输的内容就称为 ASF Stream。ASF 支持任意的压缩/解压缩编码方式，并可以使用任何一种底层网络传输协议，具有很大的灵活性。

二、实验内容

1. Windows Media Server 的安装
2. 使用 Windows Media 提供点播服务
3. 使用 Windows Media 提供广播服务

三、实验目的

1. 了解流媒体的概念及传输方式
2. 了解点播与广播的区别
3. 熟练掌握流媒体服务器的安装
4. 熟练应用流媒体服务器进行点播和广播服务

四、应用场景描述

随着 Internet 的发展，网络带宽的不断增加，以流媒体技术为主导的网络多媒体业务发展很快，为 Internet/Intranet 业务发展带来新的机遇，对人们的社会生活将产生深远的影响。流媒体具有传输速率快、数据同步、稳定性高特性，是实现网络音频和视频传输的最佳方式，可广泛用于电子商务、新闻发布、在线直播、网络广告、视频点播、远程教学、远程医疗和实时视频会议等网络信息服务领域。

五、实验步骤

1. Windows Media Server 的安装

依次单击“开始”→“管理你的服务器”→“添加或删除服务器角色”，打开“配置你的服务器向导”，然后在“服务器角色”列表中选中“流式媒体服务器”，单击“下一步”开始安装。

在打开的“选择总结”界面中直接单击“下一步”，根据提示插入 Windows Server 2003 系统光盘，接着依次单击“下一步”→“完成”按钮，完成 Windows Media Server 服务的安装。

2. 使用 Windows Media 提供点播服务

流媒体服务器能够通过点播和广播两种方式发布流媒体，其中点播方式允许用户使用播放机控制节目的播放，如视频点播、音频点播和课程点播，具有很强的交互性；点播只能采用单播形式，服务器需要维护与每个客户端的单独连接。

(1)创建和设置点播发布点

① 依次单击“开始”→“管理工具”→”Windows Media Services”，打开 Windows

Media Services 管理工具,右键单击左窗格展开目录树中的"发布点"选项。在弹出的快捷菜单中选择"添加发布点(向导)"命令;

② 设置发布点名称,单击"下一步";

③ 设置发布的流媒体类型,一般选中"目录中的文件",单击"下一步";

④ 设置流媒体播放方式,选择"点播发布点",单击"下一步";

⑤ 设置该点播发布点的位置,通过"浏览"按钮选择流媒体所在位置(如 D:\video),并单击"选择目录"按钮。

接下来需要选择是否需要循环播放或无序播放,以及是否启用日志记录。最后向导将给出新添发布点的摘要信息,确认无误后,单击"下一步"完成发布点的添加。

(2) 测试点播服务

对于"点播"方式的发布点,客户端可以通过以下方式连接到流媒体服务器:

mms://Server/发布点名(请求发布点的所有内容组成的一个流);

mms://Server/发布点名/文件名(请求指定的媒体文件或播放列表);

mms://Server/发布点名/文件名通配符(请求特定类型文件所示)。

其中:Server 为流媒体服务器的 IP 地址或者域名。

(3) 管理点播发布点

依次单击"开始"→"管理工具"→"Windows Media Services",打开 Windows Media Services 管理工具,选中已创建的发布点。

• "监视"标签

通过"监视"选项用户可以单击按钮来启用或关闭发布点;单击按钮断开与所有客户端的连接。

• "源"标签

通过"源"选项,用户可以重新修改发布流媒体的类型及其位置。此外,用户可以对流媒体文件进行发布测试。如对"racecar_100. wmv"进行测试,则应先选中流媒体列表中的 racecar_100. wmv,然后单击"测试流"按钮。若能正常放映,则发布成功。

• "属性"标签

通过"属性"选项,用户可以对"授权"、"限制"等属性进行设置,限制连接到流媒体服务器的客户端数量。此外,用户还可以限制播放机连结数和连接带宽,以及设置目录和播放列表中内容的播放顺序等。

3. 使用 Windows Media 提供广播服务

广播方式将媒体流发送给每个连接请求,用户只能被动接收而不具备交互性。其优势在于对所有的客户端只发布一条媒体流,从而节省网络带宽。它具有单播和多播两种播放方式。

(1)创建和设置广播发布点

① 同创建单播发布点类似,打开"添加发布点(向导)",输入具有代表流媒体意义的

名称，单击“下一步”。

② 设置流媒体类型，一般选择实况流、播放列表或者一个文件，单击“下一步”。

③ 设置流媒体发布方式，选择广播发布点，单击“下一步”。

④ 设置流媒体播放方式，根据实际需要，选择单播或者多播方式，单击“下一步”。

接下来需要设置流媒体文件的位置以及是否启用日志记录等，最后向导将给出新添发布点的摘要信息，确认无误后，单击“下一步”完成广播发布点的添加。

(2)测试广播服务

任选一台客户端主机，在其地址栏中输入“mms://server/发布点名/文件名”即可访问发布的直播文件。其中 server 为流媒体服务器的 IP 地址或者域名。

第三章　网络操作系统实验

网络操作系统(NOS)是网络的灵魂，每一种操作系统都有适合于自己的工作场合，而互联不同的操作系统能够共享网络中的资源和信息。本章分为三个实验，主要介绍网络操作系统的基础知识，使用 NFS 、SAMBA 进行异类操作系统之间的互联等内容。通过本章实验，读者可以熟悉网络操作系统环境，掌握各类网络操作系统之间进行互联的方法。

实验一　网络操作系统基础

一、背景知识描述

1. IP 协议简介

IP 协议是因特网的核心协议，用于将各种各样的网络连接起来形成一个全球性的互联网络——Internet。常用的 IP 协议版本为 IPv4，下一代 IP 协议版本为 IPv6。

Internet 内的每台主机都有自己的标识——IP 地址；IP 地址是由 4 个字节组成的 32 位地址，分为网络号与主机号两部分，通常使用点分十进制来表示(如 192.168.0.5 等)。IP 地址的网络号表示主机所属的网络段编号，主机号则表示该网段中该主机的地址编号。

按照网络规模的大小，IP 地址可以分为 A、B、C、D、E 五类，其中 A、B、C 类是三种主要的类型地址，属于单播地址，范围在 1.0.0.0 到 223.255.255.255 之间。D 类地址是组播地址，用于标识预订某种数据流的一组主机，范围为 224.0.0.0 到 239.255.255.255。E 类用于扩展备用地址。

在 A 类地址中 InterNIC(因特网名称和地址分配机构)赋给第一个字节(网络号)，而其使用者(组织)赋给其余的三个字节(主机号)；在 B 类地址中，InterNIC 或高层的 ISP 赋给前两个字节(网络号)，而其使用者(组织)赋给其余的两个字节(主机号)；在 C 类地址中，InterNIC 或高层的 ISP 赋给前三个字节(网络号)，而其使用者(组织)赋给最后一个字节(主机号)。

IP 协议的格式如图 3-1-1 所示：

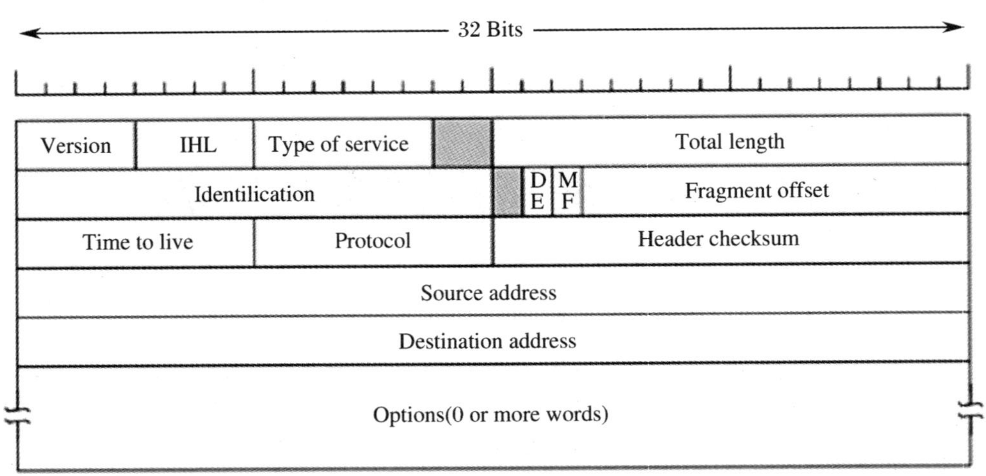

图 3-1-1 IP 分组格式

IP 协议层的数据单位称为 IP 数据报或分组。分组通过其目的 IP 地址，在网络独立寻址和路由。如果源主机和目的主机位于单段网络内部，则数据将进行直接交付；若处在不同的网络中，则源主机发出的分组将还需经过一系列网段及其路由器，到达目的网络。

2. 网络操作系统简介

在常见的网络操作系统中，主要分为桌面和服务器两类。常见的桌面网络操作系统有 Windows 2000/XP/Vista、各类桌面 Linux 发行版如 SUSE/Ubuntu/Mandriva/Fedora，其中，Windows 系列占据了主流市场。在服务器领域，网络操作系统有 UNIX 系列的 AIX/HP Unix/Solaris、Linux 系列的 RHEL/SUSEEnterprise/Centos 和 Windows 系列的 Windows Server2003/2008，其中，UNIX/Linux 系列占据了主流市场。

二、实验内容

进行各种网络操作系统的网络配置，并使用网络命令进行网络测试。

三、实验目的

1. 掌握学习常见的网络操作系统 Unix、Linux 和 Windows 的 TCP/IP 网络配置；
2. 学习常见的 Windows 网络命令。

四、应用场景描述

对各类常见的网络操作系统的网络进行配置和测试，使之能够正常工作。

五、实验步骤

1. Windows 的 IP 协议配置

(1)IP 协议的配置

Windows 默认会安装好 TCP/IP 协议的软件组件,一般只需要配置 IP 协议的地址。

①单击“开始”,选择“控制面板”,选择“网络连接”。

②右击“本地连接”,选择“属性”菜单,打开“本地连接 属性”对话框,如图 3-1-2 所示。

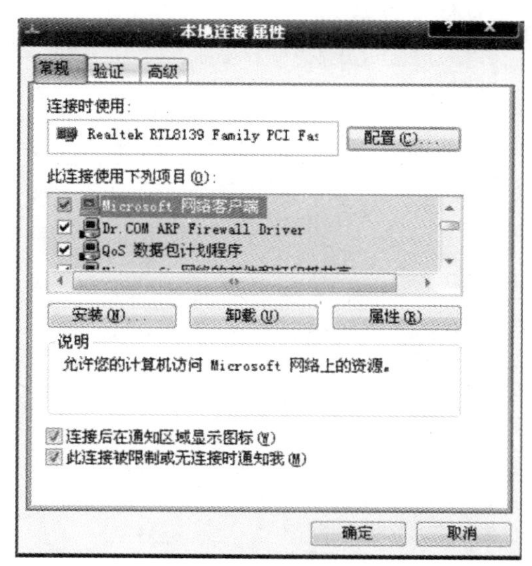

图 3-1-2　IP 协议配置窗口

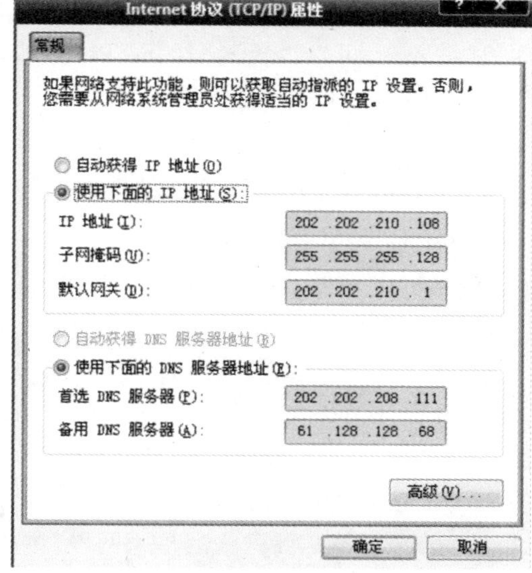

图 3-1-3　配置 IP 地址

③选择 Internet 协议(TCP/IP),然后单击“属性按钮”,打开“Internet 协议(TCP/IP)属性”对话框。如图 3-1-3 所示。

④配置 IP 地址。在“TCP/IP”属性对话框中,单击“IP 地址”选项卡。IP 地址的获得有两种方式,一个是自动从 DHCP 服务器中获得 IP 地址,则选“自动获得 IP 地址”;另一种是指定 IP 地址,在“IP 地址”一栏中输入主机的 IP 地址(如 202.202.210.108),在“子网掩码”一栏输入子网掩码即可(如 255.255.255.0)。

⑤设置默认网关。在“默认网关”一栏中输入网关的 IP 地址(如 202.202.210.1)。网关可以有多个,如果本网络中有多个路由器,就可能有多个网关地址可以设置。

(2)使用 Ping 命令测试网络的连通性(ping 命令的使用在第一章已介绍)。

2. Linux 的网络配置

尽管在现在的 Unix/Linux 中,已经有了很好的图形界面网络配置工具,但是在终端中使用命令配置网络具有高效、快捷的特点,至今仍然是不可或缺的技能。

Linux 中的网络配置命令主要有 ifconfig 和 route 两个,前者主要配置本机的网络接口参数,route 主要配置本机的路由。

(1)ifconfig 可以手动地启动、查看与修改网络接口的相关参数,可以修改的参数很多,如 IP 参数以及 MTU 等等都可以修改,其语法如下:

[root@linux ～]＃ifconfig {interface} {up|down}　　←查看与启动接口

[root@linux ～]＃ifconfig interface {options}　　←设置与修改接口

参数说明：

interface：网络卡接口别名，包括 eth0，eth1，ppp0 等等

options：参数，包括如下：

up，down：启动或关闭该网络接口(不涉及任何参数)

mtu：可以设置不同的 MTU 数值，例如 mtu 1500 (单位为 byte)

netmask：子网掩码

broadcast：广播地址

(2)route 程序用来查看并编辑内核的 IP 路由表。route 命令的语法：

route [－Cnee]

route add|del [－net|host] target [netmask Nm] [gw|dev]

参数说明：

－n：以数字形式代替解释主机名形式来显示地址。

－e：用 netstat(8)的格式来显示选路表。－ee 将产生包括选路表所有参数在内的信息。

增加或删除路由表参数：

－net|host：目标路由是一网段/主机。

target：指定目标网络或主机，可用 IP 地址或网络/主机名。

gw|dev：为发往目标网络/主机的任何分组指定网关或网络接口。

例如，假设某台主机的 IP 地址为 172.16.1.10/24，网关为 172.16.1.1，则 Centos 的配置：

若对应的网卡设备为 eth0，则配置命令如下：

ifconfig eth0 172.16.1.10 netmask 255.255.255.0

route add default gw 172.16.1.1

查看 IP 地址配置和路由的命令如下：

Ifconfig eth0

route －n

注意：ifconfig 设置的网络参数只是临时用来调试网络的，也不会更改系统关于网卡的配置文件 ifcfg－ethx，在下次系统启动时，仍然会恢复原来的设置。

若想将网络接口的网络参数固定下来，有两个办法：

①通过各个发行版专用的工具来修改；

②直接修改网络接口的配置文件 ifcfg－ethx 的设置。

例如某台主机的网络接口配置文件 ifcfg－ethx 的内容如下：

DEVICE＝eth0

BOOTPROTO＝static

```
IPADDR=172.16.1.10
NETMASK=255.255.255.0
GATEWAY=172.16.1.1
ONBOOT=yes
METRIC=10
MII_NOT_SUPPORTED=no
USERCTL=yes
DNS1=61.128.128.68
DNS2=61.128.192.68
RESOLV_MODS=yes
LINK_DETECTION_DELAY=6
IPV6INIT=no
IPV6TO4INIT=no
```

建立或修改该文件，重启系统之后，就会应用 ifcfg-eth0 的网络设置，使用 ifconfig-a 和 route-n 可以查看 IP 设置和路由表设置。

3. Unix 的网络配置

网络配置文件，主要包括：

(1)/etc/hostname. interface

该文件是物理网卡的配置文件，这个文件包括一个主机名称或者主机的 IP 地址。有 le、hme、pcn 等后缀等。

(2)/etc/nodename

在 Solaris 安装过程中指定系统的主机名时，该主机名将输入到 /etc/nodename 文件中。确保节点名称项是系统的正确主机名。如果计算机名称是 solaris10，那么/etc/nodename 文件中肯定包括一行：solaris10。

(3)/etc/defaultdomain

/etc/defaultdomain 文件包括本地主机的域名。如，假定主机 solaris 是域 ei. cqnu. edu. cn 中的一台主机，则在 /etc/defaultdomain 中包括以下信息：ei. cqnu. edu. cn。

(4)/etc/defaultrouter

/etc/defaultrouter 包括主机的路由地址。选用动态路由协议，则可将/etc/defaultrouter 文件置为空。若选择静态协议，只需在/etc/defaultrouter 文件中填入缺省路由器名，这样当 Unix 路由器找不到寻径路由时便将 IP 包发往缺省路由器。

例如，假设某台主机的 IP 地址为 172.16.1.10/24，网关为 172.16.1.1，主机名为 solaris10，dns 为 61.128.128.68，则 Solaris 的配置：

①编辑/etc/nodename、/etc/hostname. pcn0，都加入主机名 solaris10

②编辑/etc/inet/hosts 文件，修改原来的条目为下一行：

172.16.1.10 solaris10 loghost

③编辑/etc/defaultrouter,修改新的默认路由为:172.16.1.1

④编辑/etc/inet/netmasks,修改新的网络掩码为:172.16.1.0,255.255.255.0

⑤重启网卡:svcadm disable physical

svcadm enable physical

⑥最后,使用 ifconfig - a 和 netstat - r 命令来检查 IP 设置和路由表设置是否正确。

六、思考题

1. 在 Windows、Unix、Linux 环境下进行主机网络配置,网络参数是否一样?

2. 请思考网关的作用是什么? 如果一台主机只要求在局域网内部通信,是否需要设置网关 IP?

实验二 使用 NFS 进行多操作系统互联

一、背景知识描述

NFS 是 Network File System 的缩写,是当前主流的文件共享系统平台,允许一个系统在网络上与它人共享目录和文件。通过使用 NFS,用户和程序可以像访问本地文件一样访问远端系统上的文件,其功能类似于 windows 的映射网络驱动器。NFS 客户端和服务器可共存,并同等对待远程和本地挂载的文件系统。自 1980 年以来,NFS 是一种局域网文件共享的工业标准,常常用来构建企业级的文件服务器。

- RFC 1094 (NFS v2)
- RFC 1813 (NFS v3)
- RFC 3530 (NFS v4)

NFS 采用 RPC 协议,只要操作系统支持 RPC,就可以加入支持 NFS 的功能,其特点如下:(1)具有机器和操作系统的独立性;

(2)崩溃恢复(客户端很容易从服务器崩溃中恢复);

(3)透明访问(等同访问远程文件与本地文件);

(4)客户端维持 Unix 语义;

(5)性能优越(访问速度可达到本地文件系统访问速度的 80%)。

在现代的类 Unix 操作系统中,都默认支持 NFS;微软的操作系统虽默认未支持 NFS,但只需安装其 Service For Unix,便可充当 NFS 客户端或服务器。NFS 协议架构如下图 3-2-1 所示:

(1)ONC RPC 序列化 XDR 的数据,实现 RPC 功能;

(2)XDR 负责描述、编码或译码在服务器及客户端传送的数据；

(3)NFS 定义了文件、目录结构及客户端与服务器端的 RPC 应用程序。

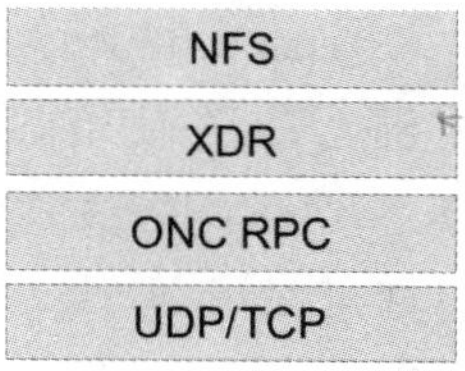

NFS
XDR
ONC RPC
UDP/TCP

图 3-2-1　NFS 协议架构

其中，RPC 全名为 remote procedure call，主要功能是让本地进程可以请求执行位于远程主机的程序代码。NFS 服务器主要由 mountd、nfsd、statd 和 lockd 等 RPC 程序组成，这些 RPC 程序在一个随机的端口上监听请求，因此客户端在请求这些 RPC 服务之前，必须知道 RPC 程序的监听端口。

当 RPC 程序启动时，会向一个称作 portmap 的端口映射守护程序注册，并说明其随机监听端口。该过程参见 NFS 工作原理图中的前两个步骤。

查看 RPC 程序注册信息的命令：rpcinfo －p

NFS 客户端在访问 mountd 或 nfsd 时，必须首先询问服务器端的 portmap 以获得所对应 RPC 程序的监听端口。它是通过对应的程序号和版本号来请求访问的。portmap 查询 RPC 注册信息后，将该请求转发给相应的端口，并将该端口告知客户端。客户机存储该信息，将来直接以该端口请求调用该 RPC 程序。

虽然一个 RPC 程序的端口号有可能随系统的不同而不同，随每次系统启动而不同，但 RPC 程序号在所有平台和主机间是一致的。NFS 工作原理图如图 3-2-2 所示。在 NFS 工作原理图中，步骤 3、4、5、6 表明了 NFS 客户端和服务器端的守护进程 mountd、nfs 的交互过程。

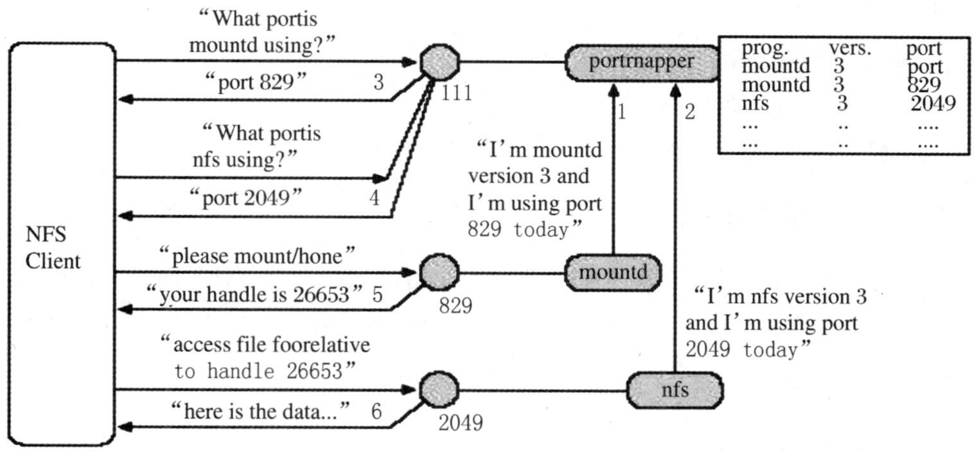

图 3-2-2　NFS 工作原理图

在 NFS 中，相关的守护进程介绍如下：

(1)portmap：NFS 服务器的 RPC 程序的端口注册器。

(2)rpc. nfsd：管理 Client 能否登录主机，其中还包含登录者的 ID 判别；此外还会与 rpc. iod 负责数据的传输。

(3)rpc. mountd:主要管理 NFS 的文件系统。当 Client 端顺利地通过 rpc. nfsd 而登录主机之后,在使用 NFS server 提供的文件之前,还会经过文件权限 的认证程序。它会去读 NFS 的配置文件/etc/exports 来比较 Client 的权限,当通过这一关之后,Client 就可以取得使用 NFS 文件的权限。注意:这个文件就是我们用来管理 NFS 共享目录的使用权限与安全设置的地方。

(4)rpc. lockd(optional):管理文件的锁定,需要客户端和服务器端同时开启。

(5)rpc. statd(optional):用于检查文件的一致性,常与 rpc. lock 一起启用。该功能也需要在客户端和服务器端同时启用才能生效。

(6)rpc. iod:此进程是在 NFS 客户端上用的,用来启动异步块 I/O 服务进程来建立 Buffer Cache,处理在客户机上的读写。

在 NFS 服务中,常见的问题是关于文件权限的问题。客户端用户对某个服务器共享文件的访问(主要是写操作)需要考虑 3 个条件:用户帐号的 UID;NFS 服务器是否允许有写入的权限;文件系统确实具有写入的权限。由于 NFS 没有用户认证机制,所以客户端用户访问服务器的共享文件时,访问文件的用户身份就是客户端用户的 UID 和 GID。

二、实验内容

在 Solaris 中架设 NFS 服务器,实现各类网络操作系统之间的文件共享。

三、实验目的

1. 理解 NFS 协议;
2. 理解 NFS 的工作原理;
3. 掌握 NFS 服务器的配置。

四、应用场景描述

为了让局域网的 Unix/Linux 主机共享和使用彼此的数据,NFS 网络文件系统提供了性能优越的文件共享机制,是构建类 Unix/Linux 网络的文件服务器的首选。

五、实验步骤

1. 安装和配置 NFS 套件

几乎所有的 Unix/Linux 发行版都自带了 NFS 的套件,包括服务器端和客户端。如果系统恰好没有安装,请使用安装光盘找出对应的软件包进行安装。

1. NFS 服务器的安装。以 Solaris 为例,NFS 服务器一般在安装 Solaris 时已经安装好。

2. NFS 服务器的启动及其配置。

首先,启动和关闭 NFS 服务器。

启动:# svcadm enable network/nfs/server

关闭：# svcadm disable network/nfs/server

其次，配置共享目录。

在基于 Solaris 的 NFS 服务器中，可以使用/usr/sbin/share 命令实现文件系统和目录的共享，其详细解释如下：

share ——显示所有可以安装的资源，不管它是否已经被安装。

share [－F filesystem] [－o options] [－d description] pathname-to-resource——指定共享文件。其中，

- －F file system type 指定被共享的文件系统类型。
- －o options 指定客户端对资源访问的类型。
- －d description 共享资源的简单描述。在 share 命令不带任何参数运行时就会显示。

pathname-to-resource 在服务器上共享的资源名字。

其中，－o 指定了允许客户端访问共享资源的用户权限。具体如下：

rw 表示用户可读/写，是默认植。

rw＝client1:client2 指定用户可以有读/写权限。可以有很多用户，用冒号分隔。

ro 表示只读。

ro＝client1:client2 指定用户 client1 和 client2 只读。client1 可以是用户名，也可以是 ip 地址，或者一个网段。例如：ro＝@202.99.88.0/24。

root＝client:client2 指定 client1 和 client2 上的 root 用户对共享资源有超级用户的权限。但是，他的优先级小于 nfs 服务器的本地权限。

例如：服务器 sun_server 上有个目录/exprot/games 要共享。

share －F nfs －o rw＝stu1:teach1, ro＝@202.210.1.0/24:sune450, root＝centos －d "funny games!" /export/games

运行结果：共享/exprot/games 目录，名字是 stu1 和 teach1 的两台主机有读/写权限；202.210.1.0 这个 c 类网中的机器和 sun450 这个主机只有读的权限；centos 这台主机的 root 用户可以对共享资源有超级用户访问权限。但是注意，如果共享目录/exprot/games 目录的本地 root 权限为只读，centos 的 root 权限也没有用，只能只读。因为服务器本地权限大于任何 share 的权限。

(1)取消 share 资源。

unshare [－F nfs] path－to－resource

- －F nfs：指定系统类型，默认值，可以不设。
- path－to－resource 指定共享路径。

例如：# unshare /export/games 取消这个共享资源了。

(2)自动加载共享目录

在终端上运行 share 命令可以立即生效，但系统重新启动后就会消失。如果将 share 命令写到/etc/dfs/dfstab 配置文件中的话，就可以在启动 NFS 服务的时候自动加载。写

在 dfstab 配置文件中的格式和上面介绍的终端命令行输入是一样的。

- 编辑/etc/dfs/dfstab 文件，添加：

share [－F filesystem] [－o options] [－d description] pathname－to－resource

- ＃/etc/init. d/nfs. server start

这样就 ok 了。此外，还可以使用下面的命令手工加载和卸载/etc/dfs/dfstab 中的所有共享资源。

＃(un)shareall //共享或卸载/etc/dfs/dfstab 中的所有共享资源

(3)查看共享资源

＃dfshares 该命令用以查看服务器的共享资源，输出格式如下：

RESOURCE SERVER ACCESS TRANSPROT

* resource 可被远程调用的资源的主机和路径名。
* server 指定资源的系统名称。
* access 服务器指定的权限，默认是 rw，显示为“－”。
* transport 指定共享资源的端口。

＃dfmounts 命令 该命令显示服务器上查看共享资源被利用的状况，输出格式如下：

RESOURCE SERVER PATHNAME CLIENTS

* resource 共享资料名称。
* server pathname 共享资料目录。
* client 连接的客户端。

＃nfsstat 看 nfs 的全部状态

3. NFS 客户端设置

假设 NFS 客户端是 Linux 系统，使用其默认的 NFS 客户端软件挂载 NFS 服务器的共享目录的步骤如下：

- 启动 portmap；
- 使用 showmount 命令来查看远程服务器的共享目录；
- 在本地选择或者创建共享目录的本地挂载目录；
- 利用 mount 命令将远程服务器的共享目录挂载到本地挂载目录。

其中，portmap 一般默认已启动，showmount 和 mount 的用法请查手册。

2. NFS 配置示例

在本示例中，NFS 服务器采用 Solaris，NFS 客户端采用 mandriva，假设 2 台机器位于 192.168.1.0/24 网段中。其中，在服务器上共享/export/movies 和/tmp 2 个目录，在客户端分别将其挂载到/mnt/films 和/mnt/tmp 目录中。示例过程的截图如图 3-2-3，图 3-2-4 所示：

```
终端
文件(F) 编辑(E) 视图(V) 终端(T) 选项卡(b) 帮助(H)
bash-3.00# ls -l /export/movies/
总数 29328
-r--r--r--   1 root     adm      15003313 2007   7月 11 transformers.mov
bash-3.00# ls -l /tmp
总数 8
drwxr-xr-x   2 root     root           69  4月 19日 20:35 hsperfdata_root
-rw-r--r--   1 root     root            0  4月 19日 18:42 nfs_test
bash-3.00# svcadm enable network/nfs/server
bash-3.00# share -F nfs -o ro=192.168.1.20  /export/movies
bash-3.00# share -F nfs -o rw=@192.168.1.0/24  /tmp
bash-3.00# dfshares
RESOURCE                                  SERVER ACCESS    TRANSPORT
   solaris:/export/movies                 solaris  -          -
   solaris:/tmp                           solaris  -          -
bash-3.00# dfmounts
资源         服务器 路径名                     客户
  -          solaris /export/movies           192.168.1.20
  -          solaris /tmp                     192.168.1.20
bash-3.00# 
启动  04月19日星期六, 21:34   终端
```

图 3-2-3　服务器端的截图

```
root@mdv: /root - Shell - Konsole
会话 编辑 查看 书签 设置 帮助
[root@mdv ~]# ls -l /mnt/films
总计 0
[root@mdv ~]# ls -l /mnt/films
总计 0
[root@mdv ~]# showmount -e 192.168.1.100
Export list for 192.168.1.100:
/export/movies 192.168.1.20
/tmp           @192.168.1.0/24
[root@mdv ~]# mount 192.168.1.100:/export/movies /mnt/films
[root@mdv ~]# mount 192.168.1.100:/tmp /mnt/tmp
[root@mdv ~]# ls -l /mnt/films
总计 14664
-r--r--r-- 1 root adm 15003313 2007-07-11 00:54 transformers.mov
[root@mdv ~]# ls -l /mnt/tmp
总计 4
drwxr-xr-x+ 2 root root 69 2008-04-19 20:35 hsperfdata_root/
-rw-r--r--+ 1 root root  0 2008-04-19 18:42 nfs_test
[root@mdv ~]# 
Shell
```

图 3-2-4　客户端的截图

如果使用 Linux 的 konqueror 打开/mnt/films 目录，则可以看到远程服务器中共享目录/export/movies 中的文件，如图 3-2-5 所示：

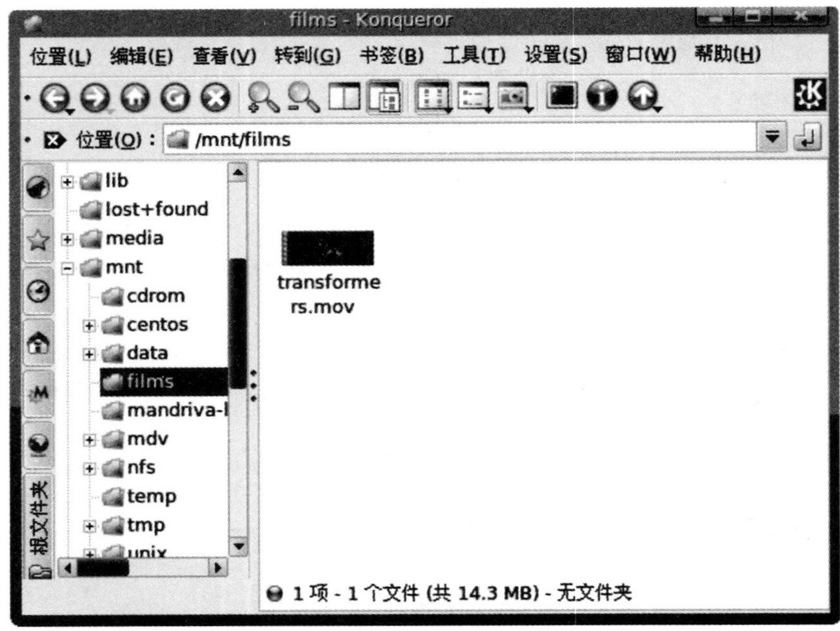

图 3-2-5 Linux NFS 客户端的挂载目录截图

对于 Windows 来说，默认不支持 NFS，但是也可以通过安装其 Service For Unix 组件来实现 NFS 客户端和服务器的功能，Service For Unix 组件可以在微软主页中下载，限于篇幅，这里不再介绍。

六、思考题

1. 如何查看 NFS 服务器上的所有的共享资源？
2. NFS 客户端如何查看 NFS 服务器上的共享资源？
3. NFS 客户端如何取消共享到本地的资源？

实验三 使用 SAMBA 实现多操作系统的互联

一、背景知识描述

在现实的网络环境中，Unix、Linux 和 Windows 混合组网的情形是非常常见的，对于大多数网络服务，Unix、Linux 与 Windows 通过 TCP/IP 协议都能兼容互通，唯有一种重要网络服务例外——文件服务器，即 Unix、Linux 与 Windows 之间文件共享的服务。

在 Windows 局域网中，微软为了让 Windows 之间能够彼此共享资源，在 NetBIOS 之上开发出了 SMB 协议，使得网上邻居的主机间的资源可以共享。由于微软未公开

SMB 协议，所以类 Unix 系统通常是无法共享 Windows 主机的资源的。幸好，通过一群积极热心的开发者，通过 10 余年的努力，塑造了最先进的 Windows－to－UNIX 互通包－Samba，一个局域网共享协议 SMB(Server Message Block)的软件实现套件。

尽管有了 NFS 协议，Windows 也可以安装其 Service For Unix 来支持 NFS，但如果网络中的桌面系统主要是 Windows 的话，再使用 NFS 来假设文件服务器就不太友好，因为这样就必须为每一台 Windows 安装 Service For Unix，而且 NFS 不支持用户认证的机制，在这种场合，尽管 Samba 比起 NFS 更复杂一些，效率也不如 NFS，但却是更好的选择。

Samba 是一个开源的自由软件套件，它给 SMB/CIFS 客户端提供了无缝的文件和打印服务。不像其他的 SMB/CIFS 的实现，Samba 是自由获取的，提供了 Linux/Unix 服务器和基于 Windows 的客户端之间的互操作性。

Samba 提供了一个软件架构让 Unix、Linux 可以访问 Windows 网络资源，同时也让 Windows 机器可以访问 Unix、Linux 提供的相同资源，就像访问 Windows server 一样。Unix/Linux 和 Samba 的组合，完全可以取代 Windows－based 文件服务器、打印服务器，还可以扮演 Windows 网络中的 PDC 角色，最新版的 Samba 甚至能与 Active Directory 兼容。

Samba 这个文件系统是架构在 NetBIOS(Network Basic Input/Output System，简称 NetBIOS)这个通信协议上面的。最早 IBM 开发 NetBIOS 的目的仅是要让局域网内少数计算机进行网络连接的一个通信协议而已，所以考虑的角度并不是针对大型网络，因此，这个 NetBIOS 是无法跨路由的(Router/Gateway)。NetBIOS 在局域网(LAN)内非常优秀，所以微软的网络架构就使用它来进行互联。而 Samba 最早发展时，其实是想要让 Unix/Linux 系统可以加入到 Windows 的系统当中来，共享彼此的文件数据，所以当然 Samba 就架构在 NetBIOS 之上而发展起来。

虽然 NetBIOS 是无法跨路由的，好在后来出现了所谓的 NetBIOS over TCP/IP 的技术。通过 NetBIOS over TCP/IP 技术，就可以跨路由地使用 Samba 服务器所提供的功能(但此时必须要有一个 NetBIOS 名字服务器)。当然，目前 Samba 还是比较广泛的使用在 LAN 内部。

在 Windows 网络设置里面有个 NetBEUI 协议，它是 NetBIOS Extened User Interface 的简写，也是 IBM 在 NetBIOS 开发出来之后的改良版本。

Samba 所实现的 SMB 协议与其他协议的关系如图 3-3-1 所示：

OSI					TCP/IP
Application	IPX[1] SMB				Application
Presentation					
Session	NetBIOS	NetBEUI	NetBIOS	NetBIOS	
Transport	IPX[1]		DECnet	TCP&UDP	TCP/UDP
Network				IP	IP
Link	802.2, 802.3,802.5	802.2 / 802.3,802.5	Ethernet V2	Ethernet V2	Ethernet or others
Physical					

图 3-3-1 Samba 所实现的 SMB 协议与其他协议的关系

Samba 服务的具体工作工程如下：

1. 首先客户端发送一个 SMB negprot 请求数据报，并列出了它所支持的所有 SMB 协议版本。服务器收到请求信息后相应请求，并列出希望使用的协议版本。如果没有可使用的协议版本则返回 0xFFFF，结束通信。（如图 3-3-2 所示）

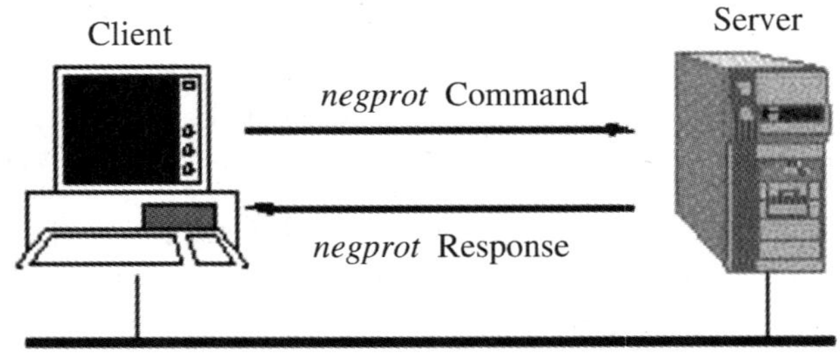

图 3-3-2

2. 协议确定后，客户端进程向服务器发起一个用户或共享的认证，这个过程是通过发送 SesssetupX 请求数据包实现的。客户端发送一对用户名和密码或一个简单的密码到服务器，然后服务器通过发送一个 SesssetupX 应答数据包来允许或拒绝本次连接。（如图 3-3-3 所示）

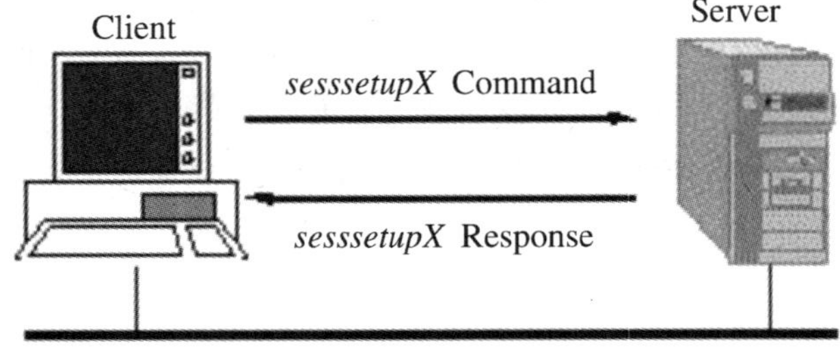

图 3-3-3

3. 当客户端与服务器完成了协商和认证之后，客户端会发送一个 Tcon 或 SMB TconX 数据报并列出它想访问的网络资源的名称，之后服务器会发送一个 SMB TconX

应答数据报以表示此次连接是否被接受或拒绝。(如图 3-3-4)

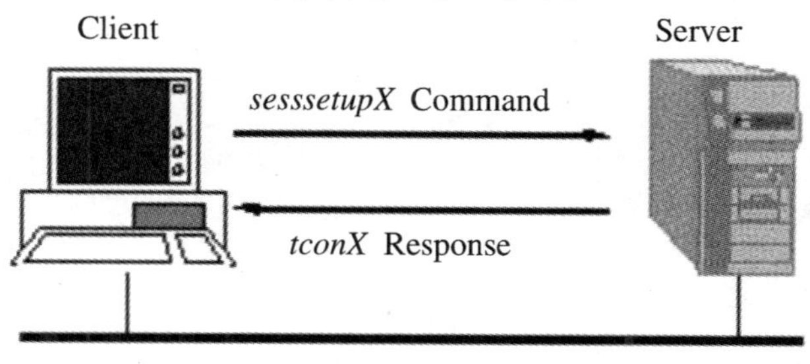

图 3-3-4

4. 连接到相应资源后,SMB 客户端就能够通过 open SMB 打开一个文件,通过 read SMB 读取文件,通过 write SMB 写入文件,通过 close SMB 关闭文件。

Samba 的主要目的是让 Unix/Unix/Linux 主机和 Windows 主机共享和使用彼此的数据,Windows 使用的是 NetBIOS 通信协议,所以说,Samba 主要是使用了 NetBIOS over TCP/IP 技术。Samba 在 Linux 操作系统上工作时,需要启动 smbd 和 nmbd 两个服务,这里以访问 Windows 的"网上邻居"为例来简单地介绍工作过程:

1. 获取对方主机的 NetBIOS Name 并定位该主机位置

当一台 Unix/Unix/Linux 主机想要登录某台 Windows 主机使用它所提供的文件时,必须要加入该 Windows 主机的工作组(Workgroup),并且 Unix/Linux 主机也必须要设置一个主机名称,注意,这个主机名称跟 Host Name 是不一样的,因为这个主机名称是架构在 NetBIOS 协议上的,一般简单地称它为 NetBIOS Name。在同一个工作组中,NetBIOS Name 必须是唯一的。

2. 利用对方给予权限存取可用资源

当 Unix/Linux 主机登录成功后,能不能访问该主机所提供的文件还要看 Windows 主机有没有提供使用的权限。如果对方主机允许你登入,但是却没有开放任何资源,登入主机也无法查看对方的硬盘里面的数据。

同样,Samba 主机也使用了两个 daemons 来管理这两个不同的服务。

(1)smbd:这个 daemon 的主要用来管理 Samba 主机共享目录、文件与打印机等信息;

(2)nmbd:这个 daemon 则是用来管理工作组和 NetBIOS Name 解析的。

所以,Samba 每次启动至少都需要有这两个 daemons。而当启动了 Samba 之后,主机系统就会启动 137、138、139 三个端口,且同时会有 UDP/TCP 的监听服务。

二、实验内容

在 Linux 系统上架设 Samba 服务器,实现 windows 和 Unix/Linux 操作系统之间的文件共享。

三、实验目的

1. 理解 SMB 协议；
2. 理解 Samba 的连接模式；
3. 掌握 Samba 服务器的配置。

四、应用场景描述

为了让局域网的 Unix/Linux 主机和 Windows 主机共享和使用彼此的数据，Samba 支持两种常见的局域网连接模式：Workgroups 和 Domains 。本实验中将对常见的工作组模式进行配置。一个工作组是一组计算机的集合，其中的每台计算机都处于同等的地位，由自身来维护其安全信息。使用工作组模式的好处是每台计算机均可以独立地运作，不受他人的影响。

五、实验步骤

1. 安装 Samba 套件

几乎所有的 Linux 发行版如 RHEL、Centos、SuSe、Ubuntu 和 Mandriva 都自带的 Samba 套件。如果系统恰好没有安装，请使用安装光盘找出对应的 RPM 包（也可从 Samba 的镜像站点获取）进行安装。Samba 套件如下：

(1) Samba

该软件主要包含了 Samba 的主要 daemon 文件（smbd 及 nmbd）、Samba 的文档（document）、Samba 相关的 logrotate 设置文件及开机默认选项文件等。

(2) samba-common

该软件主要提供了 Samba 的主要配置文件（smb. conf）、smb. conf 语法检验的测试程序（testparm）等。

(3) samba-Client

该软件提供了当 Linux 作为 Samba Client 端时，所需要的工具指令，例如挂载 Samba 文件格式的执行文件 smbmount 等。Windows 不需要安装 Samba client，可以直接使用网上邻居访问 Linux Samba 服务器。

2. 了解 Samba 相关配置文件

Samba 套件安装好之后，还需要对 Samba 进行配置，才能够使 Samba 服务器与其客户端正常互联。Samba 的相关配置文件如下：

(1) /etc/samba/smb. conf

smb. conf 是 Samba 的主配置文件，主要用于设置工作组、NetBIOS 名称以及分享的目录等。该文件由两部分组成：

Global setting：该设置都是与 Samba 服务器整体运行环境有关的选项，其设置是针对所有共享资源的。

Share Definitions：该设置是针对共享目录的个别设置，只对当前的共享资源起作用。

配置文件采用了“设置选项 = 设置值”的配置方式，其中分号(;)和井号(#)开始的行是注释行。

(2)/etc/samba/lmhosts

该文件的主要目的是：映射 NetBIOS Name 与该主机名的 IP，有点类似于/etc/hosts 的功能。只不过这个 lmhosts 对应的主机名是 NetBIOS Name，不要跟/etc/hosts 搞混了。由于目前 Samba 的功能越来越强大，所以通常只要您一启动 Samba，它就能自己捕捉到 LAN 里面的相关计算机的 NetBIOS Name 对应 IP 的信息，因此这个文件通常可以不用设置。

(3)/etc/samba/smbpasswd

该文件默认并不存在，它是 Samba 默认的用户密码对应表。当设置的 Samba 服务器较为严密、且需要用户输入账号与密码后才能登录时，用户的密码默认就是放置在这里的(当然，可以自行在 smb. conf 里面设置密码放置的地方及密码文件名，这里都以默认的状态来说明)。

(4)/etc/samba/smbusers

由于 Windows 与 Unix/Linux 在管理员与用户的账户名称不一致，分别为 administrator 及 root，为了对应这两者之间的关系，可以使用这个文件来设置。不过这个文件的使用需要经由 smb. conf 内的“username map”设置项目来启动才行。

3. 配置简单的 Samba 文件服务器

一个简单的 Samba 文件服务器可以不输入密码就可以登录，其配置过程如下：

(1)设置服务器主机参数：

• Unix/Linux 主机的编码格式设为 UTF8，可使用下面命令进行查看设置正确与否：

cat /etc/sysconfig/i18n

• 将 Linux 服务器的 NetBIOS 名称设为 file_server；

• 用户登陆等级设置为 share；

• 分享/tmp 目录，取名为 temp_share；

(2)设置 smb. conf 配置文件

[root@localhost]# cp /etc/samba/smb. conf /etc/samba/smb. conf. raw <==先备份

[root@localhost]# vi /etc/samba/smb. conf

设置好主机方面的参数

[global]

#1. Server Naming Options：

```
#workgroup = NT-Domain-Name or Workgroup-Name
 workgroup = WORKGROUP

#netbios name is the name you will see in "Network Neighbourhood",
#but defaults to your hostname
 netbios name = cqnu fileserver

#server string is the equivalent of the NT Description field
 server string = Samba Server %v

#3. Logging Options:
#this tells Samba to use a separate log file for each machine
#that connects
 log file = /var/log/samba/%m.log
#Put a capping on the size of the log files (in Kb).
 max log size = 50
#Security mode. Most people will want user level security. See
#security_level.txt for details.
 security = share
#与语言有关的设置信息,为何如此设置请参考前面的说明
 unix charset=utf8
 display charset=utf8
 dos charset=cp936
#其他设置
 template shell=/bin/false
 winbind use default domain=no
#下面是针对/tmp的设置
 [temp_share]
   path = /tmp
   comment = Temporary Share
   browseable = yes
   public = yes
   writable = yes
```

在默认的 smb.conf 中已经有很多默认值了,若不清楚这些默认值的用途,尽量保留其默认值即可。

(3)使用 testparm 检查 smb. conf 的语法

在终端中键入

testparm

如果出现以下类似信息

Unknown parameter encountered:'pathl'

就表明有语法错误,需要修改。此外,还可以使用－v 参数来运行 testparm,以获得更详细的信息。

(4)启动 Samba 服务器

启动命令如下:

/etc/init. d/smb start

在 Samba 中默认会其实多个端口,包括数据传输的 Tcp 端口(139,445),以及进行 NetBIOS 名称解析的 UDP 端口(137、138)。其中,可以只保留一个数据端口 139 就行了。

4. 客户端的测试

(1)Unix/Linux 客户端测试

在 Unix/Linux 客户端上,使用下面命令来查看 Samba 服务的运行情况:

smbClient - L [//主机或 IP] [－U 用户账号]

参数说明:

－L,仅查阅后面接的主机所共享的目录资源

－U,通过后面接的账号来尝试取得该主机的使用资源

由于在这个范例中并没有规范用户的安全等级,所以不需要使用"－U"这个参数。

截图 3-3-5 是表示 Linux 本机 Samba 客户端访问 Samba 服务器:

```
[root@localhost ~]# smbclient3 -L //127.0.0.1
Password:
Domain=[WORKGROUP] OS=[Unix] Server=[Samba 3.0.25b]

        Sharename       Type      Comment
        ---------       ----      -------
        print$          Disk
        pdf-gen         Printer   PDF Generator (only valid users)
        temp_share      Disk      temporary share
        IPC$            IPC       IPC Service (Samba Server 3.0.25b)
Domain=[WORKGROUP] OS=[Unix] Server=[Samba 3.0.25b]

        Server               Comment
        ---------            -------
        CQNU FILESERVER      Samba Server 3.0.25b
        USER

        Workgroup            Master
        ---------            -------
        WORKGROUP            CQNU FILESERVER
[root@localhost ~]# █
```

图 3-3-5 Linux 本机 Samba 客户端访问 Samba 服务器

若用 Linux 下的 konqueror 运行 Samba 客户端，结果如图 3-3-6 所示：

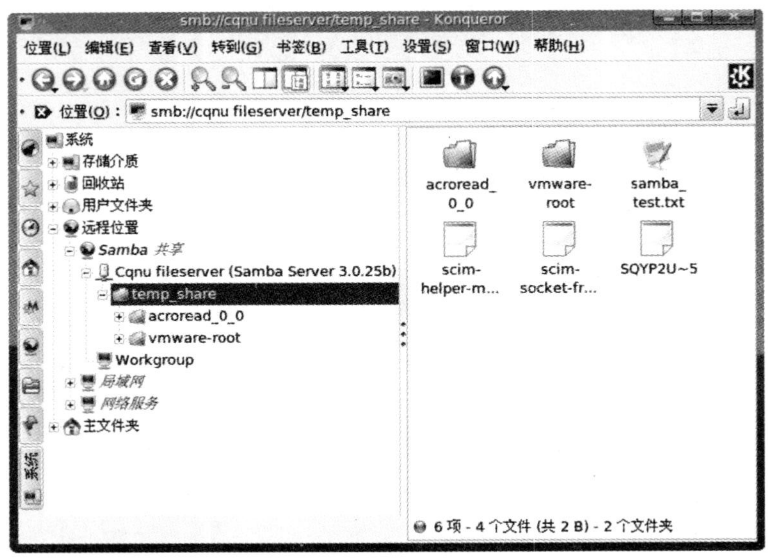

图 3-3-6 在 Linux 下 konqueror 运行 Samba 客户端

对于一般的 Unix 发行版来说，都默认集成了 Samba 的客户端，若在 Solaris 的 Nautilus 文件管理器中访问 Linux Samba 服务器，如图 3-3-7 所示：

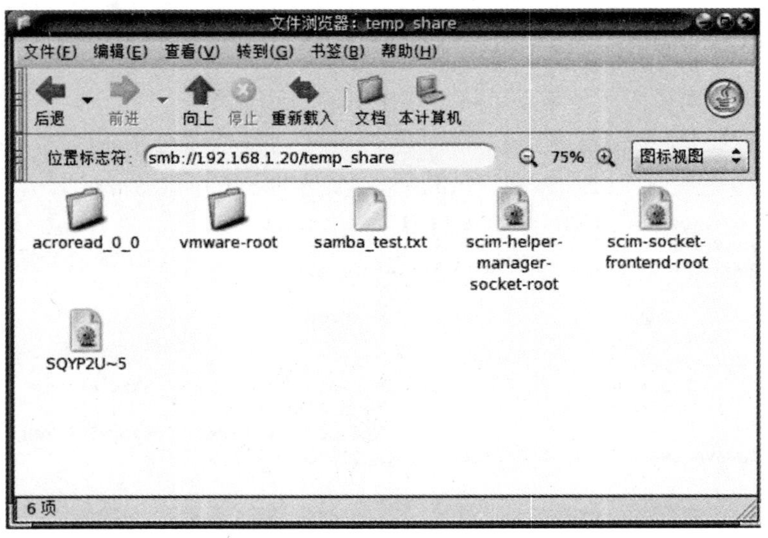

图 3-3-7 在 Solaris 的 Nautilus 文件管理器中访问 Linux Samba 服务器

(2) Windows 客户端的测试

在 Windows 中，先设置所有 Windows 主机的工作组为 WORKGROUP，然后，直接打开网上邻居，就可以访问 Samba 服务器，如图 3-3-8 所示：

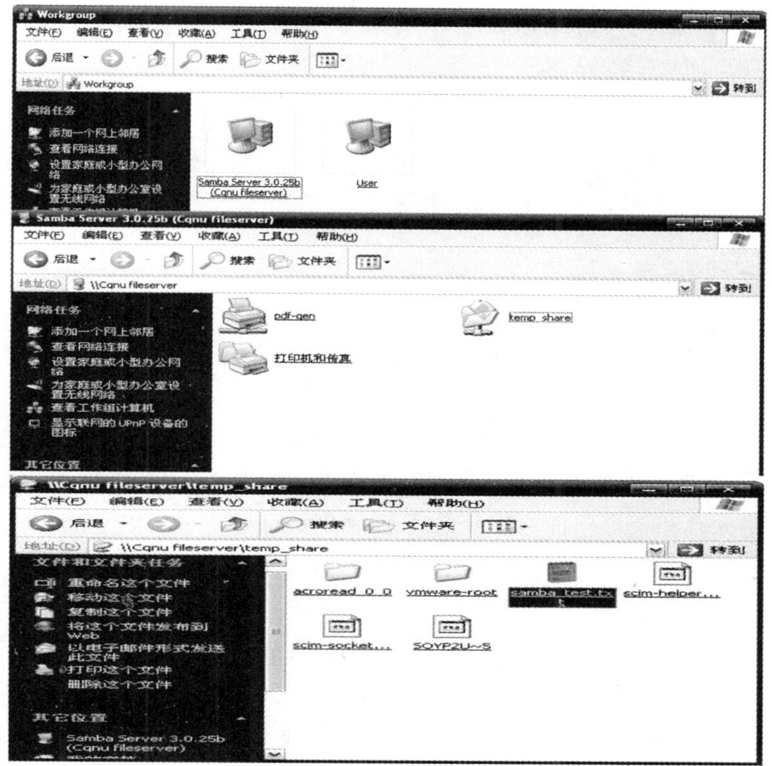

图 3-3-8 Windows 客户端的测试

六、思考题

1. Samba 服务器的主要配置文件是什么？主要的配置参数是什么？
2. 使用什么指令来测试 Samba 配置文件的正确性？
3. 请查找资料设置安全等级为 user 的 Samba 服务器。

第四章　网络安全配置

本章主要以 Windows 2000 Professional/Server 系统为例，进行有关网络安全的系统安全配置，文中对 PC 个人计算机系统进行配置，则用“Windows 2000 Professional”字样说明。本章主要内容包括账户安全策略配置、本地/域安全策略配置、管理控制台配置等。除此以外，其他一些设置和操作对网络安全也非常重要，主要有以下几条：

1. 运行防火墙和杀毒软件。安装防毒软件非常重要。一些好的防毒软件不仅能杀掉一些著名的病毒，还能查杀大量木马和后门程序，同时还可以针对扫描系统的安全漏洞、风险软件、未修复的安全设置等提出解决方案。这样的话，“黑客”们使用的那些有名的木马就毫无用武之地了，但需经常对病毒库进行升级。

2. 保障备份盘的安全。一旦系统资料被破坏，备份盘将是恢复资料的唯一途径。备份完资料后，把备份盘放在安全的地方，千万别把资料备份在同一台计算机上，这样不能起到备份的效果。

3. 在帐号属性中设立锁定次数，比如该帐号失败登录次数超过 5 次即锁定该帐号。这样可以防止某些大规模的登录尝试，同时也使管理员对该帐号提高警惕。

4. 关闭不必要的端口。关闭端口意味着减少功能，在安全和功能上面需要作一个权衡。关闭端口可以通过停用开启端口的服务和程序来实现，也可以通过防火墙软件进行端口过滤，阻止互联网上对相应端口的连接请求。

6. 关机时清除掉页面文件。页面文件是调度文件，也称为虚拟内存，是 Windows 2000 用来存储没有装入内存的程序和数据文件部分的隐藏文件。一些第三方的应用程序可能会把一些没有加密的密码等信息存入内存中，这些信息随时都可能被交换到页面文件中，因此页面文件中可能包含有这些保密的信息资料。可以采用优化软件进行页面文件的清除。

7. 禁止从软盘和 CD Rom 启动系统。一些第三方的工具可能通过引导系统来绕过原有的安全机制，因此应当在 BIOS 中设置只允许从硬盘引导系统，并为其设置好密码。

实验一　账户安全策略配置

一、背景知识描述

网络安全是指网络系统的硬件、软件及其系统中的数据受到保护，不因偶然或恶意的原因而遭到破坏、更改和泄露，确保系统能可靠而正常地运行。网络安全的目标是防止信息泄漏给非授权个人或实体，同时保证信息在存储或传输过程中保证不被修改、不被破坏和丢失，从而保持信息的正确生成和正确存储与传输，并且对信息的传播及信息的内容具有控制能力。

网络安全的结构主要包括物理安全和安全控制。物理安全是指在物理介质上对存储和传输的网络信息的安全保护，保护计算机网络设备、设施等免遭环境事故以及人为造成的破坏。安全控制是指在网络信息系统中对存储和传输的信息操作及进程进行控制与管理。安全控制可以分为操作系统、网络接口模块及网络互联设备的安全控制。其中，操作系统的安全控制主要保护存储数据的安全，包括对用户的合法身份进行核实（如开机要求键入的密码）、对文件的读写存取的控制（如文件属性控制）等；网络接口模块的安全控制是指在网络环境下对来自其他机器的网络通信进程进行安全控制，包括身份认证、客户权限设置与判别以及审计日志等；网络互联设备的安全控制是指对整个子网内的所有主机的传输信息和运行状态进行安全监测与控制，主要通过网管软件或路由器配置实现。安全控制主要通过现有的操作系统、网管软件、路由器配置等实现。

影响计算机网络安全的因素很多，来源主要有自然因素、人为因素和系统本身原因。自然因素是指不可控制的自然灾害，如雷击、地震等。自然因素轻则造成正常的业务工作混乱，重则造成系统中断和无法估量的损失。人为的无意失误和各种各样的误操作都可能造成严重的不良后果，如文件的误删除、输入错误的数据、操作员安全配置不当；用户的密码选择不慎，密码保护得不好；用户将自己的账号随意借给他人或与别人共享等都可能会对计算机网络带来威胁。人为的有意因素是指人为的恶意攻击、违纪、违法和犯罪，破坏了信息的有效性和完整性，重要机密信息被截获、窃取、破译，对计算机网络造成极大的危害。由于设计、生产工艺、制造、设备运行环境等原因，计算机硬件系统及网络设备会出现故障，如短路、断路、接触不良和器件老化等引起的网络不稳定。

目前，计算机病毒层出不穷，并呈现出新的传播态势和特点；黑客对全球网络的恶意攻击势头逐年攀升；同时，由于技术与设计的不完备，导致系统存在缺陷或安全漏洞。这些现状对网络安全的基本目标构成了极大的威胁，而且网络安全已经和一个国家的安全与利益紧密地联系在一起，也和普通老百姓的日常生活联系越来越紧密。

二、实验内容

本实验的目的是根据网络安全的需要，对默认安装中的内置用户账户进行必须或建议修改，本实验共分为三组，包括：1. 对默认用户账户的配置；2. 对默认组账户的配置；3. 对其他账户的配置。

三、实验目的

通过实验掌握在如何设置 Windows 2000 Professional/Server 软件中账户安全策略来保护系统的安全。

四、实验设备

安装有 Windows 2000 Professional/Server 软件的计算机。

五、实验步骤

1. 默认用户账户配置

(1)检查/修改域的默认用户账户

Active Directory 存储了有关网络对象的信息(如用户账户和共享打印机等)，并提供了访问上述资源的信息。要将 Windows2000 Server 服务器系统设为域控制器，必须安装 Active Directory。

①安装 Windows2000 Server 服务器系统，再安装 Active Directory，重新启动计算机。

②在域控制器中以管理员账户登录，访问域中的用户账户。

③单击“开始”，指向“程序”，选择“管理工具”，然后单击“Active Directory 用户和计算机”

④在控制台目录树中，双击域节点。在“用户”容器中可以找到用户账户(图 4-1-1)。

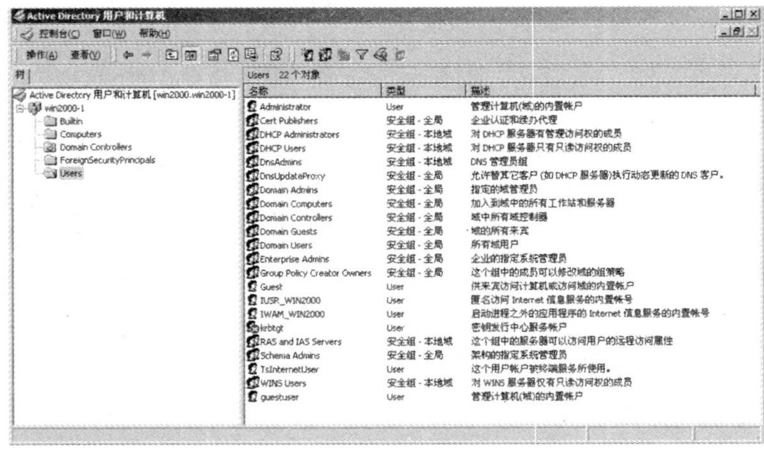

图 4-1-1 用户账户

⑤根据需要进行用户账户信息的修改。

(2)配置本地检查/修改默认用户账户

①单击“开始”,指向“程序”,选择“管理工具”,然后单击“计算机管理”。

②在控制台目录树中,展开“本地用户和组”。在“用户”容器中可以找到用户账户(图 4-1-2)。

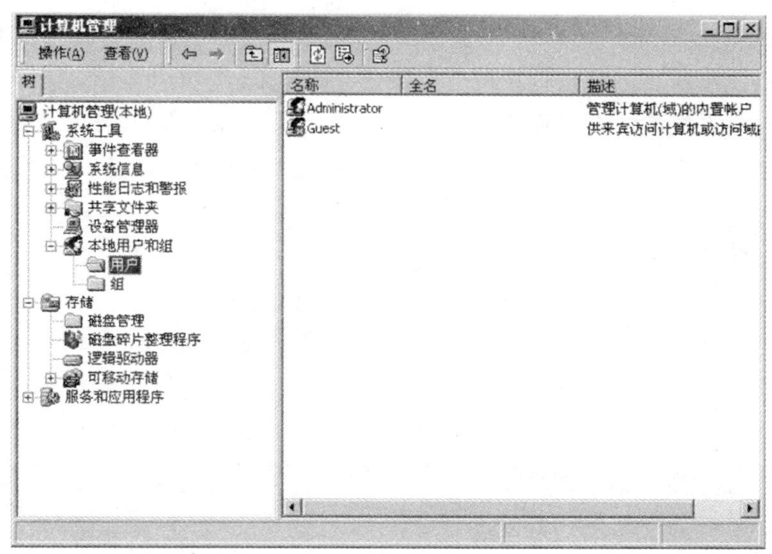

图 4-1-2 本地用户账户

③可以按照表 4-1-1 中的建议修改用户账户。

表 4-1-1 默认用户账户

用户账户修改	Administrator	Guest
域工作站	用于管理计算机/域的内置账户。	用户计算机/域的来宾访问权的内置账户。
域便携式计算机	不将此账户用于日常管理。向每个管理员分配两个账户,一个供日常使用(如读取电子邮件),一个用于管理任务。出于安全原因,管理账户永不应用于电子邮件目的。	应该禁用此账户。

2. 修改默认组账户

本组实验讨论对默认 Windows 2000 安装中内置组的默认组成员的必需和建议更改。这些内置组具有用户权限和特权以及组成员的预定义集合。五个内置组类型定义如下:

(1)全局组:当建立 Windows 2000 域时,在 Active Directory 存储区中创建内置全

局组。全局组用来对整个域中使用的通用类型用户和组账户进行分组。

(2)通用组:只可以在本机 Windows 2000 域中使用通用组。

(3)域本地组:域本地组向用户提供特权和权限,以便在域控制器和 Active Directory 存储区中执行任务。域本地组只在域中使用,不能导出到 Active Directory 目录树中的其他域。

(4)本地组:独立 Windows 2000 服务器、成员服务器和工作站都有内置本地组,向成员提供了只在此组所属的特定计算机上执行任务的能力。

(5)系统组:系统组没有可以修改的特定成员。每个系统组用来代表特定用户类别或代表操作系统本身,在 Windows 2000 中自动创建,但在组管理窗口中不显示,并且这些组只用于控制资源的访问。

3. 检查/修改域的组账户成员身份

(1)在域控制器中以管理员账户登录,访问域中的组账户。

(2)单击"开始",指向"程序",选择"管理工具",然后单击"Active Directory 用户和组"。

(3)在控制台目录树中,双击域节点,在"用户"容器中可以找到组账户(图 4-1-3)。

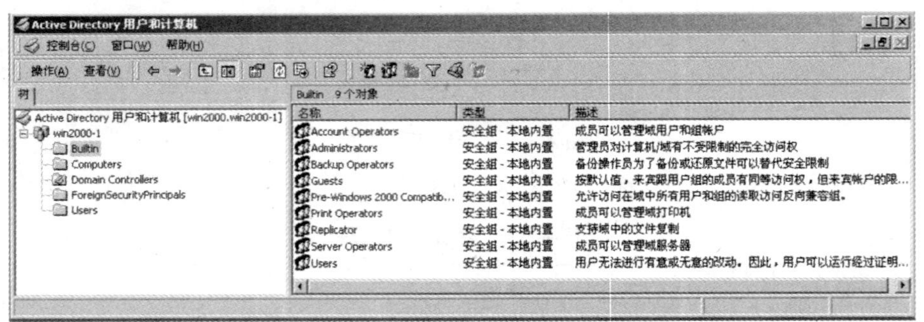

图 4-1-3 内置账户

4. 检查/修改独立或成员计算机的组账户成员身份

(1)使用管理员账户登录,访问独立或域成员计算机中的组账户。

(2)单击"开始",指向"程序",选择"管理工具",然后单击"计算机管理"。

(3)在控制台目录树中,双击"本地用户和组"。在"组"容器中可以找到组账户(图 4-1-4)。

5. 更改账户的主要组

(1)在域控制器中以管理员账户登录。

(2)单击"开始",指向"程序",选择"管理工具",然后单击"Active Directory 用户和组"。

(3)在控制台目录树中,双击域节点。在"用户"容器中可以找到用户账户。

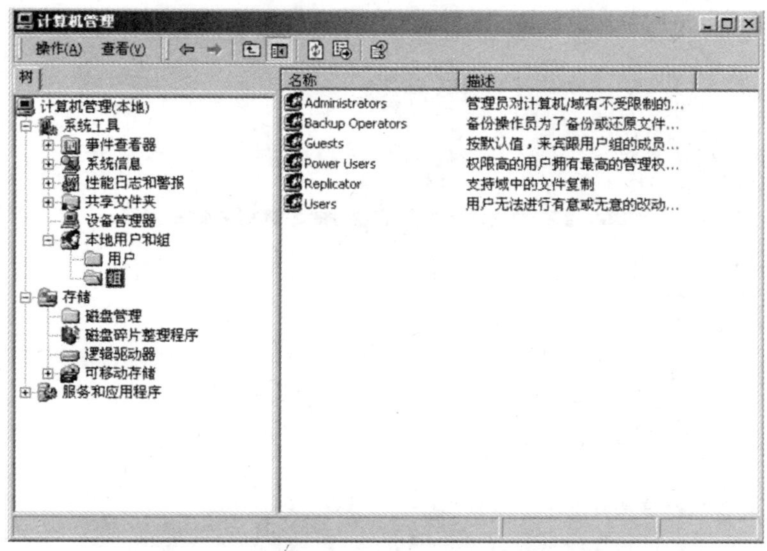

图 4-1-4　组账户

(4)右键单击账户名称，然后选择“属性”。将显示账户“属性”窗口。

(5)选择“成员属于”选项卡，将显示账户所属的组的列表。如果安装系统后发现“成员属于”选项卡中没有任何组，可以按照图 4-1-5 所示将成员添加到所需的组中。当在“成员属于”窗口中单击任何组时，对于可以设置为主要组的组，“设置主要组”按钮是活动的；对于不能设置为主要组或者已经是主要组的组，此按钮是非活动的。

图 4-1-5　添加组

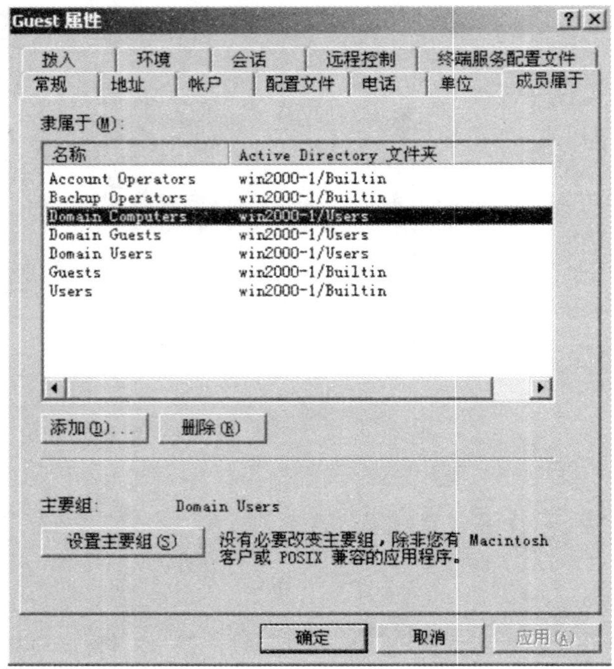

图 4-1-6 Guest 账户属性

(6)要更改账户的主要组，则选择将成为新主要组的组，然后单击“设置主要组”(必须使“设置主要组”按钮活动)。请注意，在“设置主要组”按钮上方标识为“主要组:”的组将更改为新选择。

(7)单击“应用”，然后单击“确定”。

6. 其他账户安全配置

(1)停用 Guest 账户

有的黑客工具利用 Guest 账户的弱点，可以将帐号从一般用户提升为管理员。所以，我们可以在计算机管理的用户里面把 Guest 账户停用，任何时候都不允许 Guest 账户登陆系统。为了保险起见，最好给 Guest 加一个复杂的密码，里面可以是包含特殊字符、数字和字母的长字符串。

①在域控制器中以管理员账户登录，访问域中的用户账户。

②单击“开始”，指向“程序”，选择“管理工具”，然后单击“Active Directory 用户和计算机”。

③在控制台目录树中，双击域节点。在“用户”容器中找到 Guest 用户账户。

④右键单击账户名称，然后选择“停用账户”，在弹出窗口中点击“确定”。

Windows 2000 Professional 系统停用 Guest 账户的操作为：单击“开始”，选择“设置”，再选择“控制面板”，双击“用户账户”，单击“Guest”账户选择“禁用来宾账户”操作。

(2)限制不必要的用户数量

用户组策略设置相应权限，管理员经常检查系统的账户，删除已经不使用的账户、测试用账户、共享帐号和普通帐号等。黑客常常利用这些账户作为入侵系统的突破口，系统的账户越多，黑客得到合法用户的权限可能性就越大。

①在域控制器中以管理员账户登录，访问域中的用户账户。

②单击“开始”，指向“程序”，选择“管理工具”，然后单击“Active Directory 用户和计算机”。

③在控制台目录树中，双击域节点。在“用户”容器中找到需限制的用户账户。

④右键单击账户名称，然后选择“删除”，在弹出窗口中点击“是”。

Windows 2000 Professional 系统限制不必要的用户操作为：单击“开始”，选择“设置”，再选择“控制面板”，双击“用户账户”，单击需要操作的账户选择“删除账户”操作。

(3)创建 2 个管理员账户并更名

windows 2000 的 Administrator 帐号是不能被停用的，这意味着别人可以反复尝试这个账户的密码。除 Administrator 外，有必要再增加一个管理员账户，并把账户名更改为不易猜的名字，但不要使用 Admin 之类的名字，尽量把它伪装成普通用户，如改成：Guestuser 等。两个管理员账户，一方面防止管理员一旦忘记一个账户的密码时还有一个备用账户；另方面，一旦黑客攻破一个账户并更改密码，我们还有机会重新在短期内取得系统的控制权。

(4)关闭共享

Windows 2000 安装好以后，系统会创建一些隐藏的共享。

Windows 2000 Server 系统中查看这些默认共享方法为：单击“开始”，指向“程序”，选择“管理工具”，然后单击“计算机管理”，点击“共享文件夹”目录树，然后点击“共享”，右侧信息窗口中则显示默认共享信息。

Windows 2000 Professional 系统中查看这些默认共享方法为：单击“开始”，指向“运行”，然后键入“cmd”，在命令行窗口中键入“netshare”，在弹出窗口中则显示默认共享信息。

默认共享对系统的安全构成了严重威胁，许多网络入侵事件都是从默认共享开始的。C、D、E 等分别表示每个分区的根目录，在 Windows 2000 Professional 版中，只有 Administrator 和 Backup Operators 组成员才可以连接到这些共享目录，而在 Windows2000 Server 版本中 Server Operators 组也可以连接到这些共享目录。ADMIN 为远程管理用的共享目录，它的路径永远都指向 Windows 2000 的安装路径，如：C：\winnt。关闭这些默认共享的方法的操作为：

①单击“开始”，指向“运行”，然后键入“regedit”。

②在弹出“注册表编辑器”窗口中点击“HKEY－LOCAL－MACHINE”目录树，选择“SYSTEM”，再选择“CurrentCotrolSet”，再选择“Services”，再选择“lanmanserver”，再选择“parameters”(即 HKEY－LOCAL－MACHINE\SYSTEM\CurrentCotrolSet\Services \lanmanserver\parameters)。

③右键单击空白处，点击“新建”，选择“二进制值”，为新建的 DWORD 命名（Windows 2000 Professional 版命名为 AutoShareWks，Windows 2000 Server 版命名为 AutoShareServer），并将他们的值设置为“0”。重新启动计算机即可。

同时，可以把共享文件的权限从“everyone“改成“授权用户”。所有账户权限需严格控制，不要轻易给账户以特殊权限；在 Windows 2000 中“everyone”意味着任何有权进入系统的用户都能获得共享资料。

(5)使用安全密码

为系统设置一个好的密码是非常重要的，密码是黑客攻击的重点，密码一旦被突破也就无任何系统安全可言了。一些系统管理员创建账户的时候往往用公司名、计算机名等容易被猜到的用户名，然后又把这些账户的密码设置得很简单，如 welcome、iloveyou、123456789 或者和用户名相同等等。所以有必要给所有用户帐号一个长而复杂的密码，且同时包含字母、数字和特殊字符。同时密码定期更改，且最好记在心里，而不要在任何地方做记录。

①在域控制器中以管理员账户登录，访问域中的用户账户。

②单击“开始”，指向“程序”，选择“管理工具”，然后单击“Active Directory 用户和计算机”。

③在控制台目录树中，双击域节点。在“用户”容器中找到需要设置密码的用户账户。

④右键单击账户名称，然后选择“重设密码”，在弹出窗口中键入“新密码”和“确认密码”，并选择“用户下次登录时须更改密码”，然后点击“确认”。

Windows 2000 Professional 系统设置安全密码操作为：单击“开始”，选择“设置”，再选择“控制面板”，双击“用户账户”，单击需设置安全密码的账户，在弹出窗口中点击“更改我的密码”，键入“当前密码”、“新密码”和“确认密码”，然后点击“更改密码”即可。

(6)不让系统显示上次登录的用户名

默认情况下，登录系统时对话框中会显示上次登录的账户名。这使得其他人可以很容易地得到系统的一些用户名，进而可以对这些账户作密码破解。通过修改用户的登录和注销选项可以使登录对话框里不再显示上次登陆的用户名。

①单击“开始”，指向“运行”，然后键入“regedit”。

②在弹出“注册表编辑器”窗口中点击“HKLM－CURRENT－USER”目录树，选择“Software”，再选择“Microsoft”，再选择“WindowsNT”，再选择“CurrentVersion”，再选择“Winlogon”，（即 HKLM－CURRENT－USER\Software\Microsoft\WindowsNT \CurrentVersion\Winlogon）。

③右键单击 DontDisplayLastUserName，把 REG－SZ 的键值改成“1”。重新启动计算机即可。

实验二　本地/域安全策略配置

一、背景知识描述

使用安全策略可以在计算机中设置安全要求。其主要用于个人计算机或将特定安全设置应用于域成员。本地策略管理对各台计算机或各个用户的安全进行设置,可用于配置:

(1)审核策略:审核策略用于确定计算机的安全性事件日志中记录了安全事件(如成功的尝试、失败的尝试或两者都记录)。

(2)用户权限分配:用户权限管理各个用户或组可以执行的操作的类型。

(3)安全选项:用于管理计算机的各种基于注册表的安全设置,如数据的数字签名、管理员和来宾账户名称、软盘驱动器和光盘访问以及登录尝试等。

二、实验内容

本实验共分为四组,包括:1. 审核策略的配置;2. 对用户权限和特权的配置;3. 修改安全选项;4. 系统服务。

三、实验目的

通过实验掌握如何配置 Windows 2000 Professional/Server 软件中安全策略选项来保护系统的安全。

四、实验设备

安装有 Windows 2000 Professional/Server 软件的计算机。

五、实验步骤

1. 审核策略

(1)启用安全相关事件的审核

①以管理员身份登录计算机。

②在 Windows 2000 计算机中查看“管理工具”菜单选项。单击“开始”,指向“设置”,然后单击“任务栏和开始菜单”。在“任务栏和开始菜单属性”窗口中,单击“高级”选项卡。在“开始菜单设置”对话框中选择“显示管理工具”,单击“确定”按钮完成设置。

③单击“开始”,指向“程序”,选择“管理工具”,然后单击“本地安全策略”。这样就可以打开“本地安全设置”控制台,如图 4-2-1 所示。

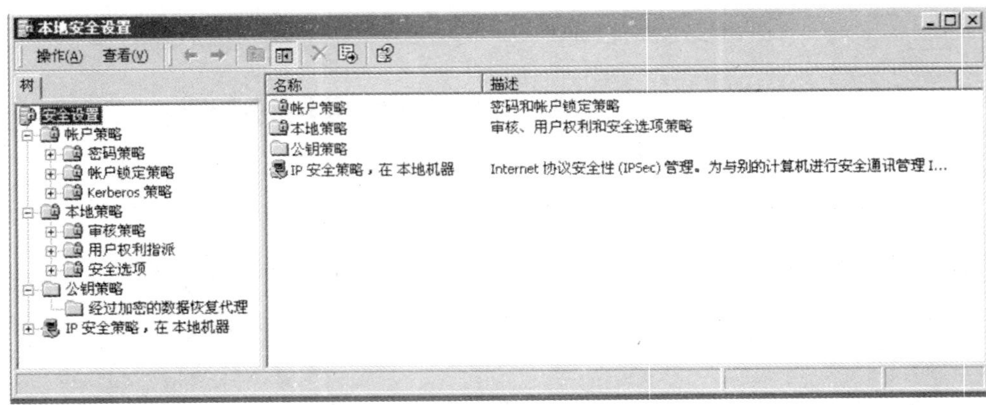

图 4-2-1 本地安全设置

④在“安全设置”中，展开“本地策略”，显示“审核策略”、“用户权利指派”及“安全选项”。

⑤单击“审核策略”。右侧显示可配置的审核策略设置的详细信息，如图 4-2-2 所示。

⑥要设置安全事件的审核，请双击右侧审核策略设置详细信息中所需的审核策略，则打开“安全策略设置”对话框。

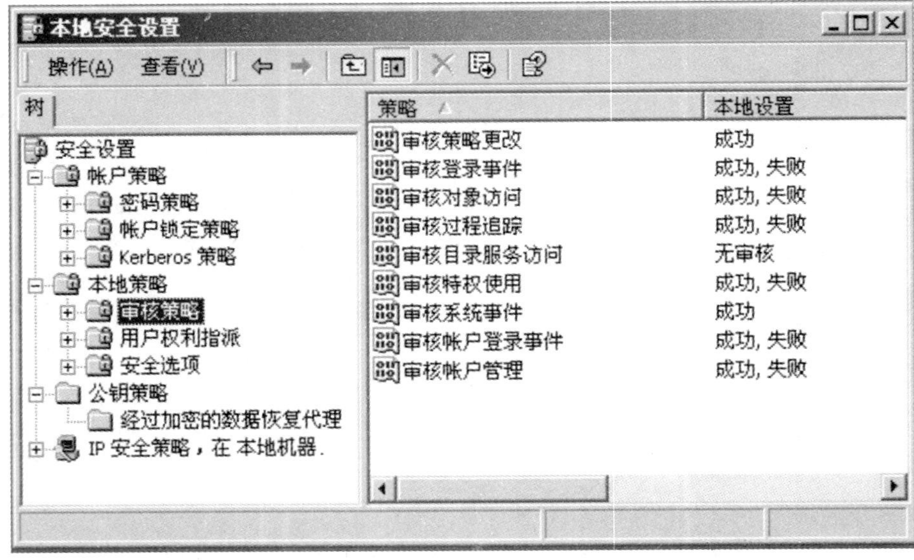

图 4-2-2 审核策略设置

⑦审核事件类别部分举例说明如表 4-2-1 所示。

表 4-2-1　审核策略设置

策略	审核事件类别
审核账户登录事件	审核计算机用于验证用户身份的登录事件。
审核账户管理	审核所有涉及账户管理的事件,如账户创建、账户锁定、账户删除等。
审核登录事件	审核在此策略应用到的系统中发生的登录事件。换句话说,为此启用成功审核将在有人登录系统时生成一个事件。如果用于登录的账户是本地的,并且启用了"审核账户登录事件"设置,则该登录将生成两个事件。
审核对象访问	启用对所有可审核对象的访问的审核,如对文件系统和注册表对象(目录服务对象除外)的访问。这些设置本身不会导致审核任何事件。它仅启用审核,使定义了的对象得以审核。因此,应当为此设置启用成功和失败审核两种。
审核策略更改	定义是否审核对用户权限分配策略、审核策略或信任策略的更改。由于对此类型的访问的失败审核实际上并无意义,因此,需对此设置启用成功审核。
审核特权使用	确定是否在每次有人使用特权时都生成一个审核事件。"跳过遍历检查"和"调试程序"等特权启用了此设置,也不会得到审核。启用特权审核会生成大量事件,因此应避免打开。
审核过程跟踪	启用对某些进程事件的审核,如程序进入与退出、句柄复制、间接对象访问等。启用此审核将生成非常多的事件,从而会在短时间内充满事件日志。因此,不应广泛启用此设置,除非用于调试。
审核系统事件	审核系统关闭、启动和影响系统或安全日志的事件,如清除日志。

2. 用户权限和特权

用户权限和特权负责管理用户在目标系统上的权限。它们用于授权执行某些操作进程,如通过网络或本地登录,还用于执行管理性工作。

(1)修改用户权限

①打开相应的本地/域安全策略,展开安全设置。

②在"安全设置"中,展开"本地策略",显示"审核策略"、"用户权利指派"及"安全选项"。

③单击"用户权利指派"。右侧显示可配置的用户权限策略设置的详细信息。

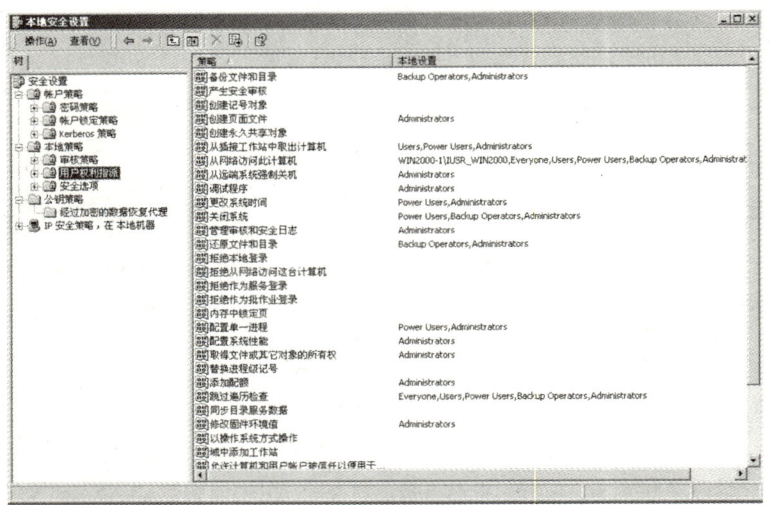

图 4-2-3 用户权利指派设置

表 4-2-2 列出了几个应修改其默认值的用户权限和特权分配。策略编辑器界面中会显示更多其他权限。不过，它们的默认设置已足够，无需修改。

表 4-2-2 用户权限和特权

用户权限和特权分配	域便携式计算机
特权	已修改
从网络访问此计算机 (Professional)	Administrators、Backup Operators、Power Users、Users、已验证的用户
从网络访问此计算机(域控制器)	Administrators、已验证的用户
本地登录 (Professional)	Administrators、Backup Operators、Power Users、Users
关闭系统(客户端)	Administrators、Backup Operators、Power Users、已验证的用户
获取文件和对象的所有权	Administrators

(2)通过域策略设置权限

①为域或域控制器设置文件和文件夹权限策略。单击“开始”，指向“程序”，选择“管理工具”，然后单击“域安全策略”。这样就可以打开“域安全设置”控制台。

②展开“安全设置”，在“安全设置”中，右键单击“文件系统”。

③选择“添加文件”。从“添加文件”窗口中，路径浏览到所需的文件或文件夹，然后选择此文件或文件夹(图 4-2-4)。

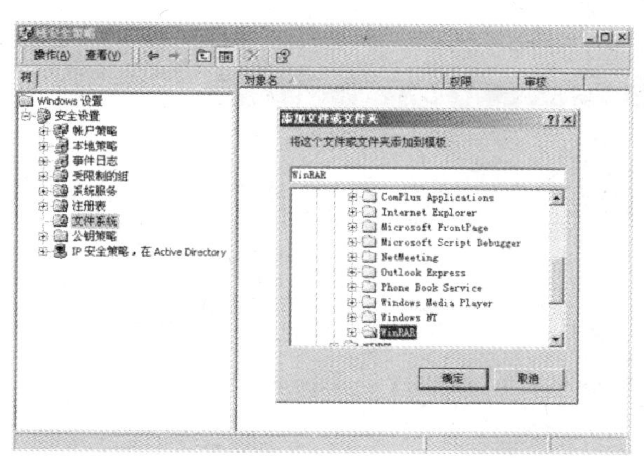

图 4-2-4 在策略中设置文件权限

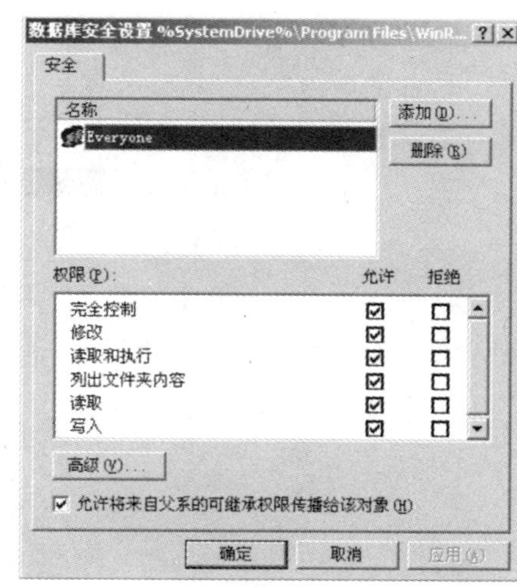

图 4-2-5 在策略中设置文件权限

④单击“确定”。将显示标有“路径\文件名 属性”的“数据库安全设置”窗口(图 4-2-5)。

⑤根据需要设置权限。

(3)通过安全配置编辑器本地设置权限

在独立或本地系统中重复设置权限的最简单方法是使用安全配置编辑器工具。下面描述了如何在新添加的驱动器的根中定义和设置权限。

①从“开始”菜单中单击“运行”，然后输入“mmc”，将打开“管理控制台”。

②选择控制台“添加/删除管理单元”，单击“添加”。

③双击“安全配置和分析”以及“安全模板”，然后单击“关闭”。单击“确定”。

④展开“安全模板”节点，选择“新加模板...”，用描述性名称保存新模板(图 4-2-6)。

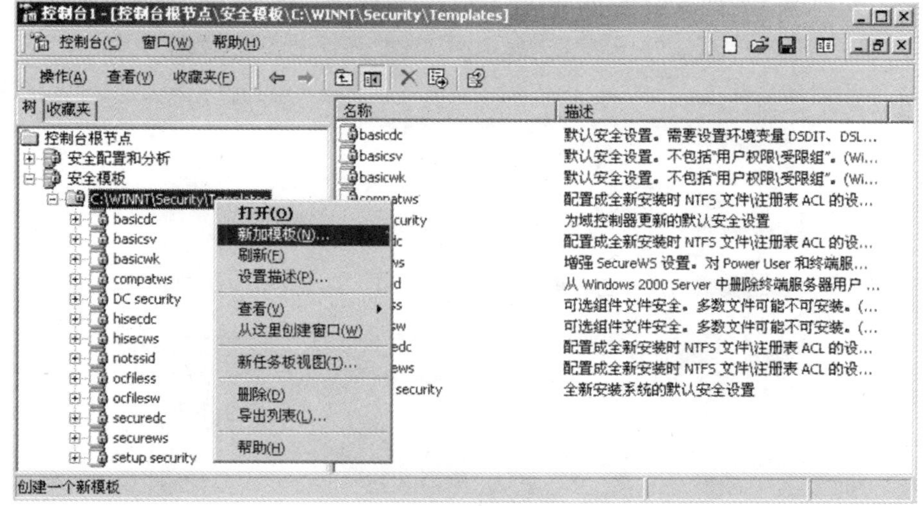

图 4-2-6 创建新安全模板

⑤展开新模板，以便看到“文件系统”节点。

⑥右键单击“文件系统”，然后选择“添加文件...”，选择新驱动器。

⑦设置相应的权限(图 4-2-7)。

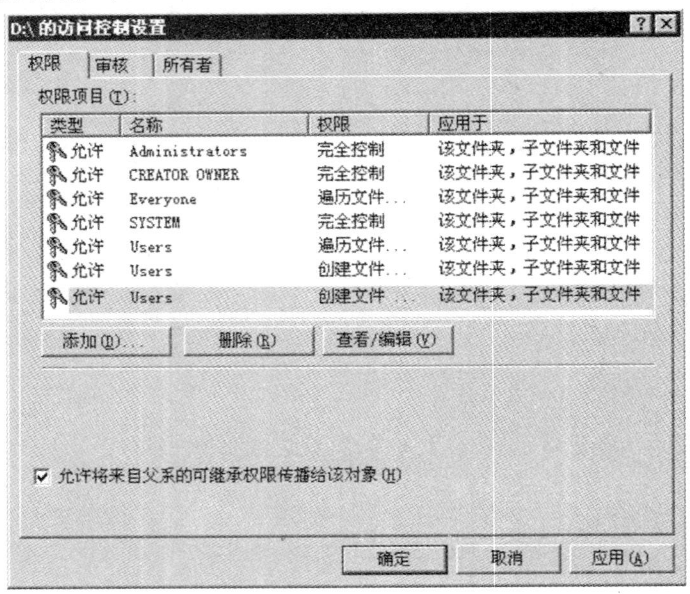

图 4-2-7　在安全模板中配置磁盘访问控制

⑧单击“应用”后再单击“确定”，关闭对话框。右键单击新模板，然后单击“保存”。

⑨右键单击“安全配置和分析”，然后选择“打开数据库”。

⑩输入数据库的名称，然后单击“确定”。

若要打开现有数据库，一定要在下一个对话框中选择“导入之前清除这个数据库”开关。然后，选择刚创建的新模板，再单击“打开”(图 4-2-8)。

图 4-2-8　导入新安全模板

⑪右键单击“安全配置和分析”，然后选择“立即配置计算机 ...”。选择默认路径即可。

⑫现在可以在 Windows 资源管理器中验证权限。

3. 修改安全选项

(1)修改预定义的安全相关注册表设置

①单击“开始”，指向“程序”，选择“管理工具”，然后单击“域安全策略”，从而打开“域安全设置”控制台。

②展开“安全设置”。

③在“安全设置”中，展开“本地策略”，显示“审核策略”、“用户权利指派”以及“安全选项”。

④单击“安全选项”。右侧将显示可配置的安全选项的详细信息(图 4-2-9)。

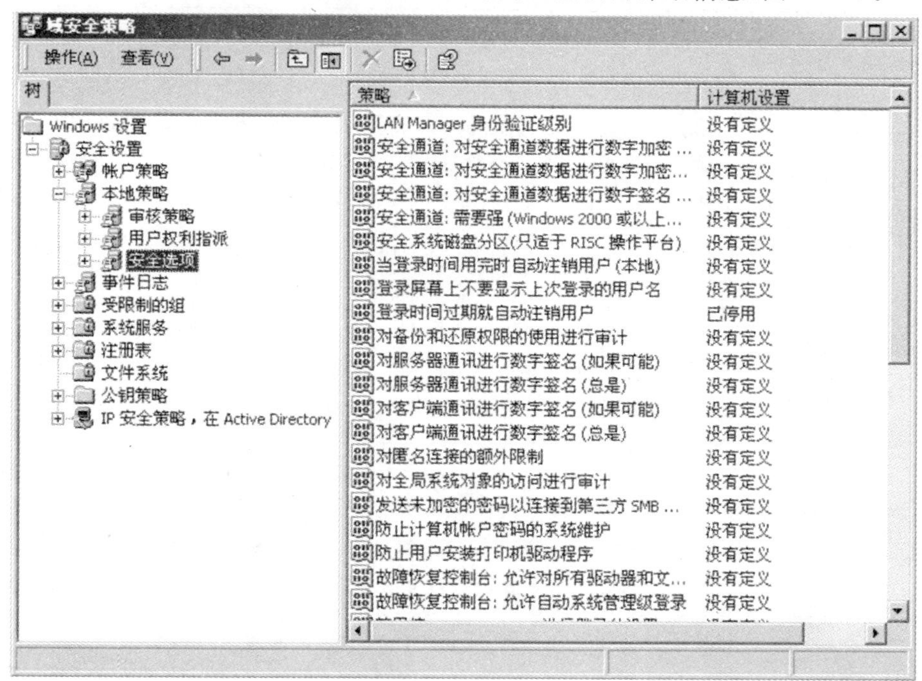

图 4-2-9　安全选项设置

⑤要设置安全选项，双击右侧详细信息中的所需的策略，打开“安全策略设置”对话窗口。

⑥对于域级别的策略，选中“定义这个策略设置”框。

⑦视选项的配置要求而定，在“安全策略设置”对话框中选定安全选项的输入会有所不同。例如，某些安全选项可能要求您从下拉菜单中选择，或者输入文本，如图 4-2-10 和图 4-2-11 所示。

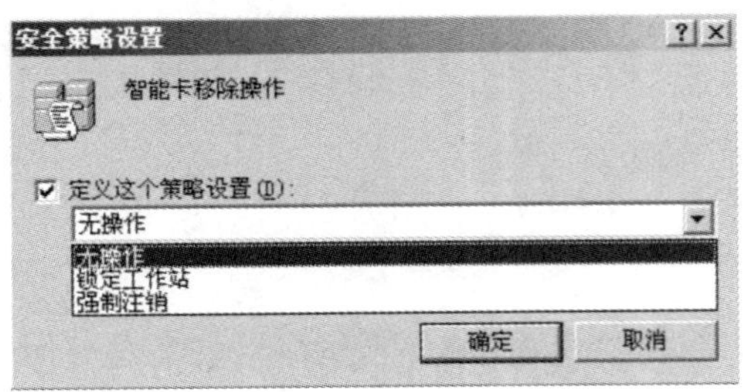

图 4-2-10 智能卡移除配置

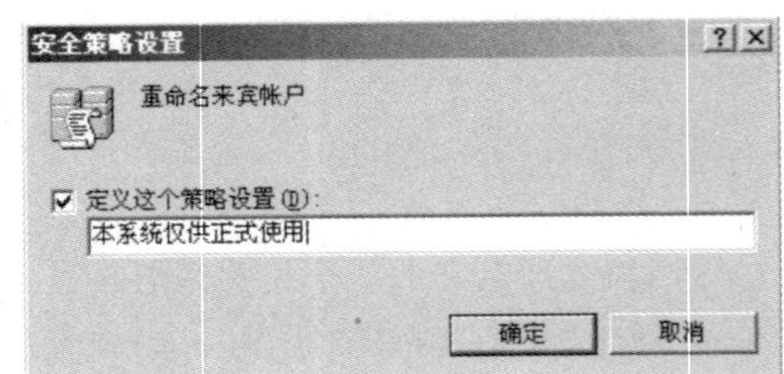

图 4-2-11 消息文本配置

⑧表 4-2-3 列出了部分修改安全选项信息,可参照此表进行安全选项信息修改。

表 4-2-3 安全选项设置

安全策略	解释这个设置
允许在未登录时关机	不允许用户在未登录的情况下关闭系统。对于非终端服务系统,攻击者需要具备物理访问才可以关闭它,这种情况下,其实只需拔掉电源就可以了。
对备份和还原特权的使用进行审核	启用在每次使用"备份文件和目录"、"还原文件和目录"时创建审核事件项的功能。当启用了"审核特权使用"审核策略,并设置了此安全选项时,将会对备份和还原特权的使用进行审核。默认情况下,不会对备份和还原特权进行审核。此设置将生成数量巨大的事件,因此仅当在对备份问题进行故障排除时,才应启用此设置。
登录事件过期就自动注销用户	强制用户在超过所允许的登录时间时从网络注销。应在强制登录时间限制的环境中启用此设置。使用户在特定登录时间登录本身并不是一项安全措施。它并不能防止系统被用户损坏。
系统关闭时清除虚拟内存页面文件	关闭系统时删除虚拟内存页面文件。页面文件将在下次用户登录时重新初始化。目的在于确保页面文件中的任何信息都不会被登录该计算机的下一个用户得到。请在笔记本电脑和其他不能在关闭后确保其安全的计算机上启用此设置。但配置此设置将显著增加关闭系统所需的时间。
禁用登录时必须按下 Ctrl+Alt+Del	将禁用受信任路径机制,防止用户登录会话欺骗。该机制会导致操作系统始终截获 Ctrl+Alt+Del 键序列,同时防止其他子系统和进程获取该键序列。如果禁用该机制,攻击者可轻松使用组合键记录程序欺骗登录界面,所以请不要启用此设置。在 Windows 2000 系统中,此选项默认设置为"禁用",但策略工具有可能将其显示为"未定义"。建议将此策略设置为禁用。默认值为"保留原样",但是禁用此设置可以确保在此设置被更改的计算机上覆盖它。
不在登录屏幕上显示上次的用户名	默认情况下,Windows 2000 登录界面会显示上次登录到计算机的用户的用户名。启用此选项将从登录会话中删除上一个用户的用户名。因此,试图在本地入侵计算机的用户不仅需要猜测密码,还需猜测正确的用户名。但是,获取用户名列表并不是特别困难的事情,因此密码才是正确而有效的防御机制。应仅对为共享使用而设置的计算机启用此设置,如实验室工作站或终端服务器。

实现授权使用警告	将交互登录屏幕配置为显示带标题和警告的登录横幅，主要用于通知并要求用户遵守授权使用策略。可以根据用户自己的信息安全策略设置此横幅。
防止用户安装打印驱动程序	决定是否防止 Users 成员安装打印驱动程序。启用此策略，将防止用户在本地计算机上安装打印机驱动程序。禁用此策略，Users 组的成员可以在计算机上安装打印机驱动程序。建议不更改此设置。
故障恢复控制台：允许自动系统管理登录	要求在访问系统前提供 Administrator 账户的密码。如果启用此选项，故障恢复控制台将不要求密码，并自动登录系统。默认情况下，此设置是禁用的，策略工具可能会将其显示为“未定义”。建议将此选项设置为禁用。
只有本地登录的用户才能访问 CD－ROM	确定 CD－ROM 媒体是否可供本地和远程用户同时访问。如果启用，将仅允许交互式登录的用户访问可移动的 CD－ROM 媒体。如果禁用，CD－ROM 可在无人交互式登录时通过网络共享。此设置提供的安全性很低，并且仅在用户登录时生效，因此应禁用，请不要启用此设置。
如果无法记录安全审核则立即关闭系统	确定在无法记录安全事件时是否应关闭系统。如果启用此策略，将导致系统在因任何原因无法记录安全审核时停机。通常情况下，当安全审核日志已满且该安全日志指定的保留方法为“不要改写事件”或“按天数覆盖事件”时，将无法记录事件。如果安全日志已满，现有的条目无法覆盖，并且启用了此选项，将发生蓝屏错误。要进行恢复，必须由管理员登录存档日志和清除日志，然后根据需要重置此选项。默认情况下，此策略是禁用的。如果启用，攻击者只需生成大量事件日志条目，就可以轻松地导致拒绝服务。建议不启用此策略。适当的日志管理策略可以防止丢失事件，而不会导致攻击者造成拒绝服务。

(2)通过域策略和 Regedt32. exe 设置注册表权限

除了考虑注册表的标准安全，计算机管理员还要对 Windows 2000 注册表中的某些项加强保护。默认情况下，Windows 2000 在提供标准级别安全的同时，对注册表的各种组件设置了保护。微软(Microsoft)已经为 Windows 2000 配置了默认注册表设置。另外，Service Packs 2 及更高版本加强了基于默认设置的注册表部分。修改注册表时需要特别小心，因为通常存在少量未经测试的第三方应用程序非正常工作的风险。若在域中的一组或所有 Windows 2000 平台上实现权限，需设置域安全策略。对于域控制器上的设置，使用域控制器安全策略界面。可以通过使用安全模板或 regedt32. exe 界面和 secedit. exe 实用工具，在单独 Windows 2000 平台上设置本地权限。

方法一：通过域策略设置注册表权限

①为域和域控制器设置注册表权限策略。根据需要打开“域安全策略”或“域控制器安全策略”。

②展开“安全设置”。

③在“安全设置”中，右键单击“注册表”，再选择“添加密钥”。

④从“选择注册表项”窗口，导航到所需的项，然后选择此项(图 4-2-12)。

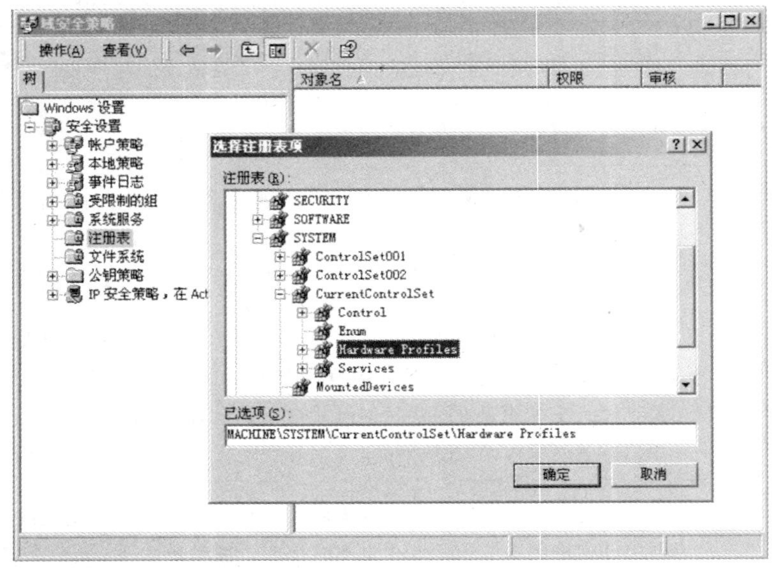

图 4-2-12 在策略中选择注册表项

⑤单击“确定”。将显示标有“路径属性”的“数据库安全设置”窗口(图 4-2-13)。

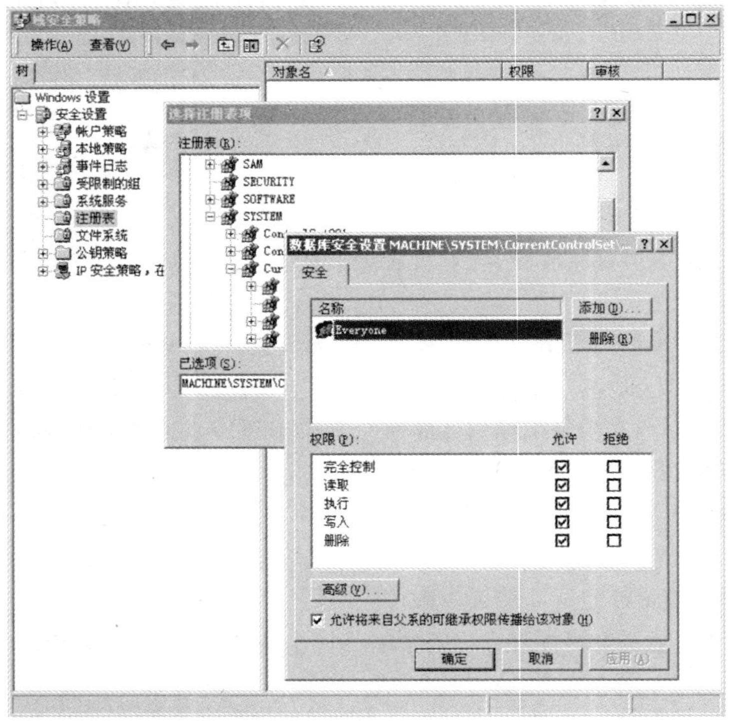

图 4-2-13 在策略中设置注册表权限

⑥根据需要设置权限。

方法二:通过 Regedt32.exe 设置注册表权限

①本地设置注册表权限。从“开始”菜单中单击“运行”。

②键入 regedt32,然后单击“确定”,从而打开“注册表编辑器”。

③点击目录树到所需的注册表项,然后选择此项(图 4-2-14)。

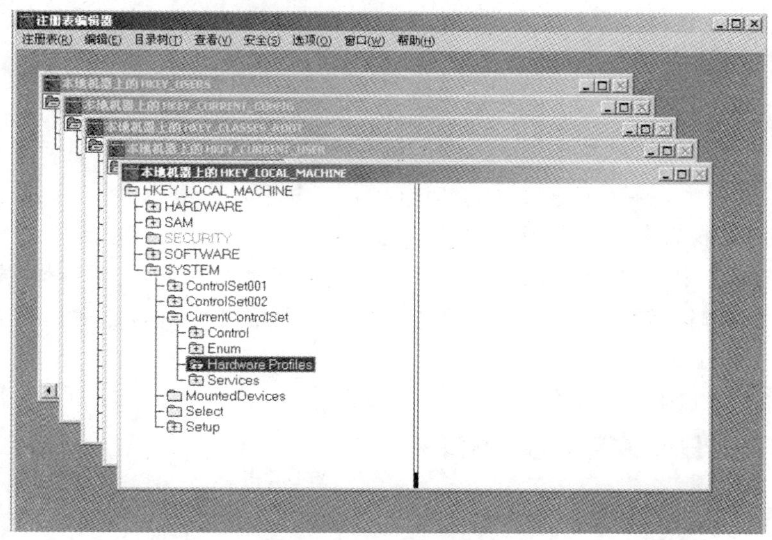

图 4-2-14　本地访问注册表项

④从“安全”菜单中,选择“权限”。将显示“Hardware Profiles 的权限”对话窗口。单击“高级”可以获得更详细的权限设置(图 4-2-15)。

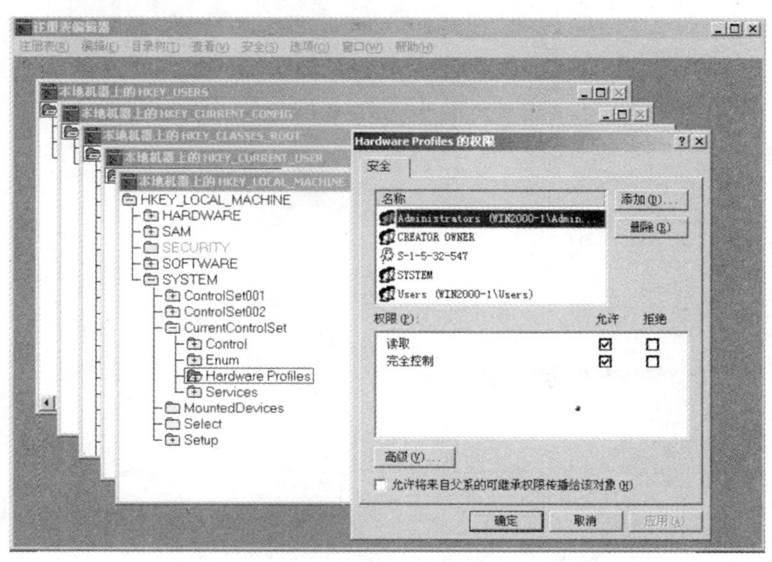

图 4-2-15　本地设置注册表权限

⑤根据需要设置权限。

注意：使用“高级”按钮，可以通过将权限应用于当前的项和子项来传播权限。默认情况下，通过将权限只应用于当前的项来替换权限。

4. 系统服务

要在域中所有或一组 Windows 2000 上启用或禁用服务，需要设置域安全策略。对于域控制器上的设置，使用域控制器安全策略界面。可以通过计算机管理界面、本地安全策略界面，设置单独 Windows 2000 的本地设置。

(1)在域计算机上禁用不需要的系统服务

操作一：为域或域控制器禁用不需要的服务

①根据需要打开“域安全策略”或“域控制器安全策略”。

②展开“安全设置”，然后单击“系统服务”。

③从右侧窗格中，选择要禁用的服务。右键单击选定的服务，然后选择“安全”。

④在“安全策略设置”对话框中，选中“定义这个策略设置”框，然后选择“已停用”选项按钮。

⑤单击“确定”(图 4-2-16)。

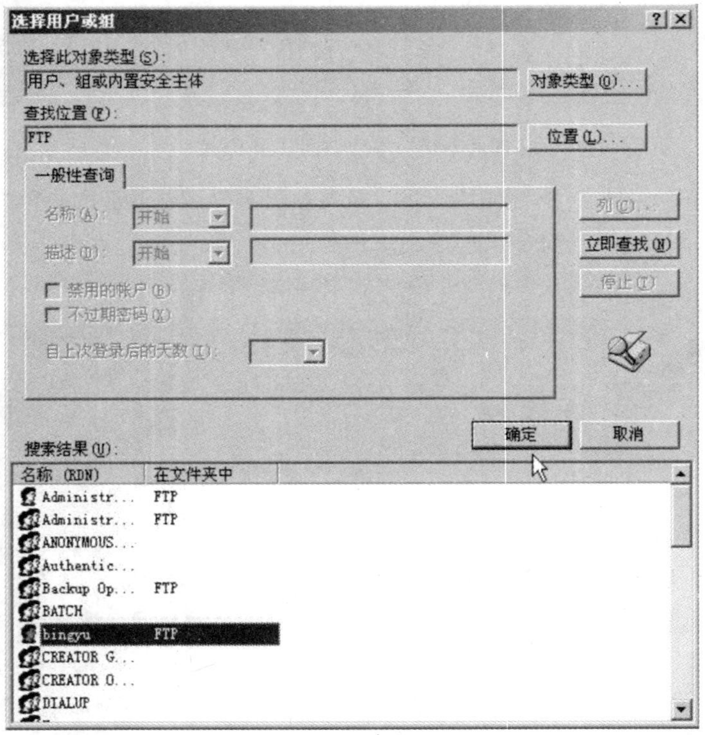

图 4-2-16　在策略中禁用服务

操作二：本地禁用不需要的系统服务

在独立或工作组 Windows 2000 Server 或 Professional 系统上本地禁用不需要的服务。

①打开“计算机管理”界面。

②在控制台目录树中，展开“服务和应用程序”，然后选择“服务”。

③从右侧窗格中，选择要禁用的服务。右键单击选定的服务，然后选择“属性”。

④选定服务的“属性”对话框出现。从“启动类型：”下拉菜单中，选择“已禁用”。

⑤在“服务状态：”下，选择“停止”。

⑥单击“应用”，然后单击“确定”（图 4-2-17）。

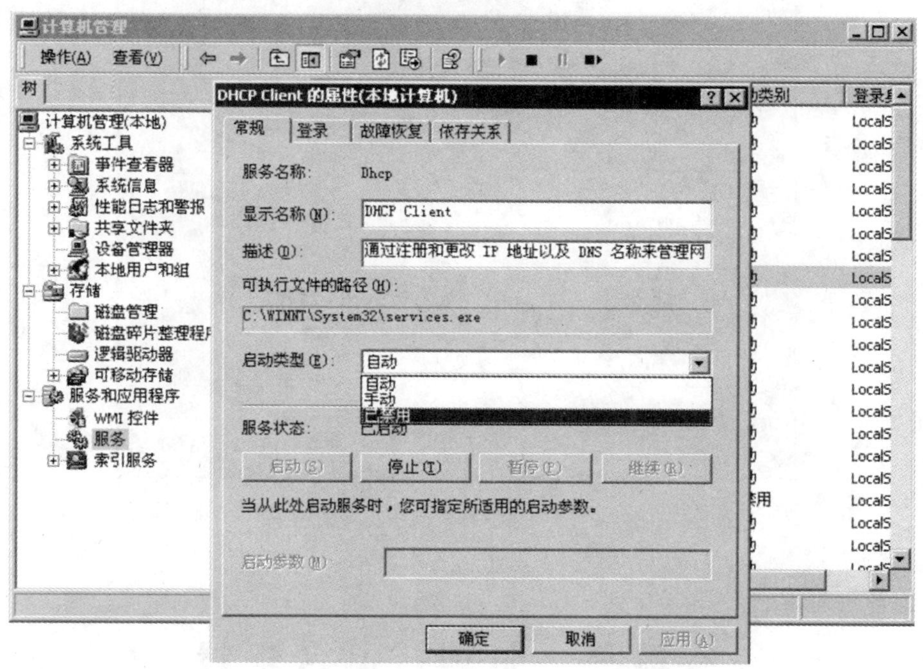

图 4-2-17　本地禁用服务

(3)启用屏幕保护程序的屏幕锁定来设置自动屏幕锁定

①右键单击桌面，然后选择“属性”，出现“显示 属性”窗口。

②单击“屏幕保护程序”选项卡。

③从“屏幕保护程序”下拉菜单中选择屏幕保护程序。

④在“等待：”对话框中输入启动屏幕保护程序之前系统必须等待的分钟数。

⑤选择“密码保护”框（图 4-2-18）。

⑥单击“应用”，然后单击“确定”，密码保护的屏幕保护程序设置完成。

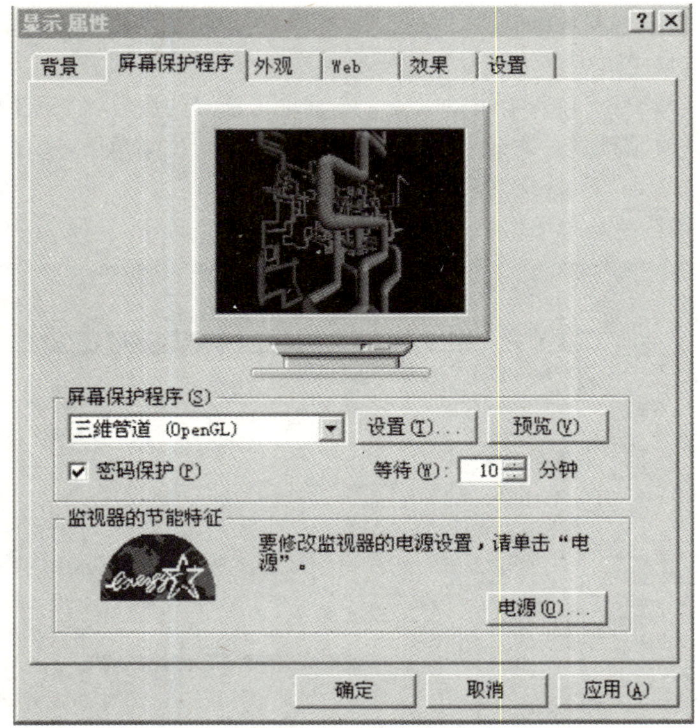

图 4-2-18 保护屏幕保护程序的密码

实验三 管理控制台配置

一、背景知识描述

Microsoft 管理控制台（MMC）是用来创建、保存、打开管理工具集合的工具，也叫控制台。控制台包括管理 Windows 系统的硬件、软件和网络组件所需的诸如管理单元、扩展管理单元、监视器控制、任务、向导以及文档等项目。可以向现有的 MMC 控制台添加项目，或者创建新的控制台并将其配置为管理特定的系统组件。

管理配置编辑器（SCE）由 MMC 两个管理单元组成，提供对 Windows 2000 进行安全配置和分析的功能。第一个管理单元是“安全模板”，可以为管理员提供管理用于应用安全设置的 .inf 文件图形方式；第二个管理单元是“安全配置和分析”，用于管理员分析与特定模板相关的系统的安全性以及将模板中的设置应用于系统。为了查看这些管理单元，必须创建一个新的控制台。使用 SCE 工具，管理员可以配置 Windows 2000 的安全性，然后执行对系统的定期分析以确保保持配置完整或者随时间推移进行必要地更改。这些工具可以有效地提供对组策略“安全设置”树中显示的每一项内容的访问能力。

二、实验内容

本实验内容主要包括：1. 创建新的控制台；2. 使用“Microsoft 管理控制台”中的管理工具；3. 使用 IP 安全策略管理；4. 通过组策略管理计算机的选项；5. 通过组策略管理用户的选项。

三、实验目的

通过实验掌握在如何配置 Windows 2000 Professional/Server 软件中控制台配置策略。

四、实验设备

安装有 Windows 2000 Professional/Server 软件的计算机。

五、实验步骤

1. 创建新的控制台

(1)从“开始”菜单中单击“运行”。

(2)键入“mmc”，然后单击“确定”，从而打开“控制台”。

(3)单击“控制台”，然后单击“添加/删除管理单元...”。接着，单击“添加...”，然后双击“安全配置和分析”以及“安全模板”。

4. 单击“关闭”和“确定”返回控制台。为了将来使用，现在可以保存此控制台以便在“开始”菜单上的“管理工具”文件夹中可用。

2. 使用“Microsoft 管理控制台”中的管理工具

MMC 包含可用于管理计算机、服务、其他系统组件和网络的管理工具。可以按照以下步骤向控制台添加一项或多项称为管理单元的管理工具。添加管理单元：

(1)从“开始”菜单中单击“运行”。

(2)键入“mmc”，然后单击“确定”，从而打开“控制台”。

(3)在“文件”菜单上，单击“添加/删除管理单元”。

(4)在“添加/删除管理单元”对话框中，单击“添加”。

(5)在弹出的“添加独立管理单元”对话框中的“可用的独立管理单元”列表中选择要添加到控制台的管理单元，然后单击“添加”。

(6)重复第 2 步至第 4 步可添加其他管理单元。

3. 使用 IP 安全策略管理

Internet 协议安全性（IPSec）是针对内部专用网络及外部安全攻击的关键防线。IPSec 使用加密的安全服务来保证 TCP/IP 通讯的数据完整性和数据机密性。IPSec 行为是使用 IPSec 策略来控制的，可以使用“IP 安全策略管理”管理单元来配置和指派 IPSec 策略。安装“IP 安全策略管理”管理单元：

(1)单击“开始”，然后单击“运行”。

(2)键入“mmc”,然后单击“确定”,从而打开“控制台”。

(3)在“文件”菜单上,单击“添加/删除管理单元”。

(4)单击“添加”,在弹出的“添加独立管理单元”对话框中的“可用的独立管理单元”列表中双击“IP 安全策略管理”。

(5)根据屏幕指令操作。

4. 通过组策略管理计算机的选项

可以将 Windows 2000 安装程序配置成使用组策略和 Active Directory 管理计算机的安装选项。

(1)单击“开始”,然后单击“运行”。

(2)键入“mmc”,然后单击“确定”,从而打开“控制台”。

(3)在“文件”菜单上,单击“添加/删除管理单元”。

(4)在“添加/删除管理单元”对话框中,单击“添加”。

(5)在弹出的“添加独立管理单元”对话框中的“可用的独立管理单元”列表中选择“组策略”选项,单击“添加”按钮。

(6)由于是将组策略应用到本地计算机中,故可在“选择组策略对象”对话框中单击“本地计算机”,编辑本地计算机对象,或通过单击“浏览”按扭查找所需的组策略对象。

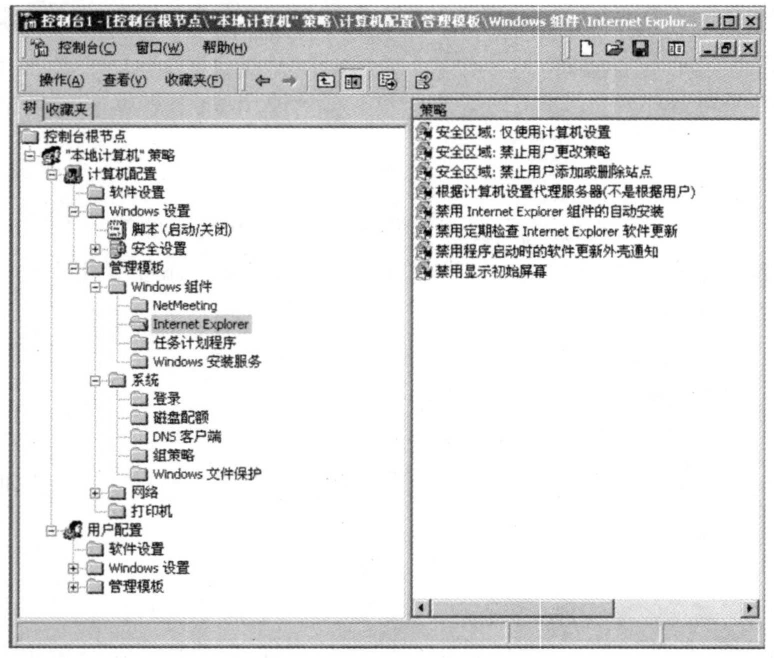

图 4-3-1 设置组策略管理计算机

(7)点击“完成”,再点击“添加独立管理单元”对话框中的“关闭”,再点击“添加/删除管理单元”对话框中的“确定”,组策略管理单元即可打开要编辑的组策略对象(图 4-3-1)。

(8)选择“计算机配置”目录树,根据需要进行计算机配置设置。

5. 通过组策略管理用户的选项

可以将 Windows 安装程序配置成使用组策略和 Active Directory 管理用户安装选项。在前所述"4. 通过组策略管理计算机的选项"基础上，选择"用户配置"目录树，根据需要进行计算机配置设置(图 4-3-2)。

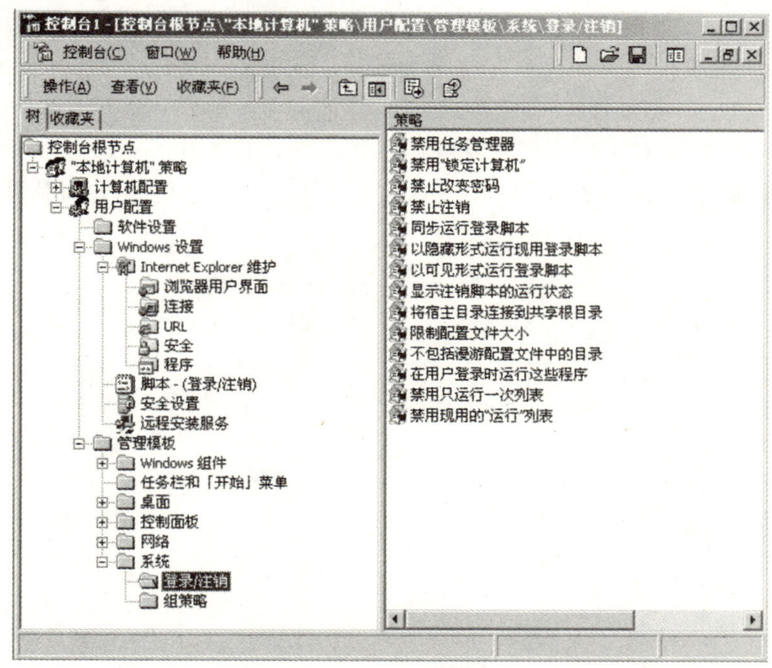

图 4-3-2 设置组策略管理用户

实验四 关于网络安全的其他配置举例

1. 运行防火墙和杀毒软件。安装防毒软件非常重要。一些好的防毒软件不仅能杀掉一些著名的病毒，还能查杀大量木马和后门程序，同时还可以针对扫描系统的安全漏洞、风险软件、未修复的安全设置等提出解决方案。这样的话，"黑客"们使用的那些有名的木马就毫无用武之地了，但需经常对病毒库进行升级。

2. 保障备份盘的安全。一旦系统资料被破坏，备份盘将是恢复资料的唯一途径。备份完资料后，把备份盘放在安全的地方，千万别把资料备份在同一台计算机上，这样不能起到备份的效果。

3. 在帐号属性中设立锁定次数，比如该帐号失败登录次数超过 5 次即锁定该帐号。这样可以防止某些大规模的登录尝试，同时也使管理员对该帐号提高警惕。

4. 关闭不必要的端口。关闭端口意味着减少功能，在安全和功能上面需要作一个权衡。关闭端口可以通过停用开启端口的服务和程序实现，也可以通过防火墙软件进行端口过滤，阻止互联网上对相应端口的连接请求。

6. 关机时清除掉页面文件。页面文件是调度文件，也称为虚拟内存，是 Windows 2000 用来存储没有装入内存的程序和数据文件部分的隐藏文件。一些第三方的应用程序可能会把一些没有加密的密码等信息存入内存中，这些信息随时都可能被交换到页面文件中，因此页面文件中可能包含有这些保密的信息资料。可以采用优化软件进行页面文件的清除。

7. 禁止从软盘和 CD-Rom 启动系统。一些第三方的工具可能通过引导系统来绕过原有的安全机制，因此应当在 BIOS 中设置只允许从硬盘引导系统，并为其设置好密码。

第五章　网络管理与网络协议

网络设备以及通过网络设备联系到一起的计算机，它们要实现彼此通讯离不开网络协议栈。各种不同的网络协议栈一般都是采用层次的体系结构实现，协议栈中每层协议都有严格规定的数据报格式。深入学习网络知识就应该理解、掌握协议栈的数据报格式功能定义。对网络在运行过程中的性能与故障，管理人员需要借助于建立在网络管理协议之上的网络管理软件进行检测与统计，出现故障需要报警，以及时进行维护。本章的实验分两部分，一部分是对网络管理软件的操作实验；另一部分是用 sniffer pro 软件截取实际网络通讯过程中的各种层次的数据包，分析数据报的数据来验证网络协议的理论知识，能使网络协议的学习变得直观易懂。

实验一　SiteView 的使用

一、背景知识描述

网络管理包括对硬件、软件及人力的使用、综合与协调，以便对网络资源进行监视、测试、配置、分析、评价和控制。网络管理系统中主要有以下部分：

被管理设备：网络上可以通过 SNMP 协议进行管理的主机、路由器、交换机和打印机等等，甚至连设备上的程序也可以进行管理。

被管理对象：每个被管设备上有许多被管理对象，被管对象就是某个设备上具体的一个部件或者某个软件，比如 cpu、memeroy、Sql Server。被管设备上也可能有不能被管理的对象。SiteView 称被管理对象为监测器。

网络管理站：网络管理人员管理网络时直接操作和控制的工作站，通过网络管理站向被管设备发送命令来管理被管设备。

网络管理程序：运行在网络管理站上，网络管理程序按照 SNMP 协议与被管理设备进行通信。

网络管理代理程序：每个被管设备中都要运行一个网络管理代理程序以便和管理站中的管理程序进行通信。

网络管理协议：它是管理程序和代理程序进行通信的规则，本实验用的软件 Site-

View 的网络协议是基于简单网络管理协议 SNMP。

SiteView 是游龙科技自主研发的一款网络管理软件，采用分布式架构，支持多国语言，界面美观。SiteView 专注对局域网、广域网和互联网上的系统应用、服务器和网络设备的故障监测和性能管理，是集中式、跨平台的系统管理软件。SiteView 通过持续监控企业 Internet、WAN、LAN 上的服务器、网络设备和应用系统的运行状况，可以对中间件、数据库、邮件系统、DNS 系统、FTP 系统、OA 系统、ERP 系统等进行全面深入的监测。一旦系统出现异常，警报系统将通过声音、E－mail、手机短信息、Post 和脚本等方式及时通知相关人员；对于一些常见问题，SiteView 还可以自动进行故障处理。SiteView 完善的性能分析报告，更能帮助系统管理人员及时预测、发现性能瓶颈，同时为企业系统的战略规划提供依据。SiteView 为广大的用户提供了一个网络管理软件的新视野。

二、实验内容

1. 配置被管网络设备对简单网络管理协议的支持；
2. SiteView 网络管理软件的窗口功能的基本操作；
3. 在 SiteView 网络管理软件中添加被管设备与被管对象；
4. SiteView 网络管理软件的对网络设备监控数据浏览与分析。

三、实验目的

1. 加深理解网络管理协议的原理；
2. 掌握网络管理软件 SiteView 的安装和基本操作；
3. 学会利用 SiteView 设计网络管理方案并进行网络管理性能检测与分析。

四、实验环境和设备

1. 三台计算机(PC_A，安装有 SiteView 网络管理软件，IP：172.18.6.173，与交换机 A 连接；PC_B，IP：172.18.6.174，与交换机 A 连接；PC_C，IP：172.18.7.175，与交换机 B 连接)；

2. 一台路由器(通过两个 Ethernet 分别与两台交换机连接)；

3. 两台交换机(交换机 A 与路由器的 Ethernet0/0 连接，交换机 B 与路由器 Ethernet0/1 连接，以构成一个简单的网络)。

五、实验应用场景描述

将路由器添加到网络管理软件中成为网络管理软件的被管设备，选择添加路由器的一些接口为被管理对象以便被网络管理软件检测控制。计算机 B 与计算机 C 通过 ping 命令持续不断地与路由器或者计算机传输数据包。网络管理软件一直检测着路由器的接口工作状态与数据包的流量，同时进行统计。

六、实验拓扑

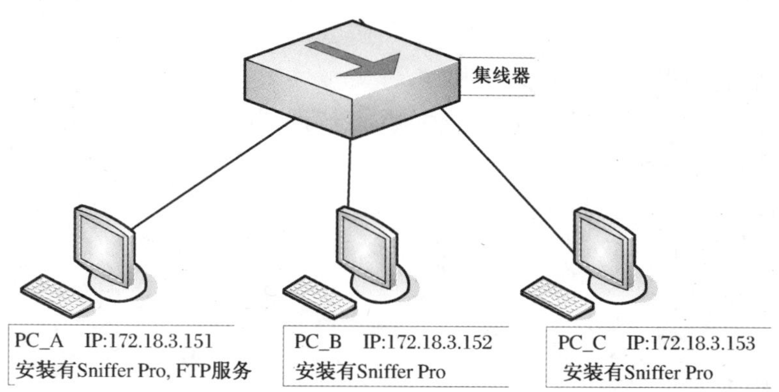

图 5-1-1

七、实验步骤

1. 在计算机 A 上安装 SiteView 网络管理软件(具体安装过程略)。

安装完后运行 SiteView 软件,如图 5-1-2,该界面是 SiteView 刚启动到工作状态时,处于整体性能下的分组视图的主界面。

图 5-1-2

图 5-1-2 默认状态下是 SiteView 在安装过程中自动添加对本机计算机 A 被管设备的两个被管对象的监控，下面添加实验环境中的路由器为被管设备，以便进行管理管理监控。

2. 配置路由器，以启动网络管理功能

在计算机 A 上用超级终端连接到路由器上进行配置

(1)配置两个 ethernet 接口地址

int ethernet0/0

ip address 172.18.6.240 255.255.255.0

int ethernet0/1

ip address 172.18.7.240 255.255.255.0

(2)配置路由器的 SNMP

snmp－agent;启动基于 SNMP 协议网络管理代理程序

snmp－agent sys－info all;设置同时支持 SNMP 协议的三个版本 v1,v2,v3

snmp－agent community read public;设置一个 SNMP Community 名字，你可以把指令中的 public 换成你想要的字符串。

注意:上面的几条基本命令就可以进行网络管理实验，路由器其他关于 snmp 的设置可以忽略。

3. 在 SiteView 中添加被管网络设备路由器。点击图 5-1-2 中左边的“添加网络设备”后，出现的界面中再次点击“添加网络设备”，进入图 5-1-3。

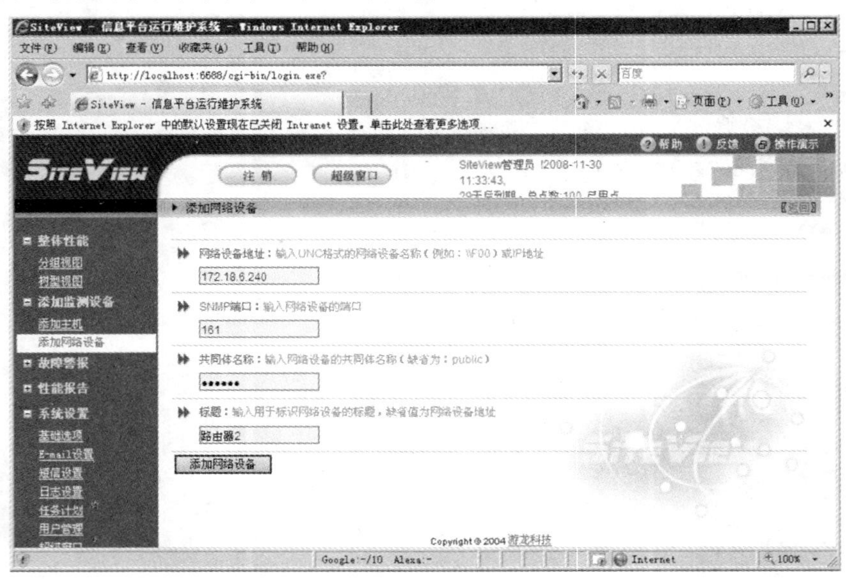

图 5-1-3

编辑图中相应的内容，其中 SNMP 端口号 161 不能改，这是 SNMP 协议的默认端口号，网络设备的“共同体名称”输入“public”，必须与前面第三步在配置路由器的 SNMP 时共同体的名称一致。标题里面输入的路由器 2 就是为了便于 SiteView 以后管理该路由器。

4. 添加监测器。点击图 5-1-3 的添加网络设备，出现图 5-1-4。

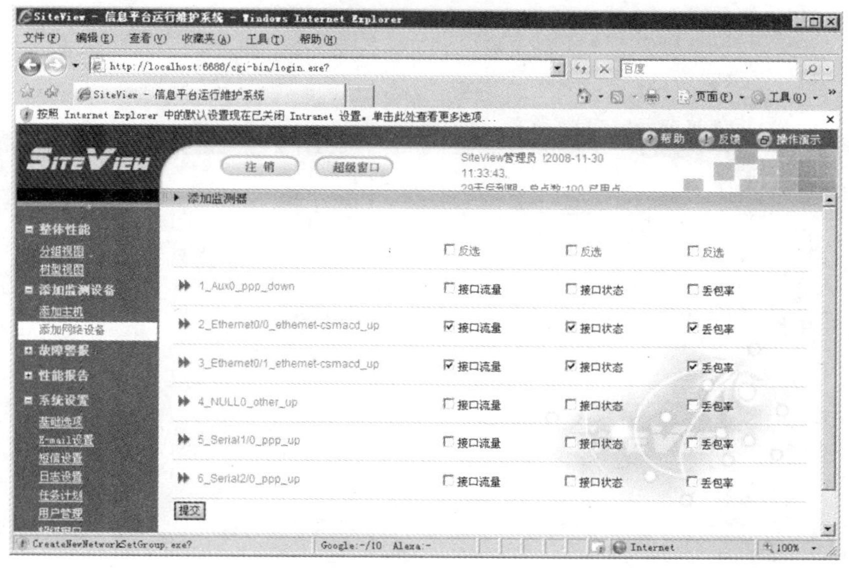

图 5-1-4

图 5-1-4 是要求选择图 5-1-3 添加的被管设备中的监测器，根据本实验搭建的实验环境，只有 ethernet0/0 与 erhernet0/1 处于工作状态，所以在这里只添加这两个接口为监测器。

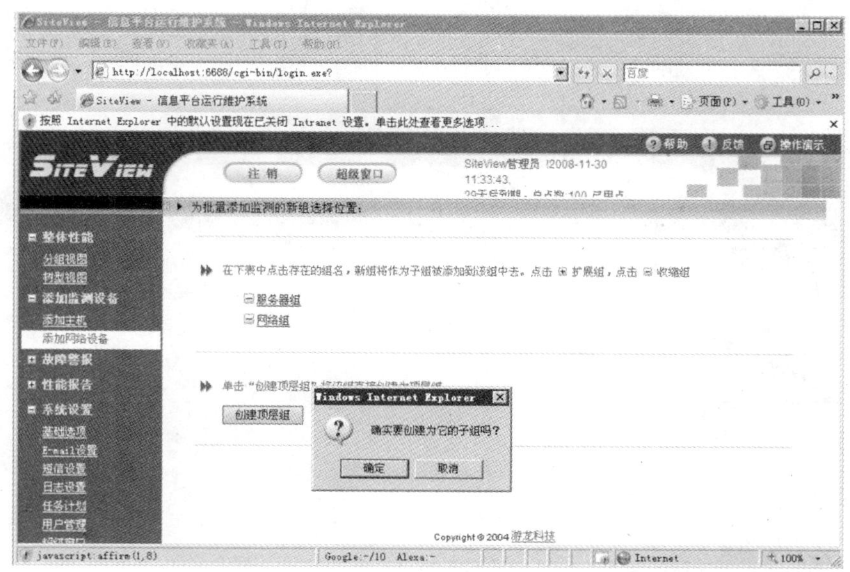

图 5-1-5

5. 将添加的路由器分类到网络组中。点击图 5-1-4 的“提交”，在询问添加的被管设备存放位置时点击“网络组”，出现确认信息如图 5-1-5，点击图 5-1-5 中的“确定”后进入图 5-1-6。

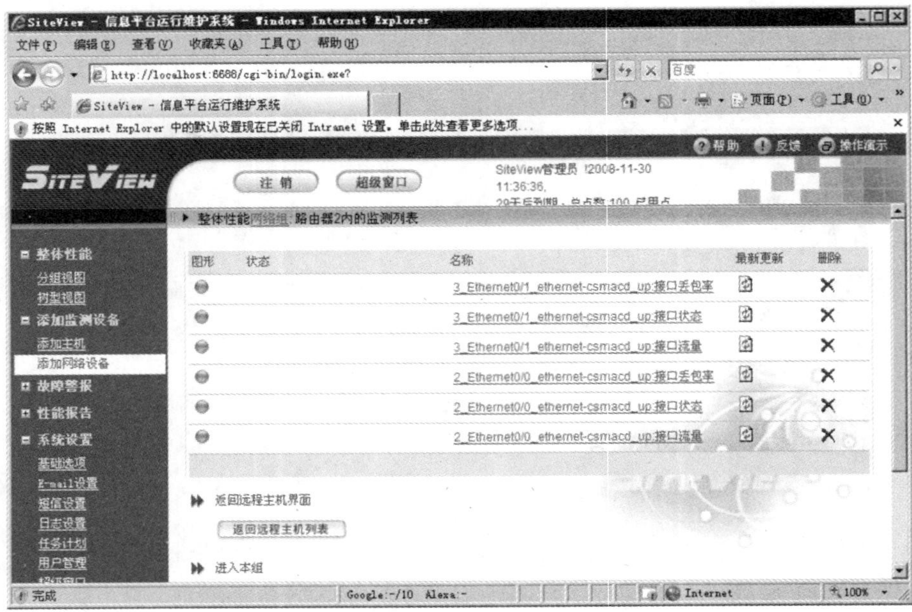

图 5-1-6

图 5-1-6 中的信息就是路由器 2 中的监测器列表信息，还可以在这里对每个监测器进行编辑。

图 5-1-7

注意:在图 5-1-6 中的状态列是空的,这是因为刚添加被管理设备与监测器后还没有从监测器中获取任何状态信息的原因。

6. 编辑路由器 2 中的监测器,点击图 5-1-6 列表的第三行即名称为 3_Ethernet0/1_ethernet—csmacd_up 接口流量"进行编辑,进入图 5-1-7。

注意:检测频率默认为 10 分钟,便于尽快获取路由器 2 监测器的接口状态的变化,改为 1 分钟。其他监测器相应的数据根据需求进行相应修改。

7. 查看被管理设备的组别分类。点击图 5-1-6 左上边的树型视图,进入图 5-1-8 的树型图结构。

图 5-1-8

8. 对路由器 2 被管理设备的监控。在计算机 B 与计算机 C 上运行 ping 命令,持续不断的向路由器 2 发送数据包,隔段时间看 SiteView 对被管理设备中监测器的监控效果。

计算机 C 上输入命令 ping 172.18.6.240 - n 1000

计算机 B 上输入命令 ping 172.18.7.240 - n 1000

隔段时间会出现与图 5-1-6 类似的监测器列表,如图 5-1-9 所示。

从图 5-1-9 中可以看出,路由器 2 的接口 ethernet0/0 与 ethernet0/1 的流量都有变化,这是因为,路由器 2 的网络管理代理程序将监测器在一段时间内出现的状态变化通过 SNMP 协议发送给 SiteView 而获取的。

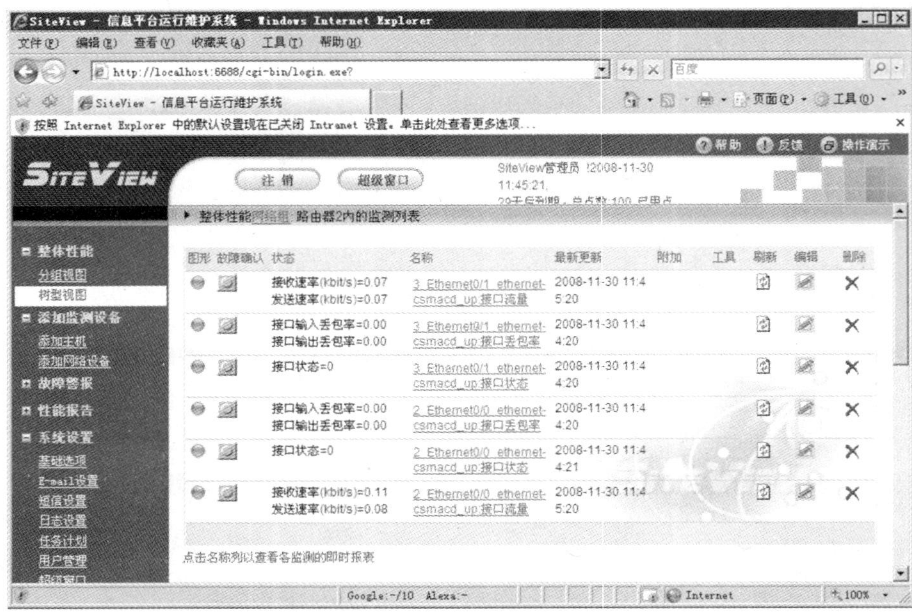

图 5-1-9

9. 查看路由器 2 被管理设备中监测器监控状态的图形统计和数据列表统计。

在计算机 C 与计算机 B 不间断的 ping 命令发送数据包的情况下，隔段时间点击监测器 2_Ethernet0/0_ethernet－csmacd_up：接口流量出现图 5-1-10、图 5-1-11、图 5-1-12 和图 5-1-13。

图 5-1-10

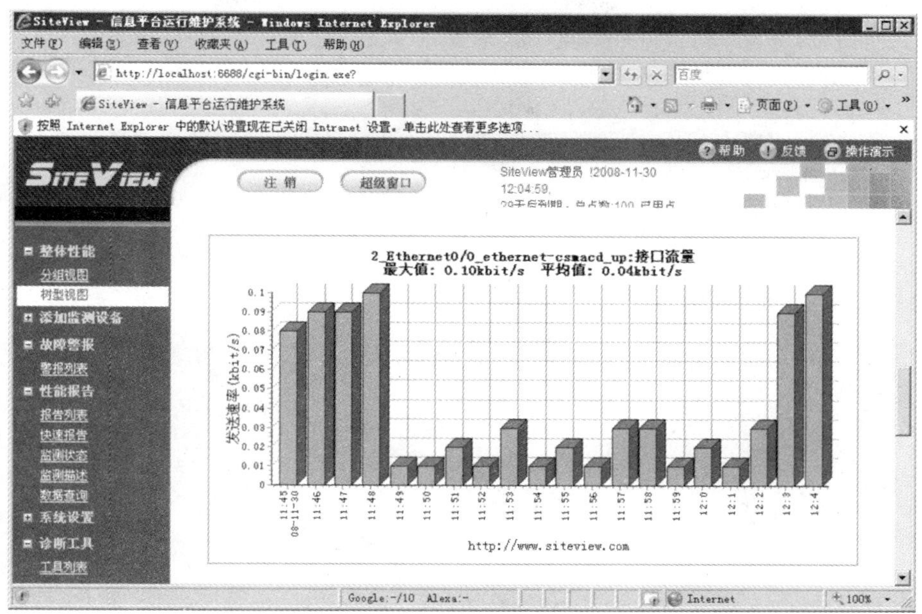

图 5-1-11

测量时间	接收速率(kbit/s)	发送速率(kbit/s)
2008-11-30 11:45:2	0.11	0.08
2008-11-30 11:46:2	0.12	0.09
2008-11-30 11:47:2	0.12	0.09
2008-11-30 11:48:2	0.13	0.10
2008-11-30 11:49:2	0.04	0.01
2008-11-30 11:50:2	0.05	0.01
2008-11-30 11:51:2	0.06	0.02
2008-11-30 11:52:2	0.05	0.01
2008-11-30 11:53:2	0.06	0.03
2008-11-30 11:54:2	0.04	0.01
2008-11-30 11:55:2	0.05	0.02
2008-11-30 11:56:2	0.04	0.01
2008-11-30 11:57:2	0.06	0.03
2008-11-30 11:58:2	0.06	0.03
2008-11-30 11:59:2	0.04	0.01
2008-11-30 12:0:2	0.06	0.02
2008-11-30 12:1:2	0.05	0.01

图 5-1-12

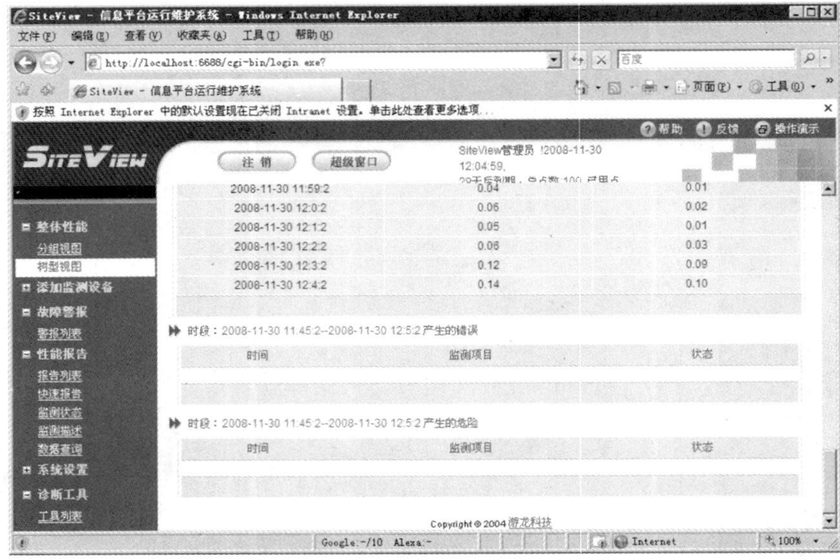

图 5-1-13

图 5-1-10 统计的是一段时间内路由器 2 的监测器 ethernet0/0 的接收数据速率；图 5-1-11 统计的是一段时间内路由器 2 的 ethernet0/0 的发送数据速率；图 5-1-12 用数据列表方式显示路由器 2 的 ethernet0/0 在各个不同时间内的发送与接收速率；图 5-1-13 最下面表示路由器 2 的监测器 ethernet0/0 这段时间内没有出现错误与危险。

图 5-1-14

10. 超级窗口的使用。如果要简略地查看被管理设备与监测器工作正常与否，可以进入超级窗口。操作步骤是在任何界面下点击“超级窗口”,出现图 5-1-14。

上面的状态表示的含义参考 SiteView 帮助,如图 5-1-15 与图 5-1-16:

图 5-1-15

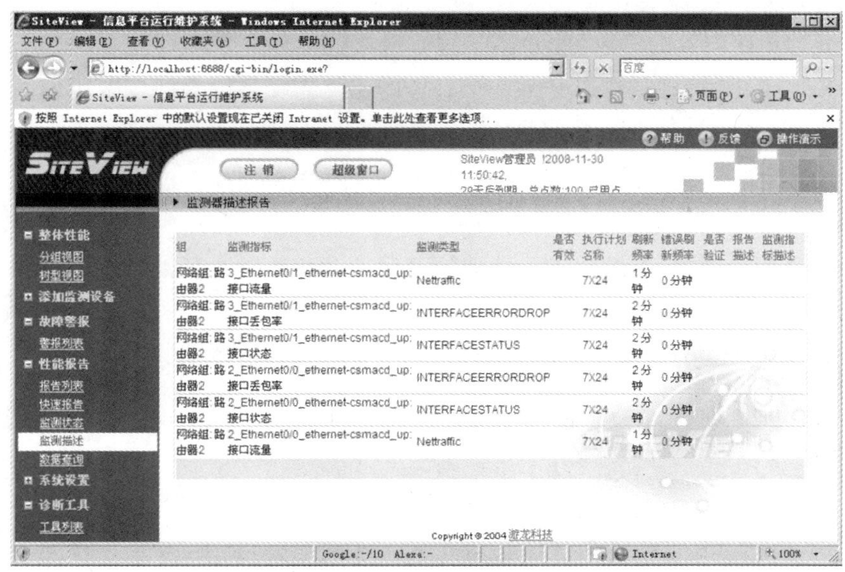

图 5-1-16

11. SiteView 其他功能的操作。SiteView 其他功能的操作都比较简单，本实验指导只是做一些最基本的操作指导，很多其他功能的演示效果需要在具体的实验环境中进行相应的规划验证。如图 5-1-16 与图 5-1-17 分别是检测描述与检测查询的操作运用。

图 5-1-17

检测描述在实验中对某个被管理设备与监测器的设置统计，图 5-1-16 描述路由器 2 中两个监测器接口 ethernet0/0 与 ethernet0/1 的设置情况，可以看出参照前面图 5-1-7 对监测器进行相应内容的修改，此处修改后的刷新频率有 1 分钟的有 2 分钟的。

在图 5-1-17 中，管理员可以对某一个具体的监测器在某段时间按范围监控的数据进行具体查询分析。

八、思考题

1. 在 SiteView 软件中设计出一种被管理设备或者监测器在被监控的过程中出现错误与危险的情况下的检测方案。

2. 添加主机为被管理设备，添加主机中的某个软件为监测器。

实验二　Sniffer的使用

一、背景知识描述

Sniffer，中文可以翻译为嗅探器，是一种威胁性极大的被动攻击工具。使用这种工具，可以监视网络的状态、数据流动情况以及网络上传输的信息。当信息以明文的形式在网络上传输时，便可以使用网络监听的方式来进行攻击。将网络接口设置在监听模式，便可以将网上传输的信息源源不断的截获。Sniffer还具有强大的多层次的分析网络故障功能。

二、实验内容

1. Sniffer Pro窗口功能的基本操作；
2. 捕捉FTP的密码。

三、实验目的

1. 学习了解Sniffer的作用，熟练掌握其基本操作；
2. 学会利用Sniffer对数据包进行捕捉和分析。

四、实验环境和设备

1. 三台计算机（PC_A，安装有FTP服务器软件，IP：172.18.3.151；PC_B，IP：172.18.3.152；PC_C，安装有Sniffer Pro软件，IP：172.18.3.153；）

2. 一台集线器（连接三台计算机，构建简单局域网）

【注】现大多实验环境已经采用交换机代替集线器，而Sniffer Pro需要进行抓包分析，由于交换机和集线器的结构和工作原理的差别，针对交换机，需要对实验进行相应的变更。

(1)对交换机进行端口镜像的配置，使得装有Sniffer Pro的计算机能够获取其他机器访问FTP服务器的数据；

(2)在FTP的服务端或者客户端计算机上安装Sniffer Pro软件进行模拟数据抓包分析(建议采用此方式)。

五、实验应用场景描述

某个部门的某个员工构建了一个资源丰富的FTP服务器，只对少数员工公开密码，其他员工想利用Sniffer Pro进行密码窃取破译，访问使用FTP资源。

六、实验拓扑

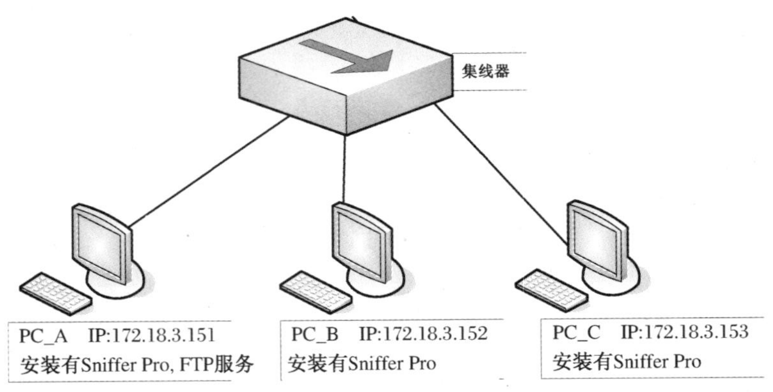

图 5-2-1

七、实验步骤

1. Sniffer 软件的基本操作

熟悉 Sniffer Pro 操作界面,如图 5-2-2,是 Sniffer Pro 的主界面。

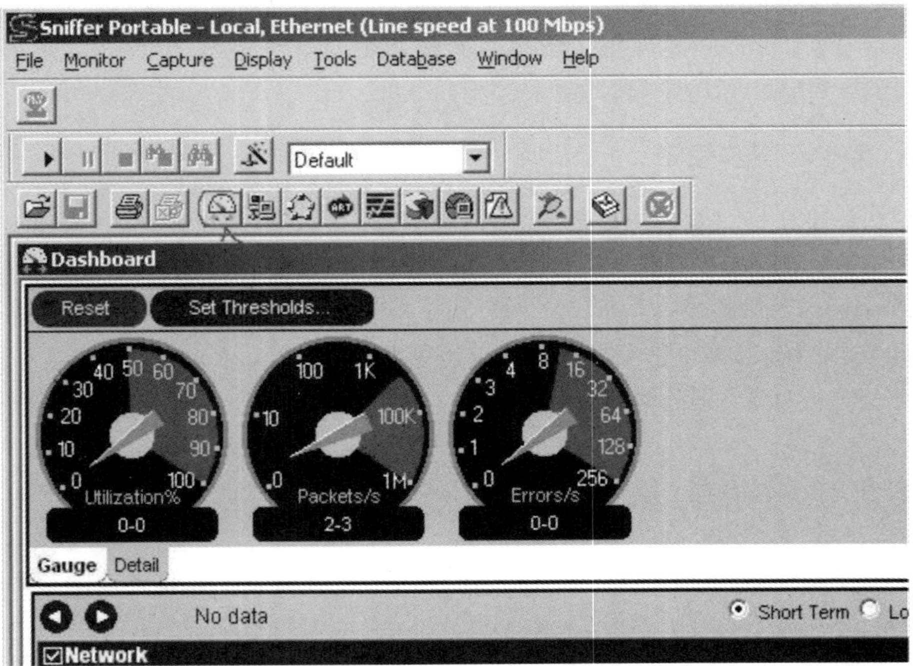

图 5-2-2

(1)Dashboard(网络流量表)。点击图 5-2-2 工具栏红色标记处的工具按钮,出现图 5-2-2 所示的 Dashboard 窗口。图 5-2-2 的三个表盘,分别是网络的使用率(Utilization)、网络的每秒钟通过的包数量(Packets)、网络的每秒错误率(Errors)。这三个表形象的显示出当前网络的状况。

(2)Host table(主机列表)。点击下图 5-2-3 工具栏红色标记处的工具按钮,出现 Host table(主机列表)窗口,选择 IP 选项,显示出和本机相连的本网或外网机器,双击相应的机器记录,将出现此机器当前的网络使用状况,如图 5-2-4。

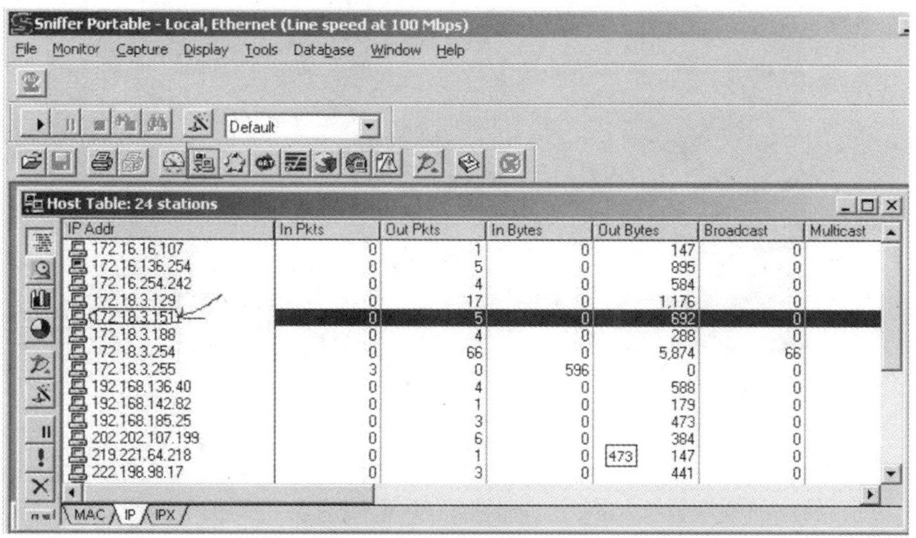

图 5-2-3

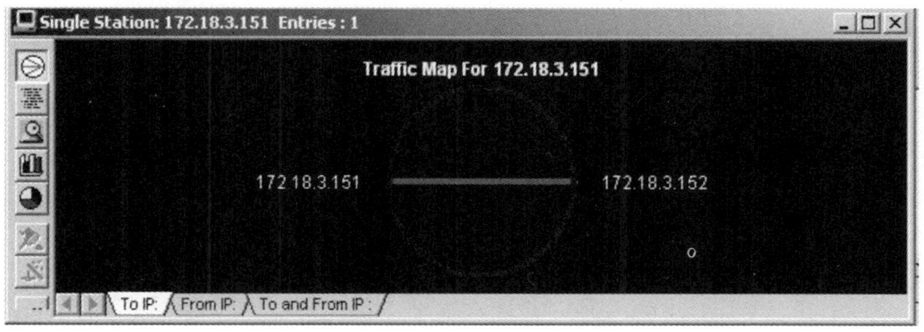

图 5-2-4

(3)Matrix (网络连接)。点击图 5-2-5 工具栏红色标记处的工具按钮,出现 Matrix (网络连接)窗口,绿线表示当前正在发生的连接,其他线表示过去发生的连接,通过放置鼠标在相应的的连线上可以查看连接情况。

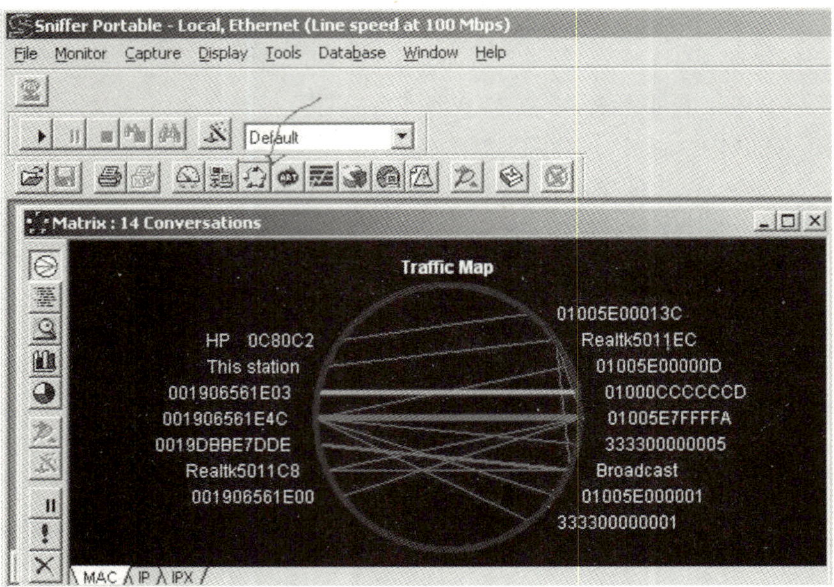

图 5-2-5

(4)报文捕获解析。下图 5-2-6 显示的是 Sniffer Pro 的主界面,图中标注了捕获面板的各个功能,具体的捕获操作将在下面捕获 FTP 密码的实验过程中熟悉。

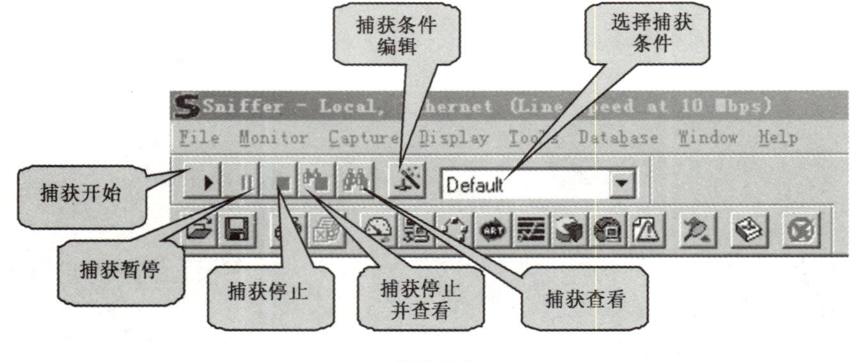

图 5-2-6

2. 选择网络适配器

选择网络适配器,确定从计算机的哪个网络适配器上接收数据。

通过点击菜单"File→select settings"出现图 5-2-7 操作界面,选择网络适配器后才能正常工作。

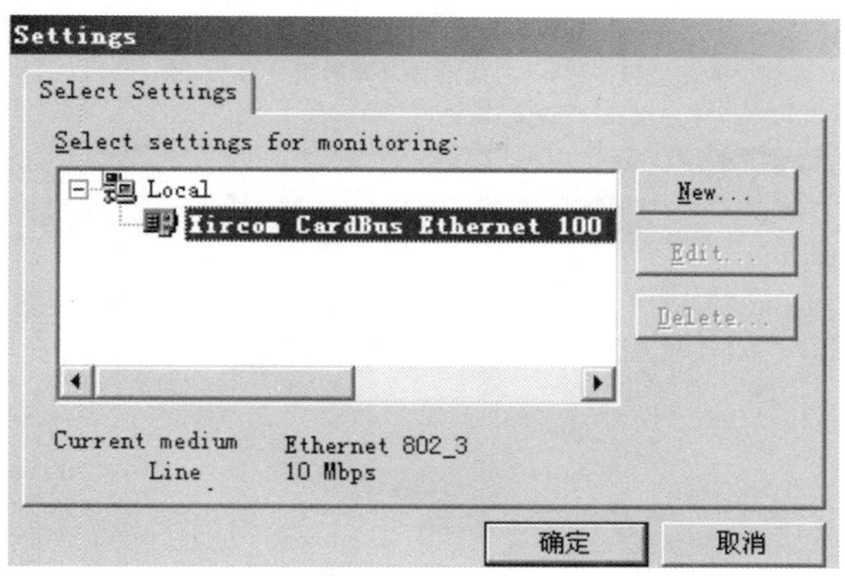

图 5-2-7

3. 捕获 FTP 用户名和密码

本实例通过运行 PC_B 上的 Sniffer Pro 抓取 PC_B 和 PC_A 之间的数据，分析 PC_B 访问 PC_A 上 FTP 服务时候用的用户名和密码。

(1)设置规则

1)如图 5-2-2 所示，选择菜单“Capture→Defind Filter”出现图 5-2-8 界面，选择 Address 项，按照图中设置相应的数据。

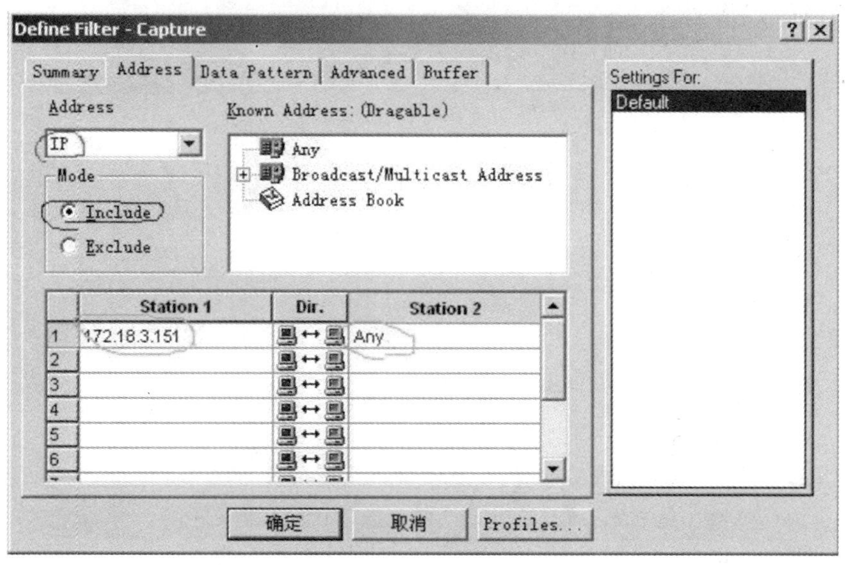

图 5-2-8

2)选择 Advanced 选项出现图 5-2-9 界面，按照图中设置，选择“IP/TCP/FTP”，根据 TCP/IP 协议中的相应包的特征(后面的协议实验具体分析)将“ Packet Size”设置为“In Between 63 —71”，“Packet Type”设置为“Normal”。

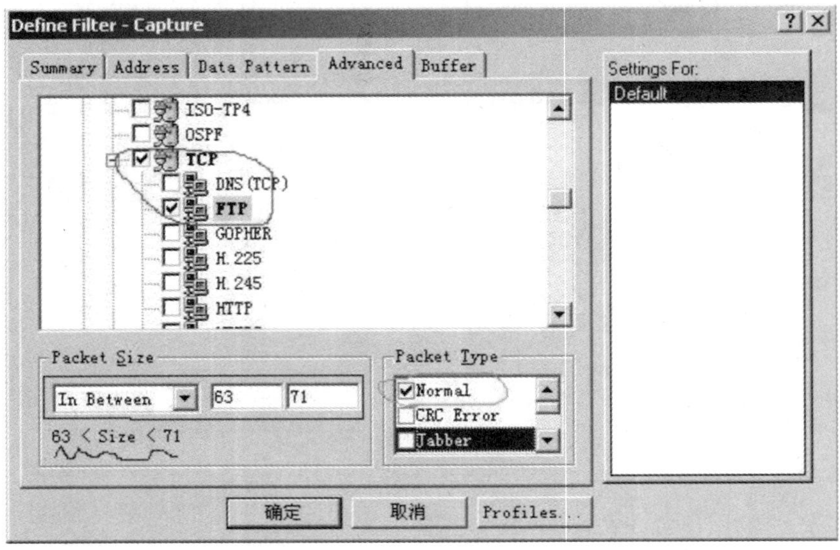

图 5-2-9

3)点击“Data Pattern”后出现图 5-2-10 界面，点击红色方框内“Add Pattern”按钮，出现图 5-2-11 界面，按图设置“Offset”为“2F”，方格内填入“18”，“Name”内输入任意选择一个可以帮助记忆的名称。

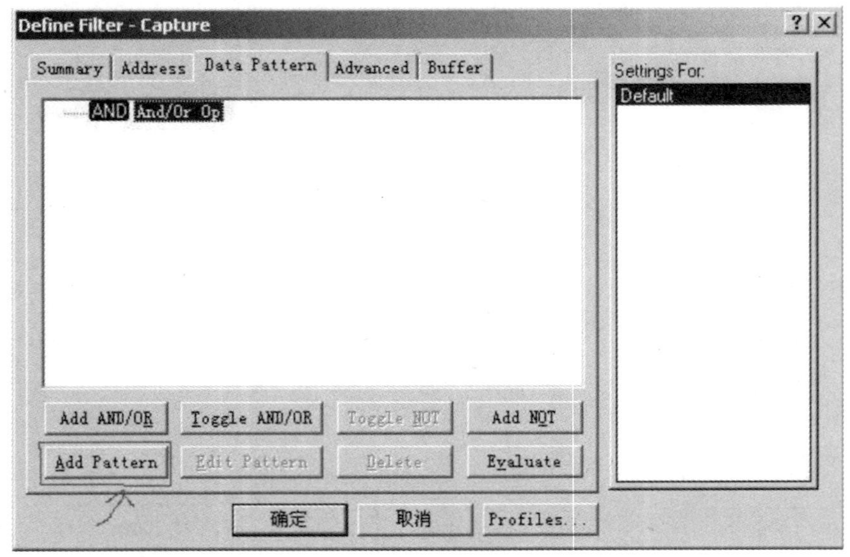

图 5-2-10

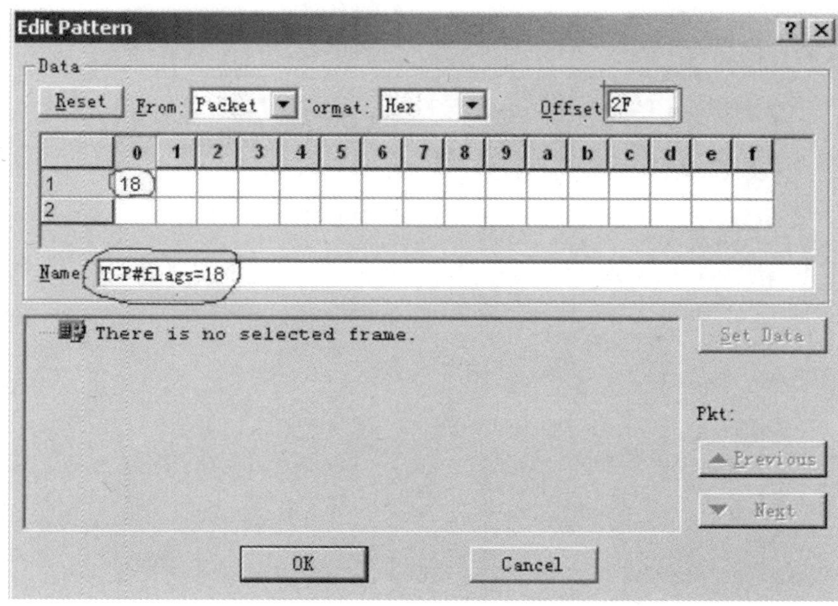

图 5-2-11

4)图 5-2-11 中参数设置好后点击"确定"按钮,出现图 5-2-12,点击"Add NOT"按钮后,再点击"Add Pattern"按钮增加第二条规则,参照图 5-2-13 所示设置规则后,点击"确定"后出现图 5-2-14。

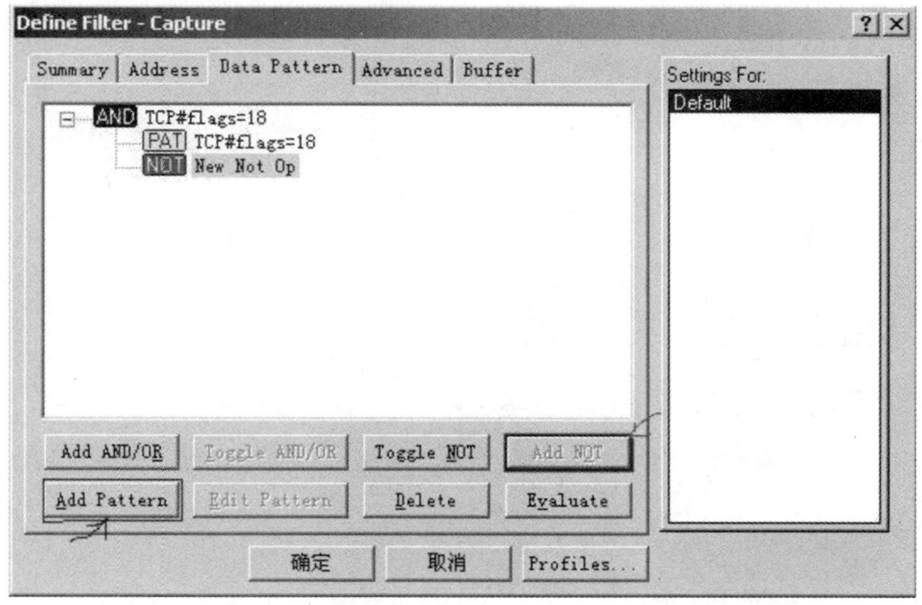

图 5-2-12

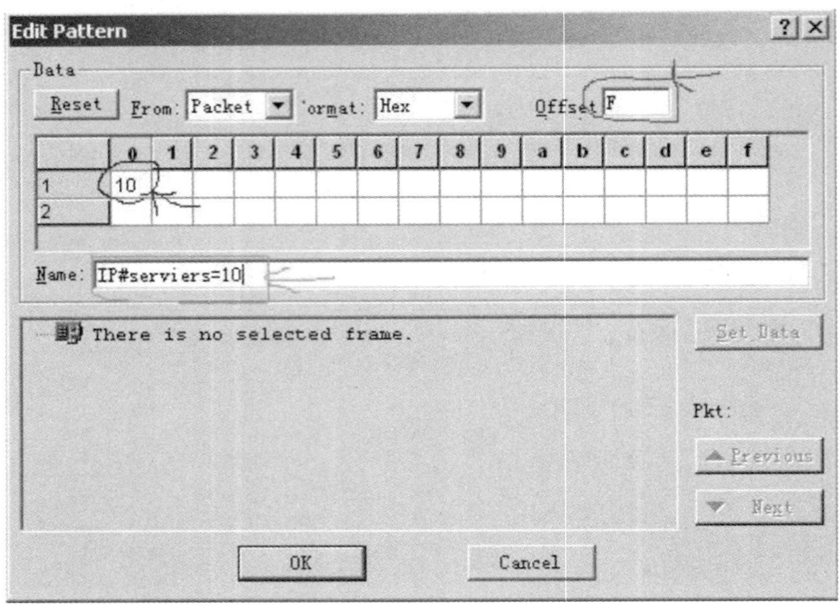

图 5-2-13

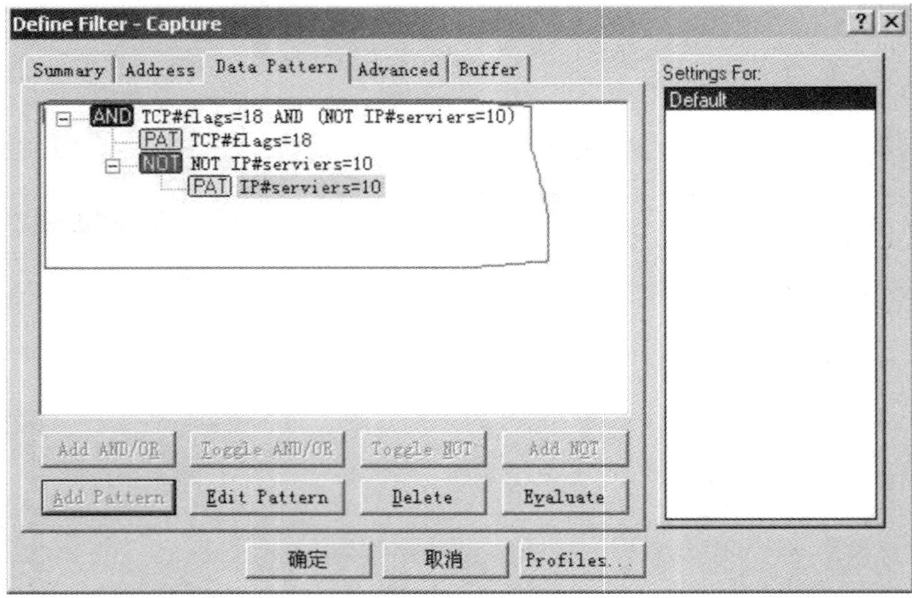

图 5-2-14

(2)抓包

1)按 F10 键或者点击菜单“Capture→Start”出现图 5-2-15 界面，开始抓包。

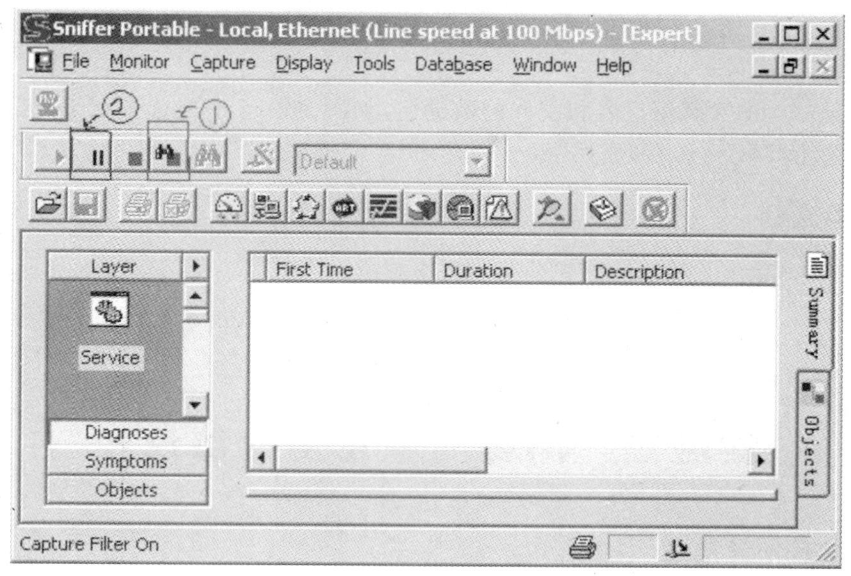

图 5-2-15

2)运行 IE 浏览器,在地址栏中输入“ftp://172.18.3.151”后回车,输入相应的用户名“MyName”和密码“mima”。

3)出现图 5-2-15 中①处工具按钮激活并变红的情况,表示当前已经捕获的数据,点击②处暂停按钮,暂停捕获数据。

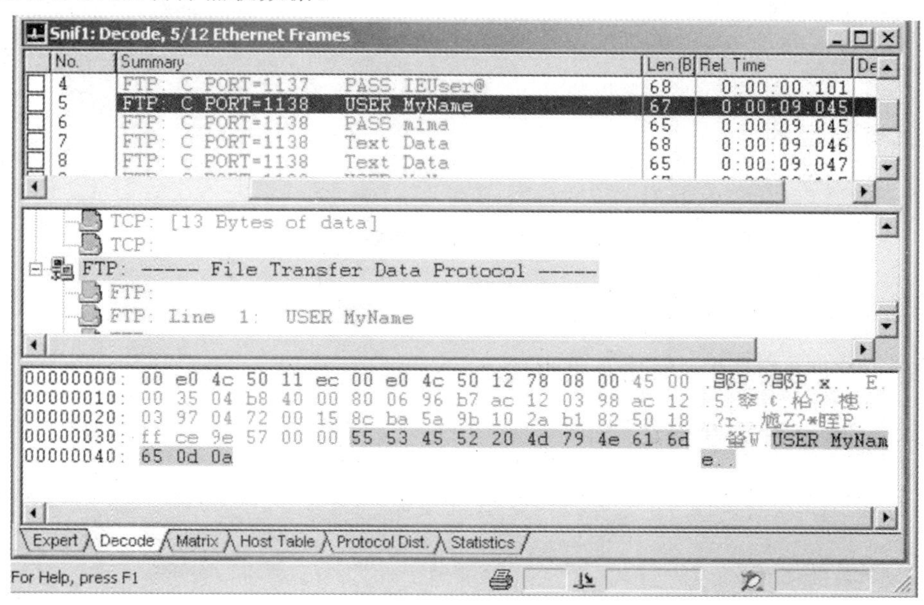

图 5-2-16

(3)查看结果,找出用户名和密码

1)点击图 5-2-15 中①处的“停止并查看”按钮，出现图 5-2-16 的界面，在图 5-2-16 的界面中，选择“Decode”选项。

2)找到相应的含有用户名和密码的数据包，如图 5-2-16 中被选中记录，可以清晰的找到用户名为“MyName”和密码“mima”。

八、思考题

1. 利用 Sniffer Pro 抓取邮箱的用户名和密码。
2. 用 Sniffer Pro 抓取的数据包分析 TCP 协议建立连接的三次握手过程。

实验三　局域网中常用的协议栈

一、背景知识描述

局域网参考模型 IEEE 802 主要包含物理层和数据链路层。其中数据链路层又分成介质访问控制子层(MAC)和逻辑子层(LLC)。在局域网之上可以运行多种高层协议栈，其中用得最多的是用来实现 Internet 接入的 TCP/IP 协议栈，除此以外还有运行 Netware 的 SPX/IPX 协议栈、局域网内部协议栈 NetBIOS。

二、实验内容

常用协议的安装和卸载。

三、实验目的

1. 了解常用协议栈的作用；
2. 学会操作常用协议在 Windows 中的卸载和安装。

四、实验环境和设备

装有 Windows 操作系统的计算机。

五、实验应用场景描述

在不同的网络环境中，根据不同的需要，我们需要安装一个或者多个不同的协议栈。

六、实验拓扑

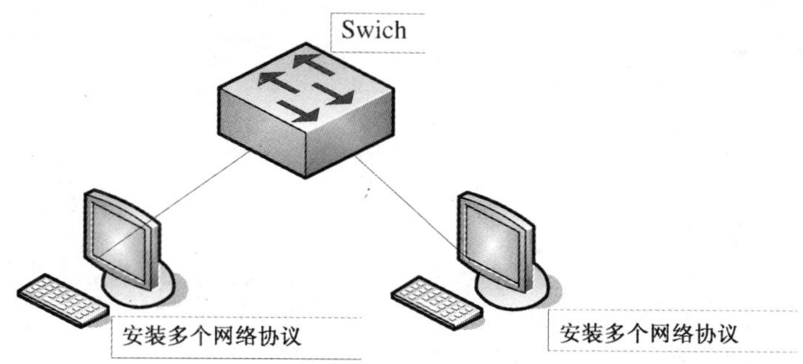

图 5-3-1

七、实验步骤

1. 通过右键点击“网上邻居”→“属性”，在出现的界面中右键选择相应的本地连接→“属性”，出现图 5-3-2 所示界面。

2. TCP/IP 协议是 Windows 中绑定的协议，无法进行人为添加和删除，只能对其他的协议进行添加和删除。

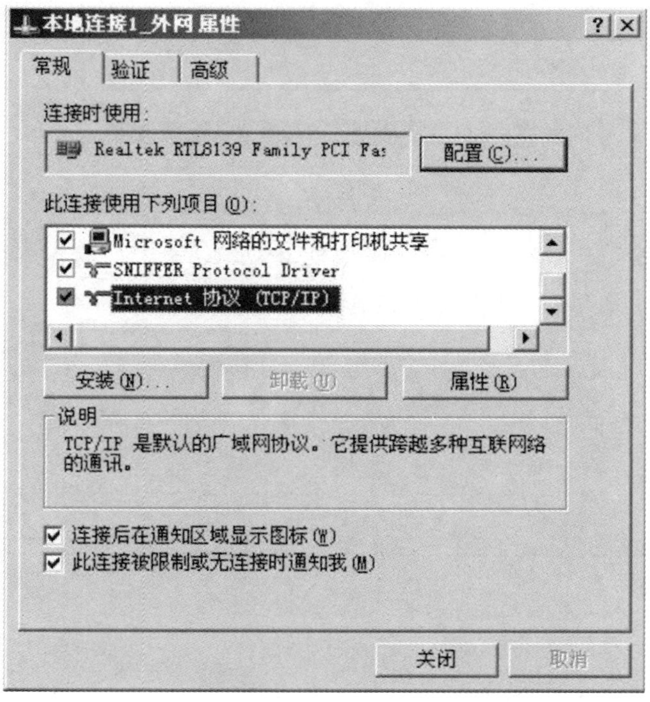

图 5-3-2

3. 点击图 5-3-2 中“安装”按钮出现图 5-3-3，选择网络组件类型中的“协议”，点击“添加”按钮，出现图 5-3-4。

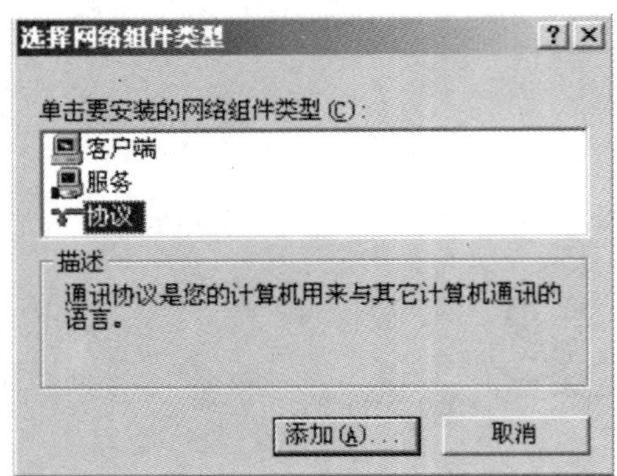

图 5-3-3

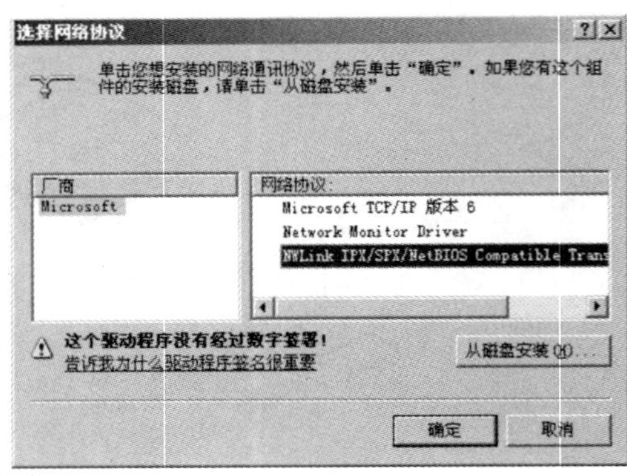

图 5-3-4

4. 选择“IPX/SPX/NetBIOS 协议”，点击“确定”按钮以后，相应的协议就添加成功，见图 5-3-5。

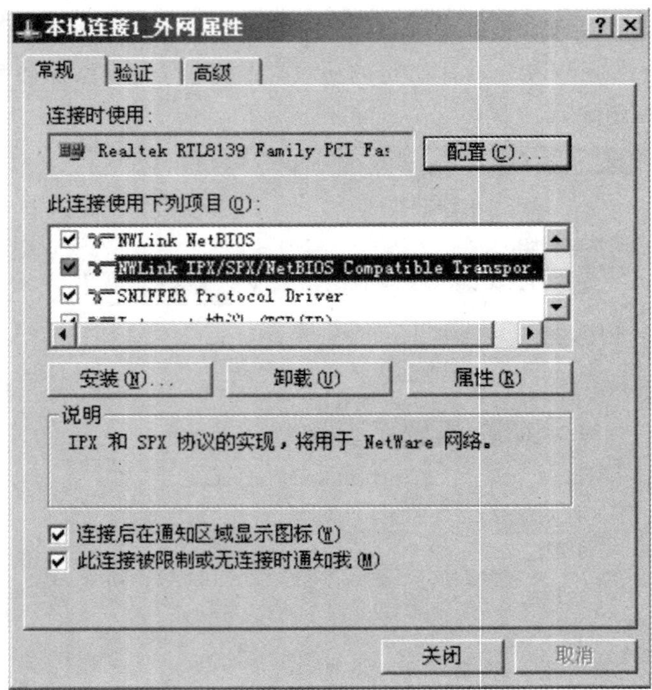

图 5-3-5

5. 可以重复以上两个步骤添加其他相关协议。

八、思考题

思考各个协议的作用和差别，查阅相关网上资料。

实验四　局域网数据链路层帧及实例

一、背景知识描述

如表 5-4-1 与表 5-4-2，局域网的两种数据链路层帧格式标准：IEEE802.3 帧和 Ethernet V2 以太网帧。

表 5-4-1　IEEE802.3 数据链路层帧格式及 LLC 子层

目的地址	源地址	长度/类型	上层数据	FCS

DSAP	SSAP	控制	数据

表 5-4-2　Ethernet V2 以太网帧格式

目的地址	源地址	类型	上层数据	FCS

为了使以太网帧和 IEEE 802.3 帧两种帧能兼容，以太网帧的源地址字段后的两个字节字段值如果大于或等于十六进制 0x0600，认为是以太网帧，则把该两字节直接作为类型字段，否则作为 IEEE 802.3 标准帧的长度字段。

数据链路层帧中的数据字段是封装来自网络层的数据。本次实验通过分析 MAC 地址表的建立过程来理解并掌握数据链路层帧的格式。

二、实验内容

1. 取消网关设置，清除 MAC 地址表，然后执行 ping 172.18.3.152 命令，以建立 MAC 地址表，抓取整个过程的数据链路层帧；
2. 通过在运行框里输入\\net013(这是给 PCB 取的计算机名称)后截取链路层帧；
3. 通过 Sniffer 抓取的链路层数据，分析链路层 MAC 地址表的建立过程，分析链路层帧数据的格式和含义。

三、实验目的

1. 掌握数据链路层 MAC 地址表的建立过程；
2. 验证并掌握数据链路层帧的格式及其各字段的含义。

四、应用场景描述

本实验有助于教师讲授链路层知识时，形象清楚的描述链路层的结构、工作原理和过程。

五、实验拓扑

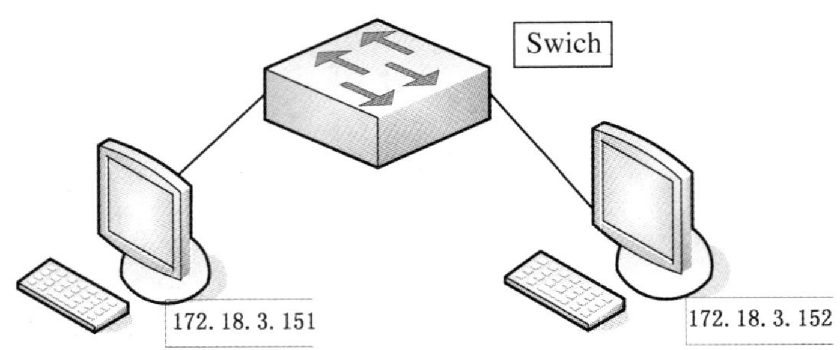

图 5-4-1 局域网数据链路层帧实验拓扑图

六、实验设备

1. 安装有 Sniffer Pro 的两台以上计算机(PC－A 的 IP:172. 18. 3. 151;PC－B 的 IP172. 18. 3. 152);

2. 交换机一台,连接计算机,构建局域网。

七、实验步骤

1. 选择计算机 PC－A,后续步骤都在该计算机上操作。为避免网关设置对本实验中 MAC 地址建立过程的影响,删除计算机网关的配置。

2. 运行"Sniffer Pro",并设置"Define Filter"环境,如图 5-4-2,以截取所有进出网络接口卡的数据包。

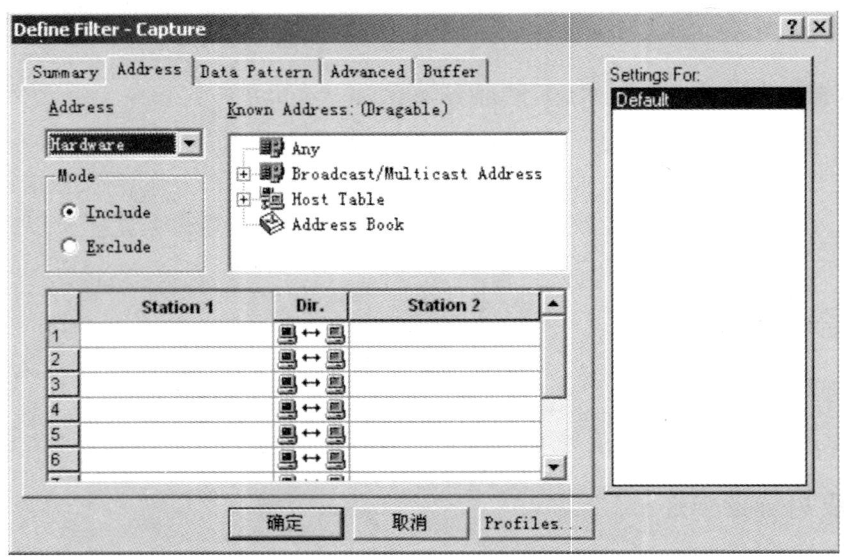

图 5-4-2

3. 运行并打开命令提示符窗口，输入 arp-d 命令，删除已经存在的 MAC 地址信息，具体参考如图 5-4-3。

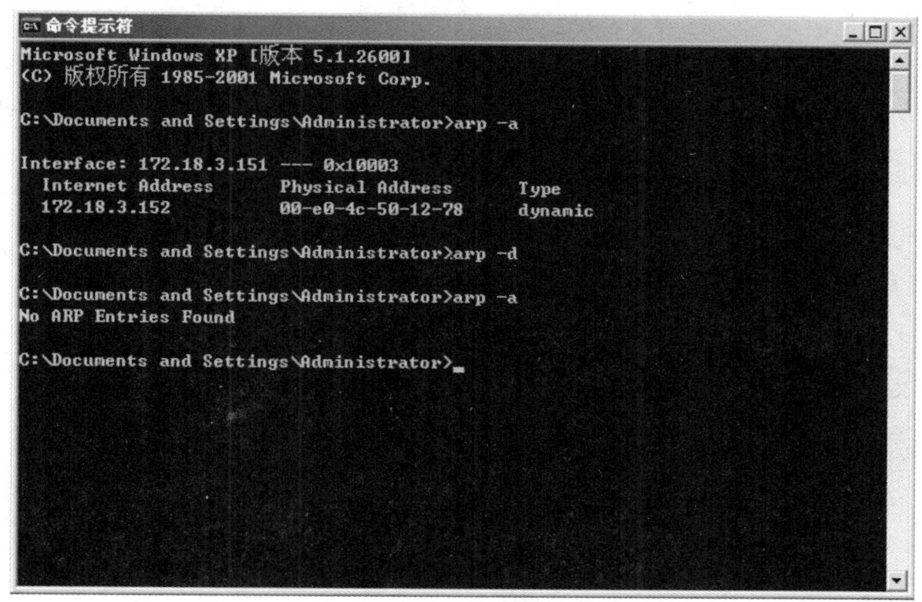

图 5-4-3

4. 启动 sniffer 截包功能，等待抓取相应的数据包。

5. 打开 sniffer 工具(tools)菜单的 ping 命令窗口，通过 PC－A 向 PC－B 发送 ping 命令，操作过程与效果如图 5-4-4 和图 5-4-5。

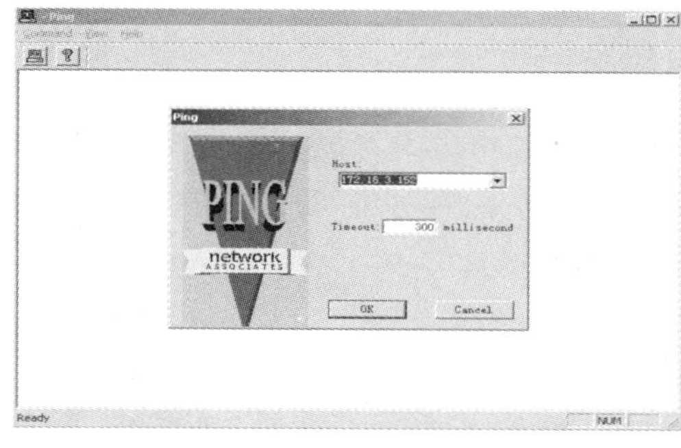

图 5-4-4

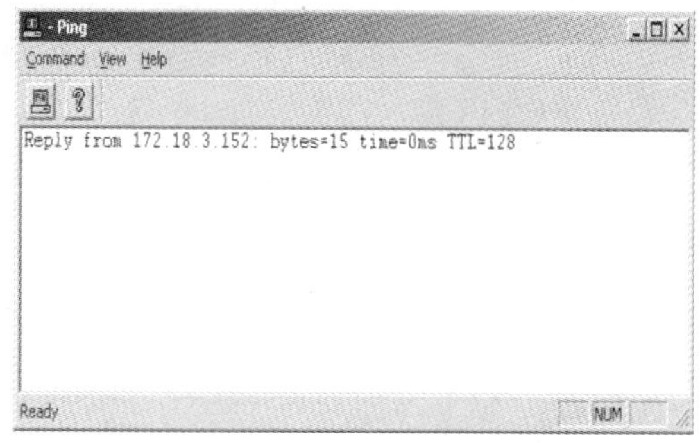

图 5-4-5

6. 暂停 sniffer 截包功能，在命令提示符窗口中查看 ARP 表，如图 5-4-6，已经建立了 172.18.3.152 这台计算机的 ARP 记录，下面分析 Sniffer Pro 抓取的数据包。

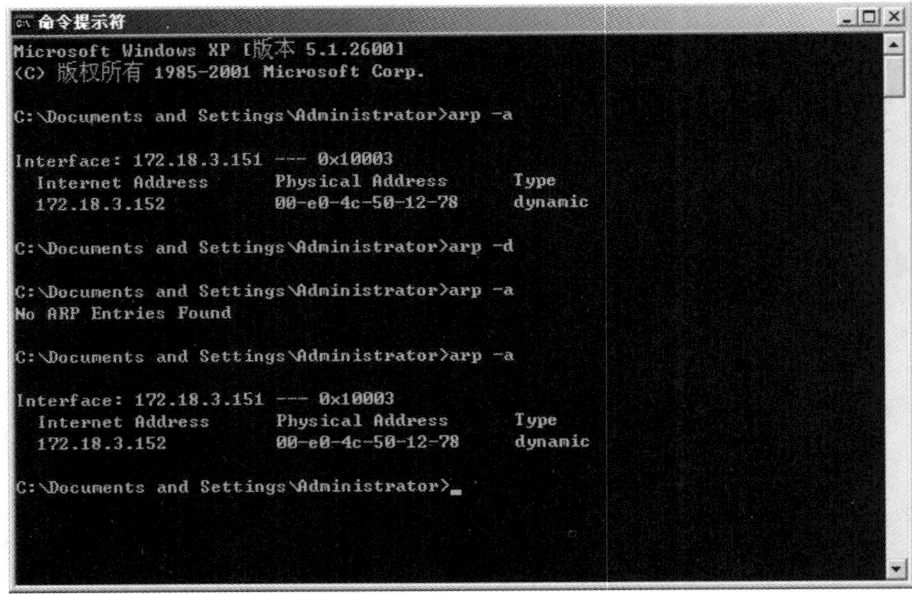

图 5-4-6

7. 分析 PC—A 上的 Sniffer Pro 截取的 ARP 数据包，以掌握 ARP 表的建立过程，如图 5-4-7，选择 ARP 数据包的第一个帧：

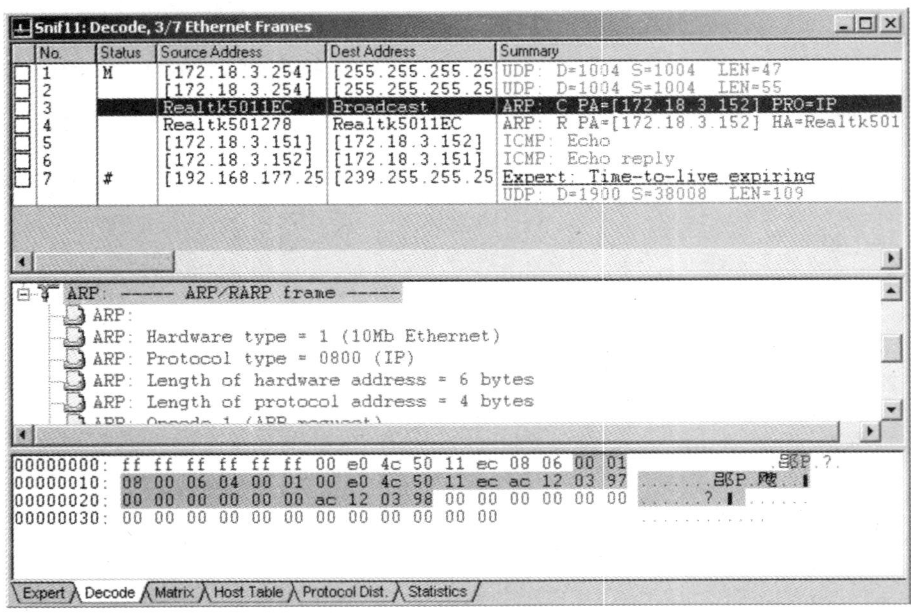

图 5-4-7

选中的 No 3 数据包是截取到的 ARP 协议的第一个数据包，图 5-4-7 最下面 16 进制窗口数据显示中，前面六个字节内容是“ff ff ff ff ff ff”，表示的是目标硬件 MAC 地址，说明这是个 MAC 广播包；紧接着的六个字节"00 e0 4c 50 11 ec"是 PC－A 的 MAC 地址；接着的"08 06"大于"06 00"表示这是 Ethernet V2 以太网帧格式，因此"08 06"表示为类型字段，即 ARP 协议；下面两个字节"00 01"表示 ARP 请求分组询问的协议地址（这里是 IP 地址）对应的硬件地址类型，"00 01"表示以太网地址；再下面 2 个字节"08 00"表示映射的协议地址类型，"08 00"表示需要映射的是 IP 地址；再接着的 2 个字节中第一个字节表示询问硬件地址字节长度，"06"表示 MAC 地址；对应的 6 字节长度，下一个字节"04"表示 IPV4 协议地址；长度为 4 个字节；再下面的 2 个字节"00 01"表示 ARP 协议类型，"00 01"表示 ARP 请求，"00 02"表示 ARP 应答；再接着的 6 个字节值"00 e0 4c 50 11 ec"表示发送 ARP 请求的计算机的 PC－A 的 MAC 地址；再接着的 4 个字节值"ac 12 03 97"表示发送 ARP 请求的计算机的 PC－A 的 IP 地址；再接着六个字节是询问目标计算机 PC－B 的 MAC 地址，此时不知道是多少，用"00 00 00 00 00 00"填充；再接着是询问的目标计算机 PC－B 的 IP 地址，这里是"ac 12 03 98"，正是 172.18.3.152 目标计算机的 32 位表示。整个以太网帧后面的 0 是为了填充一个完整的以太网帧补充的 PAD 字段。

8. 图 5-4-8 是 ARP 应答帧，了解应答帧的结构和意义，数据的分析同请求帧类似。

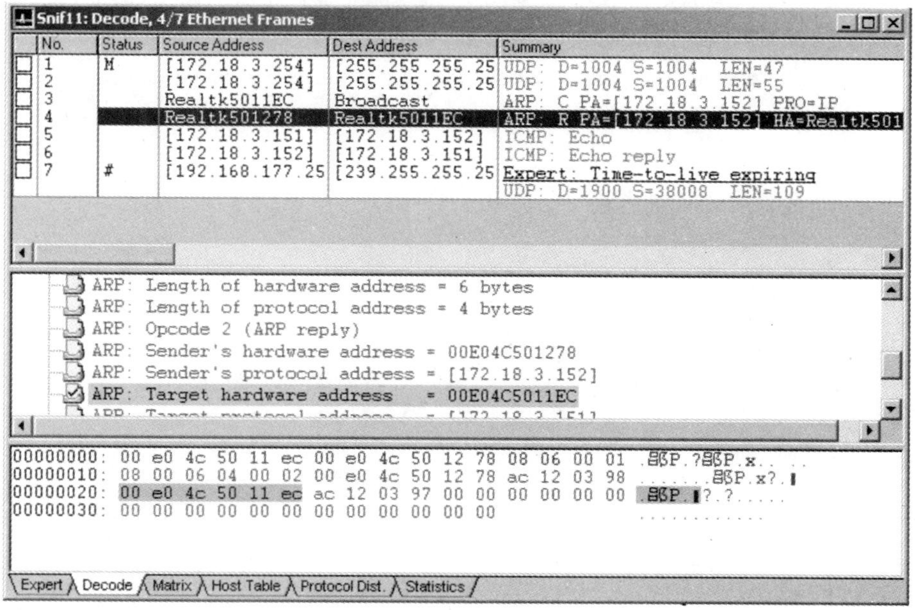

图 5-4-8

9. 如图 5-4-9，ARP 帧下面的两个帧表示 PC－A 发给 PC－B 的 ping 命令，现在能用 PC－B 的 MAC 地址直接封装以太网帧产生 ICMP 请求与 ICMP 响应了。这两个包留在其他实验里进行分析。

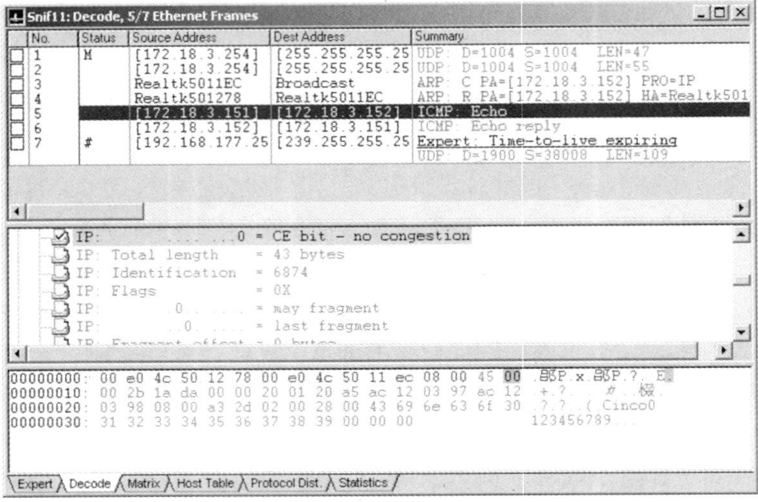

图 5-4-9

10. 启动 sniffer 的截包功能，在 PC－A 上打开"运行"对话框，输入："\\net013"，通过 PC－B 机器名访问 PC－B 的共享内容，停止截包功能并对包进行分析。如图 5-4-10 所示。

图 5-4-10

图中选择的包是 PC－A 打开网上邻居 PC－B 后，PC－B 发给 PC－A 的一个数据包，“00 e0 4c 50 11 ec”表示目标计算机 PC－A 的 MAC 地址，“00 e0 4c 50 12 78”表示源计算机 PC－B 的 MAC 地址，紧跟着的两个字节“00 54”小于 06 00，表示该字段作为长度字段，说明后面的数据长度是 84 字节，符合 IEEE802.3 标准规定的数据链路层帧格式。后面的数据是 IEEE802.2 LLC 子层内容，根据 IEEE802.3 标准，该数据链路层帧是 Ethernet 802.3 SAP 帧格式，因此接着的两个字节“e0 e0”表示目标服务访问点（DSAP）和源服务访问点（SSAP），它们用于标识以太网帧所携带的上层数据类型，此处都是 e0，表示上层数据是 Novell 类型协议数据，后面的一个字节“03“表示采用无连接的 802.2 无编号数据格式。

通过上面两种实验，我们截取到了两种类型协议数据链路层帧，经过分析掌握到了它们的帧格式的相似点与不同点。

实验五　IP 协议栈

一、背景知识描述

IP 数据报被封装在以太网帧中作为以太网的数据部分，IP 数据报的格式如表 5-5-1 与表 5-5-2：

表 5-5-1　IP 数据报

首部	数据部分

表 5-5-2　IP 数据报首部格式

版本	首部长度	服务类型		
标识			标志	片偏移
生存时间			协议	首部检验和
源地址				
目的地址				
可选字段(长度可变)				填充

ICMP(Internet Control Message Protocol)是因特网控制报文协议，是因特网的标准协议。ICMP 允许路由器或主机报告差错情况并提供有关信息，用以调试、监视网络。在网络中，ICMP 报文将作为 IP 层数据报的数据，封装在 IP 数据包报中进行传输，如表 5-5-3 所示。但 ICMP 并不是高层协议，因而被视为网络层协议。

表 5-5-3 ICMP 报文

IP 报头	ICMP 报头	ICMP 信息

ICMP 报文格式比较复杂，不同类型的报文格式字段有所不同，但是前 4 字节有统一的格式定义，其格式如表 5-5-4：

表 5-5-4 ICMP 报文格式

类型(8/0)	代码(0)	校验和
标识	序列号	
数据部分 …		

ICMP 报文根据类型字段可以分为 ICMP 差错报告报文和 ICMP 询问报文两种。各自对应的报文类型如表 5-5-5：

表 5-5-5 ICMP 报文类型

ICMP 报文种类	类型的值	ICMP 报文的类型
差错报告报文	3	终点不可达
	4	源站抑制
	11	时间超过
	12	参数问题
	5	路由重定向
询问报文	8 或者 0	回送(Echo)请求或应答
	13 或者 14	时间戳请求或应答
	17 或者 18	地址掩码请求或应答
	10 或者 9	路由器询问或通告

根据每种类型值再由代码字段值来具体确定报文类型。具体请参考相应的教材或者资料。

目前常用的基于 ICMP 报文的应用有 ping 和 tracerouter。本实验通过运行 ping 命令，截取其报文、通过分析报文类型来掌握 IP 协议栈。

二、实验内容

1. 通过在不同环境下执行 ping 命令，截取报文，分析不同类型 ICMP 报文，理解其具体意义；

2. 改变路由器的最大传输单元设置，实现 IP 报文分片过程。

三、实验目的

1. 分析 ICMP 报文格式和协议内容并了解其应用；

2. 理解 IP 报文分片的原理。

四、应用场景描述

1. 本实验有助于教师讲授网络层知识时，形象具体的描述网络层的结构、工作原理和过程；

2. 利用抓包工具 Sniffer Pro 进行网络层数据的抓包分析，可以有效帮助网络管理员分析网络状况和解决网络故障。

五、实验拓扑

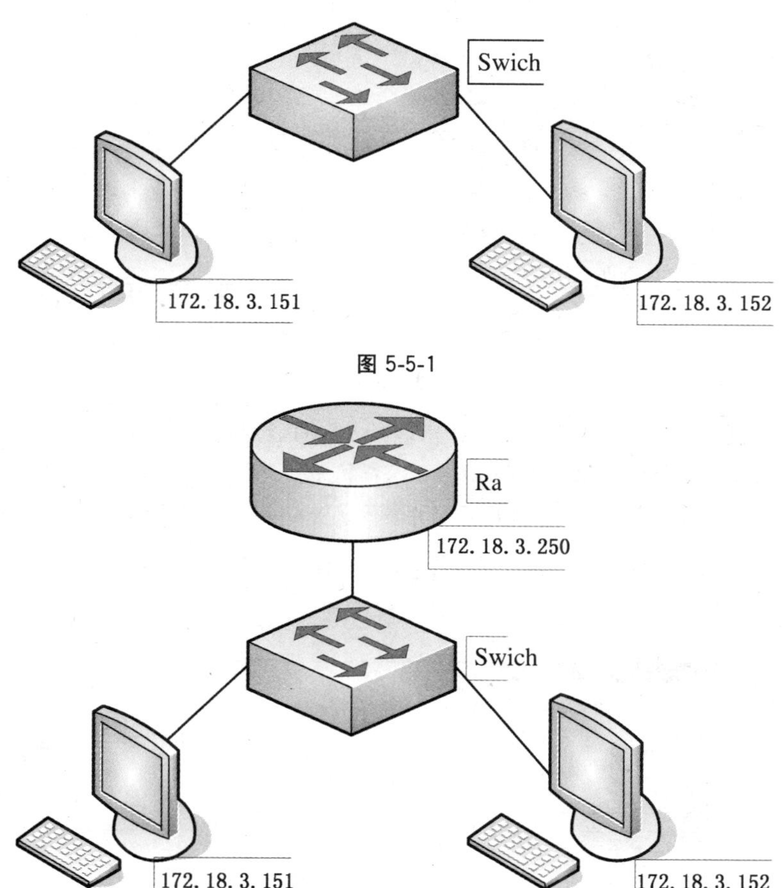

图 5-5-1

图 5-5-2

六、实验设备

1. 安装有 Sniffer Pro 的两台以上计算机(IP 设置如图 5-5-1 与图 5-5-1，PC－A 的 IP：172. 18. 3. 151；PC－B 的 IP：172. 18. 3. 152)；

2. 交换机一台，路由器一台，连接路由器、交换机、计算机，构建局域网。

七、实验步骤

1. 在 PC－A 上运行 Sniffer Pro 并进行相应设置，只截取 PCA 与 PCB 之间的 IP 报文，具体设置如图 5-5-3。

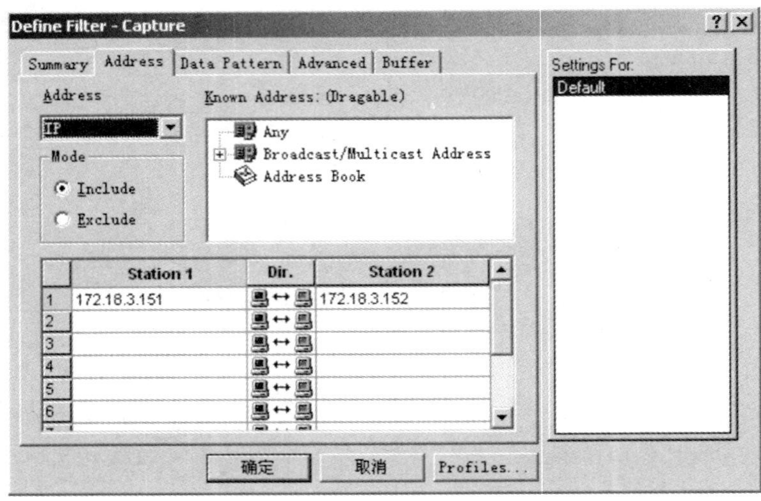

图 5-5-3

2. 截取数据后的效果如图 5-5-4，对相应的 ICMP 数据进行分析。

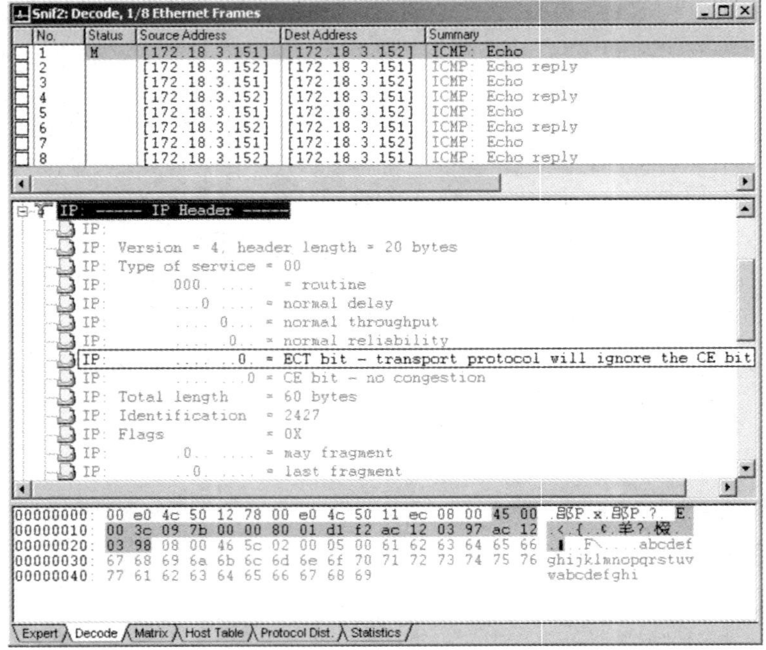

图 5-5-4

以太网帧部分在前一个实验已经分析过，这里只分析 IP 报文。根据 IP 数据报格式分析图 5-5-4 中的十六进制数据，从内容为“45”的那个字节开始分析，这个字节的值分成两部分，“4”表示 IP 版本是 IPV4，“5”表示这个包的 IP 首部占 20 个字节。紧接着一个字节“00”表示 IP 包的服务类型，服务类型字段的含义如表 5-5-6：

表 5-5-6

优先级	D	T	R	C	未用

优先级为 0 表示不存在优先级，这个字段一般不用，其他都为 0 表示该 IP 报文要求一般服务，不需要特殊服务。

接着的两个字节“00 3c”表示 IP 数据报长度是 60 字节，加上 MAC 首部 14 字节，整个以太网帧的长度是 74 字节，这与抓取得到的 74 字节是一致的；接着的“09 7b”是标识字段，唯一地标识主机发送的数据报；接着两个字节是标志与片偏移字段，其值是“0”表示本 IP 报文没有分片；接着的一个字节“80”表示 TTL(time－to－live)生存时间字段，它设置了数据报可以经过的最多路由器数；接着的一个字节是协议字段，“01”表示是 IP 层的 ARP 请求协议；接着的两个字节“d1 f2”是对 IP 数据报首部的校验和；接着的十六字节“ac 12 03 97 ac 12 03 98”表示源 IP 地址 172.18.3.151 和目标 IP 地址 172.18.3.152；后面的其他内容就是 ARP 协议数据。

3. 设置路由器局域网接口的 MTU，产生分片功能，分析其原理。

(1)通过 PC－B 的超级终端设置路由器接口命令如下：

[ra] int e 0/0

[ra] mtu 100

[ra] ip addr 172.18.3.250 255.255.255.0

这样路由器 ra 的局域网接口 ethernet 0/0 的最大传输单元变成了 100 字节，接口 IP 地址变成 172.18.3.250

(2)启动 PC－A 计算机的 sniffer 的截取功能，然后通过 PC－B 的超级终端输入如下命令：

[ra]ping-c 2-s 300 172.18.3.151

(3)停止 PC－A 的截取功能，分析截取到的包与实验相关的第 1 个 IP 数据报内容，参考下图 5-5-5。

“00 19 db be 7e 91”是目标计算机 PC－A 的目标 MAC 地址；“00 e0 fc 59 7c 22”是源路由器 ra 局域网接口 inthernet0/0 的 MAC 地址；“08 00”是以太网帧的类型字段，表示后面数据字段的数据是上层 IP 报文数据；“45”开始的字节是 IP 数据开始，“45”中的“4”表示网络层是 IPV4，“5”表示 IP 首部为 20 字节；接着“00”字节表示这个 IP 报文是一般类型，没特殊要求；“00 64”表示 IP 报文的总长度是 100 字节，IP 首部占 20 字节，那么 IP 数据数据报中的数据字段占 80 字节；接着“01 0c”表示这个 IP 数据报的标识，区别于其他 IP 数据报，主要用于 IP 报文分片后的重组；接着是“20 00”字段，转换成二进制

00100000 00000000，其中前面的 001 表示 IP 的三位标志，第一位值为 0 保留位，第二位分段位值为 0 表示允许分段，第三位更多段位值为 1 表示该报文不是分片后的最后一片，后面 9 位为片偏移，片偏移以 8 个字节为单位，其值为全 0 表示该报文是第一个分片；接着“ff”是生存时间，表示通过路由器 ra 的局域网接口发给 PC－A 的报文没有经过任何路由器转发；接着的“01”表示 IP 数据报字段封装的数据使用的协议是 ICMP 协议。其他字段前面已经很讲得清楚，这里忽略。

```
Snif3: Decode, 1/10 Ethernet Frames
No. Status Source Address  Dest Address     Summary                                        Len (B
1   M      [172.18.3.250]  [172.18.3.151]   ICMP: Echo                                     114
2          [172.18.3.250]  [172.18.3.151]   IP: Continuation of frame 1: 100 Bytes of da   114

IP: ----- IP Header -----
IP:
IP: Version = 4, header length = 20 bytes
IP: Type of service = 00
IP:       000. ....   = routine
IP:       ...0 .... = normal delay
IP:       .... 0... = normal throughput
IP:       .... .0.. = normal reliability
IP:       .... ..0. = ECT bit - transport protocol will ignore the CE bit
IP:       .... ...0 = CE bit - no congestion
IP: Total length    = 100 bytes
IP: Identification  = 268
IP: Flags           = 2X
IP:       .0.. .... = may fragment
IP:       ..1. .... = more fragments
IP: Fragment offset = 0 bytes
IP: Time to live    = 255 seconds/hops
IP: Protocol        = 1 (ICMP)
IP: Header checksum = 3AD7 (correct)
IP: Source address      = [172.18.3.250]
IP: Destination address = [172.18.3.151]
IP: No options
IP:
ICMP:   Vector  Offset    Length    Frame

00000000: 00 19 db be 7e 91 00 e0 fc 59 7c 22 08 00 45 00
00000010: 00 64 01 0c 20 00 ff 01 3a d7 ac 12 03 fa ac 12
00000020: 03 97 08 00 8f a6 ab d1 00 01 00 1c 53 44 ba d0
00000030: ba d0 00 01 02 03 04 05 06 07 08 09 0a 0b 0c 0d
00000040: 0e 0f 10 11 12 13 14 15 16 17 18 19 1a 1b 1c 1d

Expert  Decode  Matrix  Host Table  Protocol Dist.  Statistics
```

图 5-5-5 验证 IP 数据报分片第一个相关报文

(4)分析截取到的包与实验相关的第 2 个 IP 数据报内容，参考下图 5-5-6。

```
Snif3: Decode, 2/10 Ethernet Frames
No. Status Source Address  Dest Address     Summary                                        Len (B
2          [172.18.3.250]  [172.18.3.151]   IP: Continuation of frame 1: 100 Bytes of da   114
                                            IP:  D=[172.18.3.151] S=[172.18.3.250] LEN=8

IP: Continuation of frame 1
IP: ----- IP Header -----
IP:
IP: Version = 4, header length = 20 bytes
IP: Type of service = 00
IP:       000. ....   = routine
IP:       ...0 .... = normal delay
IP:       .... 0... = normal throughput
IP:       .... .0.. = normal reliability
IP:       .... ..0. = ECT bit - transport protocol will ignore the CE bit
IP:       .... ...0 = CE bit - no congestion
IP: Total length    = 100 bytes
IP: Identification  = 268
IP: Flags           = 2X
IP:       .0.. .... = may fragment
IP:       ..1. .... = more fragments
IP: Fragment offset = 80 bytes
IP: Time to live    = 255 seconds/hops
IP: Protocol        = 1 (ICMP)
IP: Header checksum = 3ACD (correct)
IP: Source address      = [172.18.3.250]
IP: Destination address = [172.18.3.151]
IP: No options
IP:
IP: [80 bytes of continuation data]
IP:

00000000: 00 19 db be 7e 91 00 e0 fc 59 7c 22 08 00 45 00
00000010: 00 64 01 0c 20 0a ff 01 3a cd ac 12 03 fa ac 12
00000020: 03 97 40 41 42 43 44 45 46 47 48 49 4a 4b 4c 4d   ABCDEFGHIJKLM
00000030: 4e 4f 50 51 52 53 54 55 56 57 58 59 5a 5b 5c 5d   NOPQRSTUVWXYZ[\]

Expert  Decode  Matrix  Host Table  Protocol Dist.  Statistics
```

图 5-5-6 验证 IP 数据报分片第二个相关报文

忽略与前面图 5-5-5 分析的报文的相关内容，这里只分析与分片报文相关的字段。此 IP 报文的总长度字段内容是十六进制“00 64”，表示 100 字节，因为数据报首部占 20 字节，所以 IP 分片数据字段占 80 字节；接着的 IP 数据报的标识字段内容是“01 0c”，表示与上一个分片是属于同一个完整 IP 数据报的另一个分片；接着是“20 0a”字段，转换成二进制为 00100000 00001000，其中前面的 001 表示 IP 的三位标志，第一位值为 0 保留位，第二位分段位值为 0 表示允许分段，第三位更多段位值为 1 表示该报文不是最后一个分片，后面 9 位为片偏移，片偏移是以 8 个字节为单位的，其值为“0a”表示该分片第一个字节数据在整个完整 IP 数据报中的片偏移是十进制 10，因此，此分片的数据字段的第一个字节在整个 IP 数据报中的片偏移是十进制 80，说明前面第一个分片的 IP 数据字段占 80 字节，而且其片偏移是从 0 开始，因此本分片的数据字段片偏移从 80 开始就是正确的。

(5)分析截取到的包与实验相关的第 3 个 IP 数据报内容，参考下图 5-5-7。

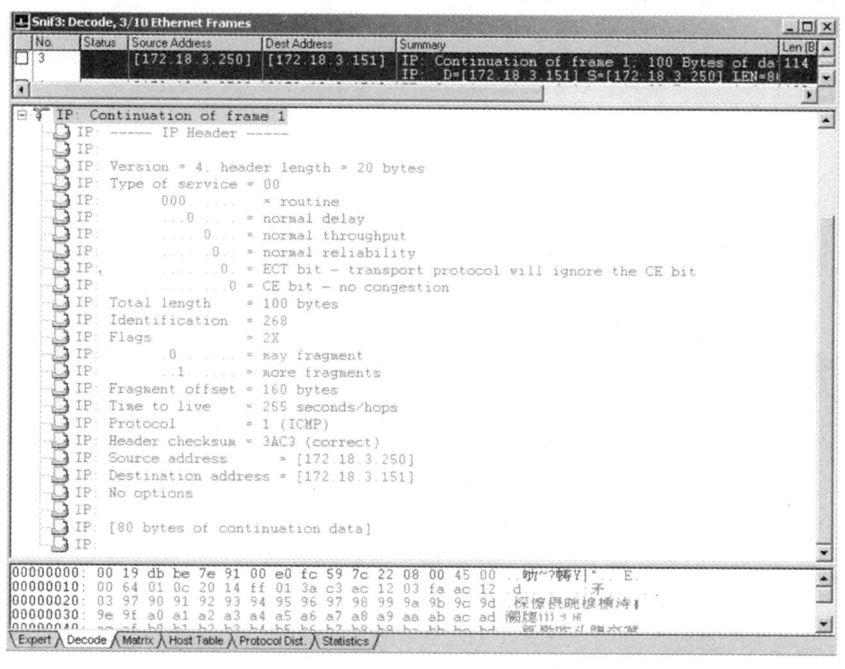

图 5-5-7 验证 IP 数据报分片第三个相关报文

同样这里只分析与报文分片相关的字段。IP 报文的总长度字段内容是“00 64”，表示 100 字节，数据报首部占 20 字节，所以 IP 分片数据字段占 80 字节；接着的 IP 数据报的标识字段内容是“01 0c”，表示与前两个分片是属于同一个完整 IP 数据报的；接着是“20 14”字段，转换成二进制 00100000 00010100，其中前面的 001 表示 IP 的三位标志，第一位值为 0 保留位，第二位分段位值为 0 表示允许分段，第三位更多段位值为 1 表示该包不是分片后的最后一片，后面 9 位为片偏移，片偏移是以 8 个字节为单位的，片偏移值为十进制 20 表示该分片第一个字节数据在整个完整 IP 数据报中的片偏移是 160，前面第一个分片的 IP 数据占 80 字节,第二分片的 IP 数据占 80 字节,因此本分片的数据字段片偏移从十进制 160 开始就是正确的。

(6)分析截取到的包与实验相关的第 4 个 IP 数据报内容,参考下图 5-5-8。

```
Snif3: Decode, 4/10 Ethernet Frames
No  Status  Source Address   Dest Address     Summary                                              Len (B)
4           [172.18.3.250]   [172.18.3.151]   IP: Continuation of frame 1; 88 Bytes of dat         102
                                              IP:   D=[172.18.3.151] S=[172.18.3.250] LEN=6

IP: Continuation of frame 1
  IP: ----- IP Header -----
  IP:
  IP: Version = 4, header length = 20 bytes
  IP: Type of service = 00
  IP:       000. ....   = routine
  IP:       ...0 ....   = normal delay
  IP:       .... 0...   = normal throughput
  IP:       .... .0..   = normal reliability
  IP:       .... ..0.   = ECT bit - transport protocol will ignore the CE bit
  IP:       .... ...0   = CE bit - no congestion
  IP: Total length      = 88 bytes
  IP: Identification    = 268
  IP: Flags             = 0X
  IP:       .0.. ....   = may fragment
  IP:       ..0. ....   = last fragment
  IP: Fragment offset   = 240 bytes
  IP: Time to live      = 255 seconds/hops
  IP: Protocol          = 1 (ICMP)
  IP: Header checksum   = 5AC5 (correct)
  IP: Source address        = [172.18.3.250]
  IP: Destination address   = [172.18.3.151]
  IP: No options
  IP:
  IP: [68 bytes of continuation data]
  IP:

00000000: 00 19 db be 7e 91 00 e0 fc 59 7c 22 08 00 45 00
00000010: 00 58 01 0c 00 1e ff 01 5a c5 ac 12 03 fa ac 12
00000020: 03 97 e0 e1 e2 e3 e4 e5 e6 e7 e8 e9 ea eb ec ed
00000030: ee ef f0 f1 f2 f3 f4 f5 f6 f7 f8 f9 fa fb fc fd

Expert | Decode | Matrix | Host Table | Protocol Dist. | Statistics
```

图 5-5-8　验证 IP 数据报分片第四个相关报文

同样这里只分析与报文分片相关的字段。IP 包的总长度字段内容是“00 58”,表示有 88 字节长,数据报首部占 20 字节,所以本 IP 分片数据字段占 68 字节;接着的 IP 数据报的标识字段内容是“01 0c”,表示与前三个分片是属于同一个完整 IP 数据报;接着是“00 1e”字段,转换成二进制 00000000 00011110,其中前面的 000 表示 IP 的三位标志,第一位值为 0 保留位,第二位分段位值为 0 表示允许分段,第三位更多段位值为 0 表示该报文是最后一个分片,后面 9 位为片偏移,片偏移是以 8 个字节为单位的,其值为十进制 30 表示该分片第一个字节数据在整个完整 IP 数据报中的片偏移是十进制 240,前面第一个分片的 IP 数据字段有 80 字节,第二分片的 IP 数据字段有 80 字节,第三分片的 IP 数据字段有 80 字节,因此本分片的数据片偏移从十进制 240 开始就是正确的,加上本 IP 分片数据字段数据是 68 字节,所以整个完整 IP 数据报的数据长度是 308 字节。

实验六　传输层协议栈

一、背景知识描述

TCP协议是TCP/IP协议族的传输层协议之一，是一个面向连接、端到端、可靠的传输层协议。其协议字段如表5-6-1与表5-6-2：

表5-6-1　TCP报文段的结构

TCP首部	TCP数据部分

表5-6-2　TCP报文段首部

<table>
<tr><td colspan="8">源端口</td><td colspan="2">目的端口</td></tr>
<tr><td colspan="10">序号</td></tr>
<tr><td colspan="10">确认号</td></tr>
<tr><td>首部长度</td><td>保留</td><td>U
R
G</td><td>A
C
K</td><td>P
S
H</td><td>R
S
T</td><td>S
Y
N</td><td>F
I
N</td><td colspan="2">窗口</td></tr>
<tr><td colspan="8">校验和</td><td colspan="2">紧急指针</td></tr>
<tr><td colspan="9">选择(长度可变)</td><td>填充</td></tr>
</table>

TCP连接的建立采用了三次握手方式，具体过程参照相应理论课程书籍。

TCP连接的释放采用四次握手方式，具体过程参照相应理论课程书籍。

二、实验内容

截取基于TCP的应用程序FTP传输文件过程中的TCP报文，分析TCP报文首部各个字段的信息、TCP连接建立的三次握手过程、TCP连接释放过程、TCP数据传输中编号的作用。

三、实验目的

1. 验证TCP报文首部格式和各个字段的作用；

2. 掌握TCP连接的建立和释放的握手过程，TCP数据传输中编号的作用以及各种细节解决办法。

四、应用场景描述

本实验有助于教师讲授传输层知识时，形象具体的描述传输层的数据包结构、工作原理和 TCP 的建立和释放过程。

五、实验拓扑

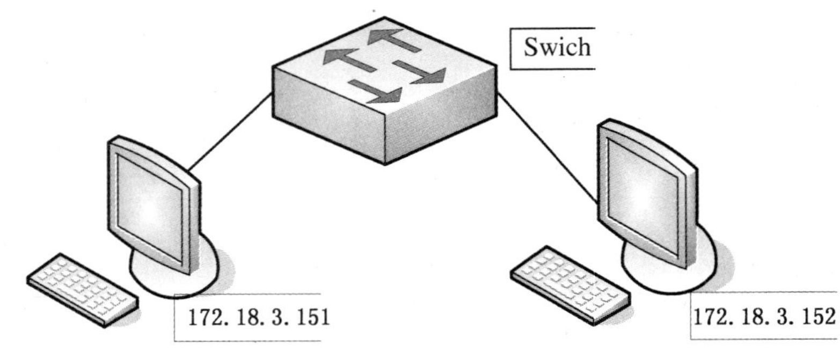

图 5-6-1　拓扑图

六、实验设备

1. 安装有 Sniffer Pro 的两台以上计算机（PC－A 的 IP：172.18.3.151；PC－B 的 IP：172.18.3.152）；

2. 交换机一台，连接计算机，构建局域网。

七、实验步骤

1. 在 PC－A 上安装并运行 FTP 服务器软件。

2. 在 PC－A 运行 Sniffer Pro 软件并启动其截包功能。

3. 在 PC－B 上的命令提示符窗口中输入命令“ftp 172.18.3.151”后回车运行。

4. 暂停 Sniffer Pro 截包功能，FTP 服务是采用 TCP 运输层协议方式工作，根据在 PC－A 上的截包情况，分析验证 FTP 软件利用 TCP 协议的连接过程。

(1)根据图 5-6-2 分析理解截取的 PC－A 上第 1 个 TCP 包(报文编号 No 1)，即 PC－B 上发出的连接 PC－A 上 FTP 服务的请求。

分析图 5-6-2 中十六进制表示的数据，开始的“00 e0 4c 50 11 ec、00 e0 4c 50 12 78”是以太网帧的首部目标 MAC 地址与源 MAC 地址，“08 00”是表示这个以太网帧后面的数据是 IP 数据包，“45”表示 IP 数据包的首部是 20 字节，后面的“00 、00 30、00 78、40 00、80”八个字节表示的含义都已经讲过，“06”字段表示 IP 数据包后面封装的运输层的数据包类型，值“06”表示 IP 封装的数据包是 TCP 运输层协议（如果是 17 的话，那么表示 IP 数据报封装的就是 UDP 运输层协议），“9a fc”的作用讲过，“ac 12 03 98、ac 12 03 97”分别是 IP 源地址和 IP 目标地址，后面从“04”开始的内容全是 IP 数据报文的数据部分，也就是 TCP 数据报。

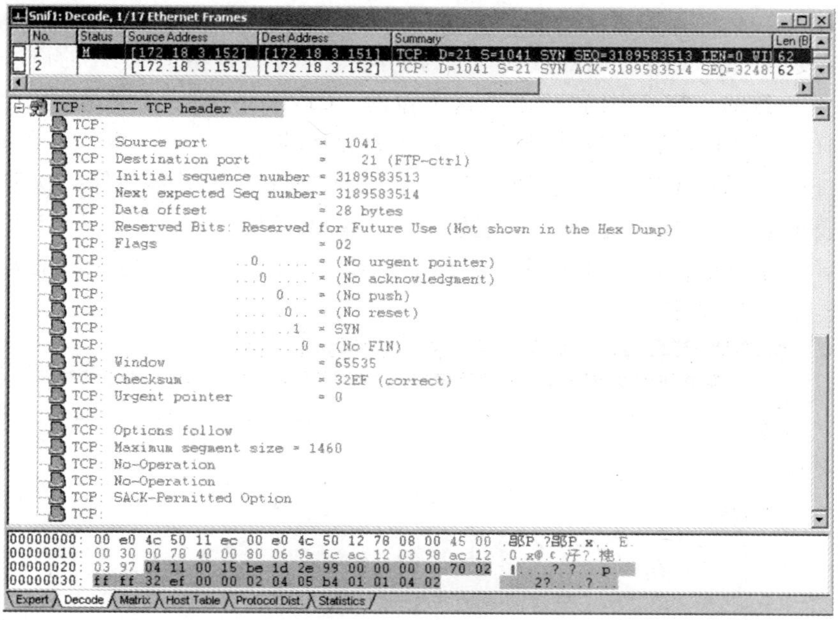

```
Snif1: Decode, 1/17 Ethernet Frames
No. Status Source Address    Dest Address       Summary                                              Len (B
1   M      [172.18.3.152]    [172.18.3.151]     TCP: D=21 S=1041 SYN SEQ=3189583513 LEN=0 WI   62
2          [172.18.3.151]    [172.18.3.152]     TCP: D=1041 S=21 SYN ACK=3189583514 SEQ=3248   62

TCP: ----- TCP header -----
TCP:
TCP: Source port              =  1041
TCP: Destination port         =    21 (FTP-ctrl)
TCP: Initial sequence number  = 3189583513
TCP: Next expected Seq number= 3189583514
TCP: Data offset              = 28 bytes
TCP: Reserved Bits: Reserved for Future Use (Not shown in the Hex Dump)
TCP: Flags                    = 02
TCP:              ..0. .... = (No urgent pointer)
TCP:              ...0 .... = (No acknowledgment)
TCP:              .... 0... = (No push)
TCP:              .... .0.. = (No reset)
TCP:              .... ..1. = SYN
TCP:              .... ...0 = (No FIN)
TCP: Window                   = 65535
TCP: Checksum                 = 32EF (correct)
TCP: Urgent pointer           = 0
TCP:
TCP: Options follow
TCP: Maximum segment size = 1460
TCP: No-Operation
TCP: No-Operation
TCP: SACK-Permitted Option
TCP:

00000000: 00 e0 4c 50 11 ec 00 e0 4c 50 12 78 08 00 45 00
00000010: 00 30 00 78 40 00 80 06 9a fc ac 12 03 98 ac 12
00000020: 03 97 04 11 00 15 be 1d 2e 99 00 00 00 00 70 02
00000030: ff ff 32 ef 00 00 02 04 05 b4 01 01 04 02

Expert / Decode / Matrix / Host Table / Protocol Dist. / Statistics
```

图 5-6-2

“04 11”是 TCP 连接的源端口号，即十进制的 1041，此试验中是 PC—B 上 FTP 命令选用的 TCP 连接源端口，源端口根据客户端的源计算机上 TCP 运输层端口利用情况随机选择。“00 15”是 TCP 连接的目标端口，即十进制 21，此实验中是 PC—A 上的 FTP 服务器端等待客户端请求 TCP 连接的监听端口。“be 1d 2e 99”是 PC—B 通知 PC—A，PC—B 将向 PC—A 传送的第一个数据的序号的值，“00 00 00 00”是确认序号，确认序号只有在后面的 ACK 标志位为 1 才有效，此时 ACK 为 0 表示在请求连接的时候就不需要确认序号，接着的“70 02”转化成二进制是 01110000 00000010，前面四位“0111“表示 TCP 首部的长度，这里表示 TCP 首部有 4 x 7＝28 字节。紧接着的六位是保留位，此数据包是 PC—B 向 PC—A 发出连接请求的报文，所以对应的 SYN 位为 1，这是 TCP 连接的第一次握手。接着的“ff ff”是传输层的流量控制窗口字段，表示 PC—B 能从 be 1d 2e 9a 序号开始连续不断的接受对方 65535 个字节的数据，用于运输层的流量控制。接着的“32 ef”表示校验和。接着的两个字节表示紧急指针的值，此处“00 00” 表示没有紧急数据。后面的八个字节是 TCP 的可选首部，其中“05 b4”表示 PC—B 能传送的最大报文段的长度 MSS 是 1460 个字节。

(2)分析被截取的与实验相关的第 2 个 TCP 包(报文编号 No 2)是 PC—A 发送给 PC—B 的，如图 5-6-3。

这里只分析十六进制显示出的灰色的 TCP 报文部分，“00 15”是 PC—A 上 FTP 服务器的 TCP 源端口，“04 11”是 PC—B 上 FTP 客户端的 TCP 目标端口，跟第一个 TCP 包的源端口是一样的。接着的“c1 9d 58 91”是 PC—A 向 PC—B 通知，PC—A 将向 PC—

B 传送数据的第一个数据的序号的值，“be 1d 2e 9a”是 PC－A 向 PC－B 发出的确认序号，表示 PC－A 已经正确接受之前 PC－B 发给 PC－A 的序号为“be 1d 2e 99”之前的数据，期望接受 be 1d 2e 9a 开始的数据。这与上面图 PC－B 发给 PC－A 的请求连接时确定的序号是一致的。“70”中的“7”表示这个包的 TCP 首部是 28 个字节，“12”转换成二进制是“ 0001 0010”表示 ACK 与 SYN 位的值都是 1，是 PC－A 给 PC－B 的确认，同时也请求与 PC－B 的 TCP 连接，是 PC－B 与 PC－A 进行 TCP 连接的第二次握手。接着的“ff ff”表示 PC－A 能接受 PC－B 连续发送的数据长度，“18 af”是 TCP 报文的校验和，“00 00”是紧急指针，后面 8 个字节中的“05 b4”表示 PC－A 能传送的最大报文段的长度 MSS 是 1460 个字节。

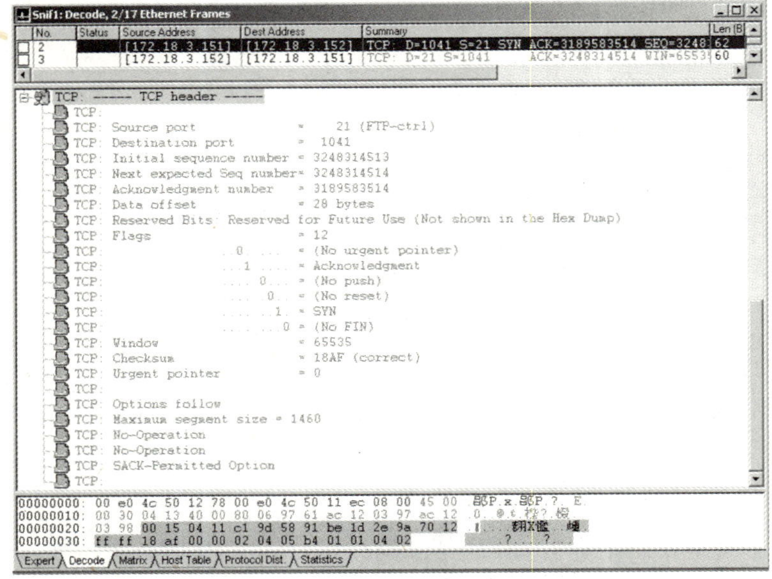

图 5-6-3

(3)分析与实验相关的第 3 个报文(报文编号 No 3)，即 PC－B 发送给 PC－A 的报文，如图 5-6-4。

这里同样只分析十六进制显示的灰色的 TCP 报文部分，“04 11”是 PC－B 上 FTP 客户端的 TCP 源端口，“00 15”是 PC－A 上 FTP 服务器端的 TCP 目标端口。接着的“be 1d 2e 9a”是 PC－B 向 PC－A 通知，后面 PC－B 向 PC－A 传送数据的第一个数据的序号的值，前面 PC－B 向 PC－A 产生第一次握手请求的时候发送的序号是 be 1d 2e 99，因为 TCP 协议规定，SYN 置 1 时利用了 1 个序号，所以这次序号加 1 为“be 1d 2e 9a”，“c1 9d 58 92”是 PC－B 向 PC－A 发出的确认序号，表示 PC－B 已经正确接受之前 PC－A 发给 PC－B 的序号为“c1 9d 58 91”之前的数据，期望接受到 PC－A 下一次从“c1 9d 58 92”开始的数据。增加的这个 1 是因为 PC－A 向 PC－B 第二次握手时置 SYN 为 1 的时候这个 SYN 利用了 1 个序号。接着的“50 10”转换成二进制为 0101 0001 0000，其中的“0101”表示 TCP 首部占 20 个字节，其他的二进制表示 ACK 位为 1，这是 PC－B 发给 PC－A 的确认信号，是 PC－B 与 PC－A 进行 TCP 连接的第三次握手信号。其他的几个字节的值的意义都很容易理解，因为最大报文段的长度 MSS 已经在前两次握手协商完成，所以这次不需要包含 MSS 字段了，所以 TCP 的首部只需要 20 个字节。

```
Snif1: Decode, 3/17 Ethernet Frames
No. Status Source Address   Dest Address      Summary                                               Len(B
3          [172.18.3.152]   [172.18.3.151]    TCP: D=21 S=1041       ACK=3248314514 WIN=6553         60
4          [172.18.3.151]   [172.18.3.152]    FTP: R PORT=1041       220 Serv-U FTP Server v6.       103

TCP: ------ TCP header ------
  TCP:
  TCP: Source port             =  1041
  TCP: Destination port        =    21 (FTP-ctrl)
  TCP: Sequence number         = 3189583514
  TCP: Next expected Seq number= 3189583514
  TCP: Acknowledgment number   = 3248314514
  TCP: Data offset             = 20 bytes
  TCP: Reserved Bits: Reserved for Future Use (Not shown in the Hex Dump)
  TCP: Flags                   = 10
  TCP:          ..0. .... = (No urgent pointer)
  TCP:          ...1 .... = Acknowledgment
  TCP:          .... 0... = (No push)
  TCP:          .... .0.. = (No reset)
  TCP:          .... ..0. = (No SYN)
  TCP:          .... ...0 = (No FIN)
  TCP: Window                  = 65535
  TCP: Checksum                = 4573 (correct)
  TCP: Urgent pointer          = 0
  TCP: No TCP options
  TCP:
DLC: Frame padding= 6 bytes

00000000: 00 e0 4c 50 11 ec 00 e0 4c 50 12 78 08 00 45 00
00000010: 00 28 00 79 40 00 80 06 9b 03 ac 12 03 98 ac 12
00000020: 03 97 04 11 00 15 be 1d 2e 9a c1 9d 58 92 50 10
00000030: ff ff 45 73 00 00 00 00 00 00 00 00
Expert | Decode | Matrix | Host Table | Protocol Dist. | Statistics
```

图 5-6-4

(4)分析与实验相关的第 4 个报文(报文编号 No 4)，即 PC－A 发送给 PC－B 的报文，如下图 5-6-5。

```
Snif1: Decode, 4/17 Ethernet Frames
No. Status Source Address   Dest Address      Summary                                               Len(B
4          [172.18.3.151]   [172.18.3.152]    FTP: R PORT=1041       220 Serv-U FTP Server v6.       103
5          [172.18.3.152]   [172.18.3.151]    TCP: D=21 S=1041       ACK=3248314563 WIN=6548         60

TCP: ------ TCP header ------
  TCP:
  TCP: Source port             =    21 (FTP-ctrl)
  TCP: Destination port        =  1041
  TCP: Sequence number         = 3248314514
  TCP: Next expected Seq number= 3248314563
  TCP: Acknowledgment number   = 3189583514
  TCP: Data offset             = 20 bytes
  TCP: Reserved Bits: Reserved for Future Use (Not shown in the Hex Dump)
  TCP: Flags                   = 18
  TCP:          ..0. .... = (No urgent pointer)
  TCP:          ...1 .... = Acknowledgment
  TCP:          .... 1... = Push
  TCP:          .... .0.. = (No reset)
  TCP:          .... ..0. = (No SYN)
  TCP:          .... ...0 = (No FIN)
  TCP: Window                  = 65535
  TCP: Checksum                = 4769 (correct)
  TCP: Urgent pointer          = 0
  TCP: No TCP options
  TCP: [49 Bytes of data]
  TCP:
FTP: ------ File Transfer Data Protocol ------
  FTP:
  FTP: Line 1: 220 Serv-U FTP Server v6.4 for WinSock ready...
  FTP:

00000000: 00 e0 4c 50 12 78 00 e0 4c 50 11 ec 08 00 45 00
00000010: 00 59 04 14 40 00 80 06 97 37 ac 12 03 97 ac 12
00000020: 03 98 00 15 04 11 c1 9d 58 92 be 1d 2e 9a 50 18
00000030: ff ff 47 69 00 00 32 32 30 20 53 65 72 76 2d 55    Gi..220 Serv-U
00000040: 20 46 54 50 20 53 65 72 76 65 72 20 76 36 2e 34     FTP Server v6.4
00000050: 20 66 6f 72 20 57 69 6e 53 6f 63 6b 20 72 65 61     for WinSock rea
00000060: 64 79 2e 2e 2e 0d 0a                               dy...
Expert | Decode | Matrix | Host Table | Protocol Dist. | Statistics
```

图 5-6-5

在 IP 首部中的总长度字段是“00 59”即十进制的 89 个字节，IP 首部长 20 字节，所以

TCP 报文长 69 字节，TCP 报文首部中的 TCP 首部长度字段是“5018”转化成二进制是“01010000 00011000”，表示 TCP 首部长 20 字节，所以 TCP 的数据部分为 49 字节，TCP 的数据部分不属于本实验分析的范围。控制部分 ACK 为“1”表示 PC－A 对 PC－B 的确认，PSH 为“1”表示 PC－A 要求 PC－B 尽快把这次发给 PC－B 的数据提交给 PC－B 的高层应用层。我们提取其中的序号字段，其值为“c1 9d 58 92”，TCP 数据字段中的开始连续几个字节即内容为“32 32 30 20 53 65”等等，其中 32 所在字节的序号在这个报文所有发送的 TCP 数据中为“c1 9d 58 92”，TCP 数据字段一共 49 个字节数据。根据 TCP 知识，PC－B 收到这个报文后，PC－B 在发给 PC－A 的确认报文时，确认号应该是“c1 9d 58 c3”，这在下一个截包得以验证。

(5)分析与实验相关的第 5 个报文(报文编号 No 5)，即 PC－B 发送给 PC－A 的报文，见图 5-6-6。

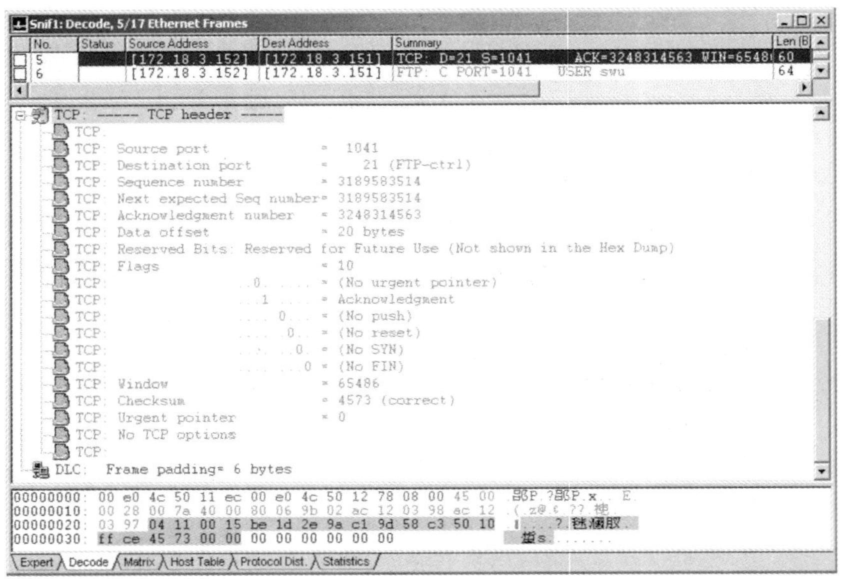

图 5-6-6

TCP 报文首部中“04 11”与“00 15”分别是源端口与目的端口，“be 1d 2e 9a”表示 PC－B 要发给 PC－A 的数据的序号，这个值与前面 PC－B 发给 PC－A 的几个报文的序号没变化，因为 PC－B 只是给 PC－A 发送过一个 SYN 为 1 的请求连接的报文，因为首部中 ACK 位为 1，因此“c1 9d 58 c3”表示 PC－B 对 PC－A 的确认，已经正确收到 PC－A 发给 PC－B 的序号为“c1 9d 58 c3”之前的数据，期望收到“c1 9d 58 c3”开始的新数据，这表示与上面分析的第 4 个相关的 PC－A 发给 PC－B 的报文中 49 个字节的数据已正确收到。窗口字段值为“ff ce”，用于进行流量控制，该值表示 PC－B 还能连续接受 PC－A 发送 65486 字节数据，协商时能连续接受 65535，说明已经接收了 65535－65486＝49 字节。

(6)分析与实验相关的第 6 个报文(报文编号 No 6)，即 PC－B 发送给 PC－A 的报文，见图 5-6-7。

```
Snif1: Decode, 6/17 Ethernet Frames
6  [172.18.3.152] [172.18.3.151] FTP: C PORT=1041  USER swu
7  [172.18.3.151] [172.18.3.152] FTP: R PORT=1041  331 User name okay, need
TCP: ----- TCP header -----
TCP: Source port              = 1041
TCP: Destination port         =   21 (FTP-ctrl)
TCP: Sequence number          = 3189583514
TCP: Next expected Seq number= 3189583524
TCP: Acknowledgment number    = 3248314563
TCP: Data offset              = 20 bytes
TCP: Reserved Bits: Reserved for Future Use (Not shown in the Hex Dump)
TCP: Flags                    = 18
TCP:          ..0. .... = (No urgent pointer)
TCP:          ...1 .... = Acknowledgment
TCP:          .... 1... = Push
TCP:          .... .0.. = (No reset)
TCP:          .... ..0. = (No SYN)
TCP:          .... ...0 = (No FIN)
TCP: Window                   = 65486
TCP: Checksum                 = 05C9 (correct)
TCP: Urgent pointer           = 0
TCP: No TCP options
TCP: [10 Bytes of data]
FTP: ----- File Transfer Data Protocol -----
FTP: Line 1: USER swu
```

图 5-6-7

“04 11 00 15”表示源端口与目标端口，“be 1d 2e 9a”表示此报文数据的发送序号，“c1 9d 58 c3”是发给 PC－A 的确认序号，“50 18”表示 TCP 首部 20 字节，ACK 与 PSH 为“1”，表示给 PC－A 的确认以及要求 PC－A 收到这个报文后尽快提交给应用层，可以看出，这个报文是 FTP 客户端发给 FTP 服务器端用户名。

(7)分析相关的第 7 个报文(报文编号 No 7)，即 PC－A 发送给 PC－B 的报文，见图 5-6-8。

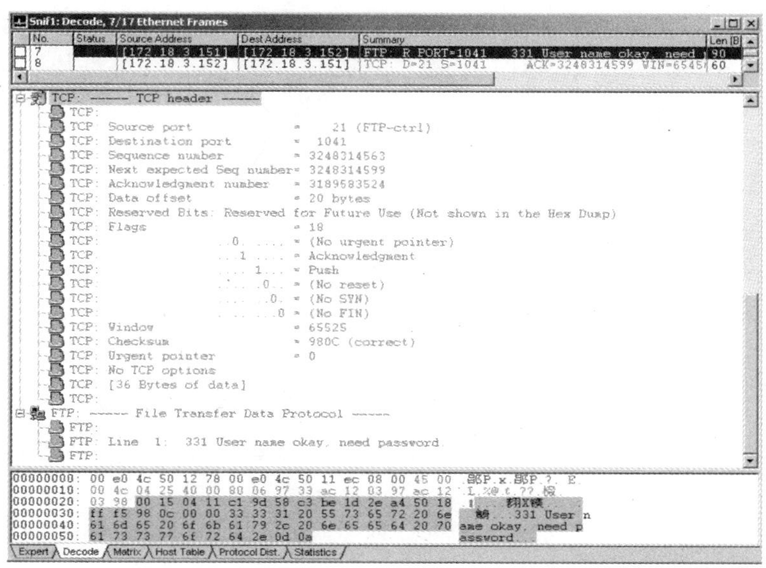

图 5-6-8

根据前面的分析，这次的数据报是 FTP 服务器告诉 FTP 客户端上次的用户名存在，需要马上输入相应的密码。

以下的报文是 FTP 应用协议的 TCP 连接释放过程。

(8)分析与实验相关的第八个报文(报文编号 No 8),见图 5-6-9,即 PC－B 发送给 PC－A 的报文。

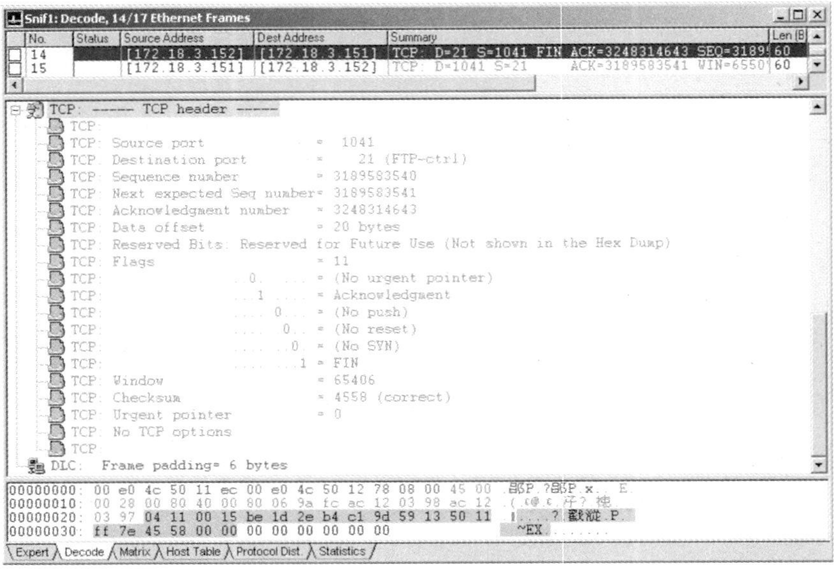

图 5-6-9

确认号字段后的两个连续字节的值为“50 11”,转化成二进制为“01010000 00010001”,表示 TCP 首部为 20 字节,ACK 位为 1,同时确认号“c1 9d 59 13”表示 PC－B 对 PC－A 发送的数据进行确认;FIN 位的值都为 1,表示 PC－B 通知 PC－A 释放从 PC－B 到 PC－A 的 FTP 的 TCP 半连接。这是释放连接的第一次握手。

(9)分析与实验相关的第 9 个报文(报文编号 No 9),即 PC－A 发送给 PC－B 的报文,见图 5-6-10。

确认号字段后的两个连续字节的值为“50 10”,转化成二进制为“01010000 00010000”,表示 TCP 首部为 20 字节,ACK 位的值为 1,表示 PC－A 对 PC－B 的确认,因为前面是 PC－B 请求 PC－A 释放从 PC－B 到 PC－A 的 TCP 连接,这个报文表示 PC－A 同意 PC－B 从 PC－B 到 PC－A 的 TCP 连接。确认序号在“be 1d 2e b4”的基础上增加了 1 为“be 1d 2e b5”,这是因为前面 PC－B 请求 PC－A 释放从 PC－B 到 PC－A 的 TCP 连接报文中 FIN 为 1,相当于利用了 1 个序号。这是释放连接的第二次握手。

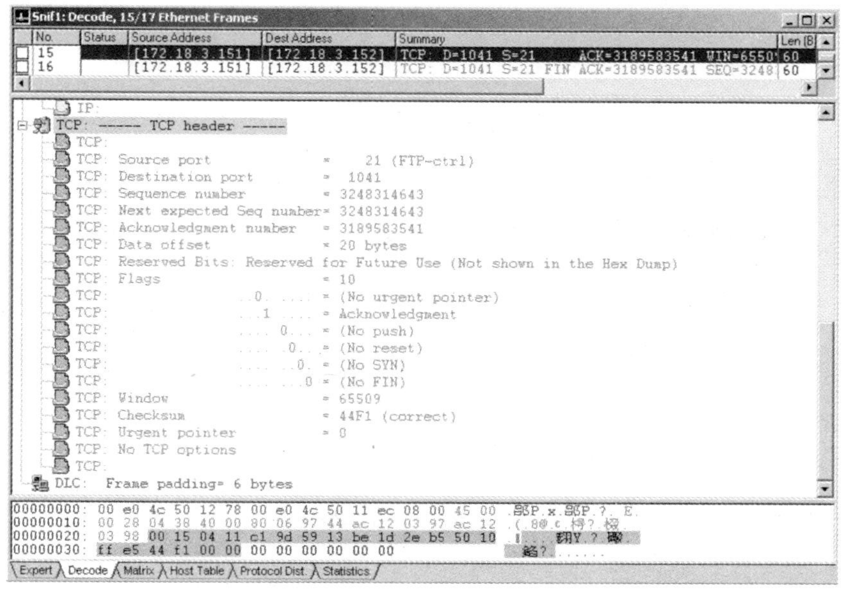

图 5-6-10

（10）下面分析与实验相关的第 10 个报文（报文编号 No 10），即 PC－A 发送给 PC－B 的报文，见图 5-6-11。

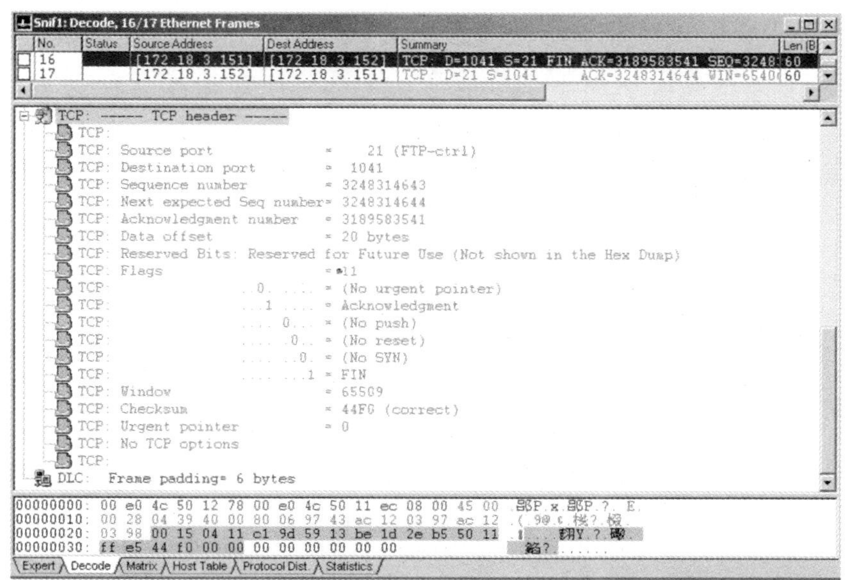

图 5-6-11

确认号字段后的两个连续字节的值为“50 11”，转化成二进制为“01010000 00010001”，表示 TCP 首部为 20 字节，ACK 位的值为 1，表示 PC－A 对 PC－B 的确认，这与前面分析的相关的第九个报文的确认是相同的，并不影响 TCP 协议。同时 FIN 位的值为 1，表示 PC－A 请求 PC－B 释放从 PC－A 到 PC－B 的 TCP 半连接，这是释放 PC－A 与 PC－B 的 TCP 连接第三次握手。

(11)分析与实验相关的第 11 个报文(报文编号 No 11)，即 PC－B 发送给 PC－A 的报文，见图 5-6-12。

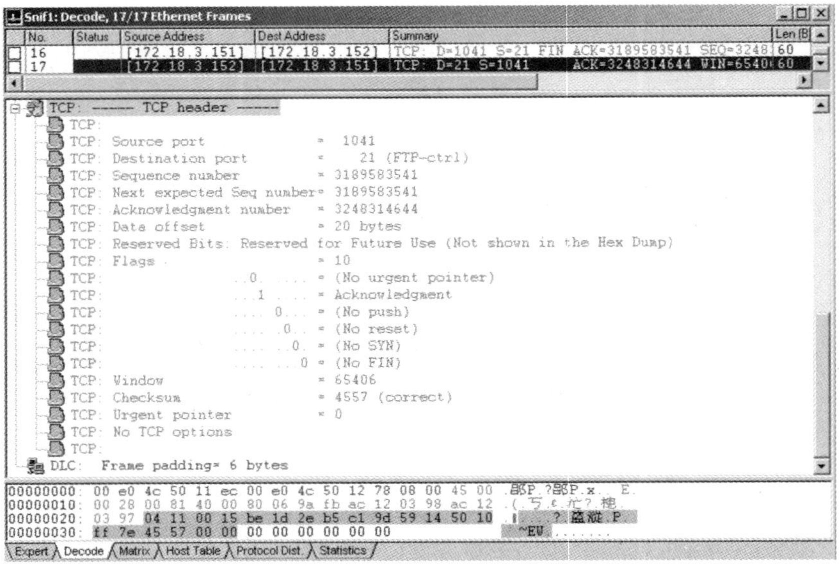

```
Snif1: Decode, 17/17 Ethernet Frames
No.  Status  Source Address   Dest Address     Summary                                              Len (B
16           [172.18.3.151]   [172.18.3.152]   TCP: D=1041 S=21 FIN ACK=3189583541 SEQ=3248         60
17           [172.18.3.152]   [172.18.3.151]   TCP: D=21 S=1041     ACK=3248314644 WIN=6540         60

TCP: ----- TCP header -----
TCP:
TCP: Source port              =  1041
TCP: Destination port         =    21 (FTP-ctrl)
TCP: Sequence number          = 3189583541
TCP: Next expected Seq number= 3189583541
TCP: Acknowledgment number    = 3248314644
TCP: Data offset              = 20 bytes
TCP: Reserved Bits: Reserved for Future Use (Not shown in the Hex Dump)
TCP: Flags                    = 10
TCP:              ..0. .... = (No urgent pointer)
TCP:              ...1 .... = Acknowledgment
TCP:              .... 0... = (No push)
TCP:              .... .0.. = (No reset)
TCP:              .... ..0. = (No SYN)
TCP:              .... ...0 = (No FIN)
TCP: Window                   = 65406
TCP: Checksum                 = 4557 (correct)
TCP: Urgent pointer           = 0
TCP: No TCP options
TCP:
DLC:  Frame padding= 6 bytes

00000000: 00 e0 4c 50 11 ec 00 e0 4c 50 12 78 08 00 45 00
00000010: 00 28 00 81 40 00 80 06 9a fb ac 12 03 98 ac 12
00000020: 03 97 04 11 00 15 be 1d 2e b5 c1 9d 59 14 50 10
00000030: ff 7e 45 57 00 00 00 00 00 00 00 00

Expert  Decode  Matrix  Host Table  Protocol Dist.  Statistics
```

图 5-6-12

确认号字段后的两个连续字节的值为“50 10”，转化成二进制为“01010000 00010000”，表示 TCP 首部为 20 字节，ACK 位的值为 1，表示 PC－B 对 PC－A 的确认，这是释放连接的第四次握手。经过四次握手 FTP 应用程序的 TCP 连接就彻底释放。

实验七　协议分析实验

一、背景知识描述

FTP 应用层协议是很典型的、应用最普遍的、基于 TCP 面向连接的。FTP 应用层协议首先在 21 号端口监听并等待客户端的连接，服务器与客户机一旦在 21 号上建立 TCP 连接，客户机与服务器的所有控制信息都在 21 号连接上完成，所以称为 21 号连接为控制连接。当客户机需要文件列表信息与下载文件时，再在 20 号端口与客户端建立一个新的连接，以完成文件列表信息以及文件内容的传输。传输成功与否的协议内容与协议规程都在 20 号端口的控制连接上进行通信。所以称 20 号端口为数据端口。

二、实验内容

截取 FTP 应用程序在 21 号端口传输的客户端命令与服务器回应的协议内容，以此分析 FTP 协议规程；截取在 20 号端口上传输文件的过程，以此分析基于 20 号的数据端口传输数据的协议规程。

三、实验目的

1. 验证 FTP 协议的控制规程；
2. 掌握 FTP 协议上数据传输过程。

四、应用场景描述

本实验有助于教师讲授应用层协议知识时，形象具体的描述应用层的协议规程。

五、实验拓扑

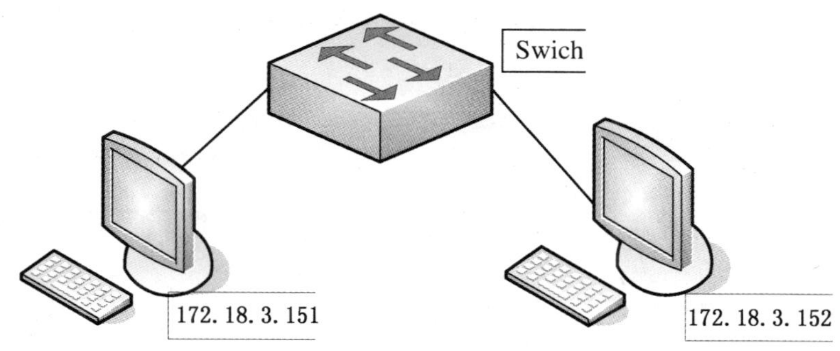

图 5-7-1　拓扑图

六、实验设备

1. 两台 PC—计算机，其中计算机 A 上安装有 Sniffer Pro 软件，计算机 B 上安装有 FTP 服务器(PC—A 的 IP：172. 18. 3. 151；PC—B 的 IP：172. 18. 3. 152)；

2. 交换机一台，连接 PC—A 与 PC—B，构建局域网。

七、实验步骤

1. 在 PC—B 上安装并运行 FTP 服务器软件。

2. 在 PC—A 运行 Sniffer Pro 软件并启动其截包功能。在启动截包之前，设置如图 5-7-2 与图 5-7-3。

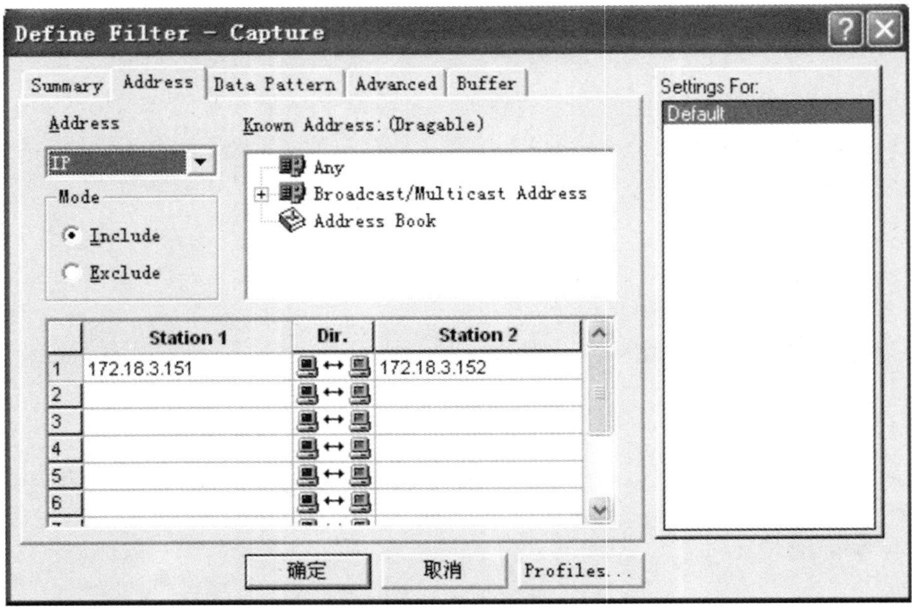

图 5-7-2

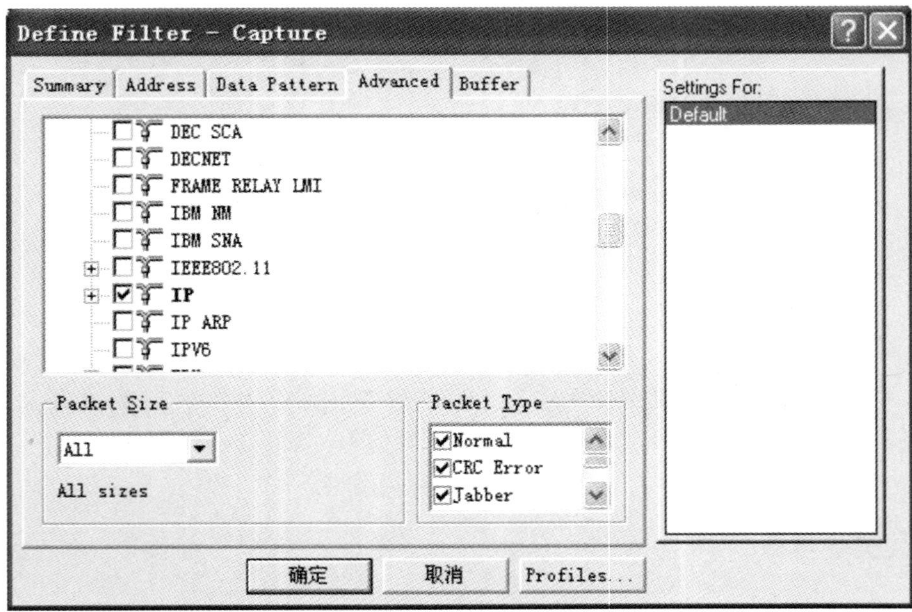

图 5-7-3

3. 在 PC－A 上的命令提示符窗口中输入的命令过程如图 5-7-4。

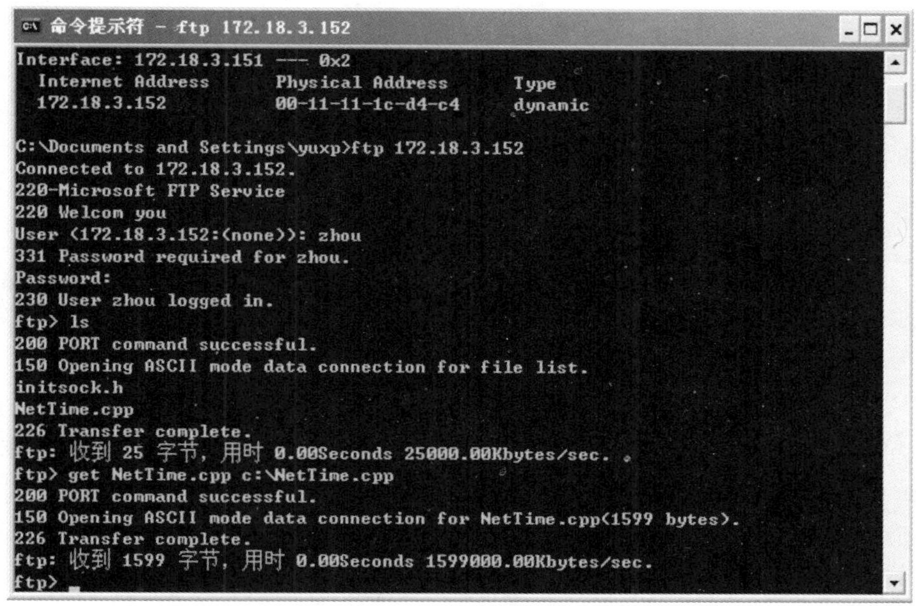

图 5-7-4

4. 暂停 Sniffer Pro 截包功能，根据在 PC—A 上截包情况，分析验证 FTP 应用层协议的协议规程。

(1)分析 PC—A 上截取的的最前面三个数据包即编号 No 值为 1、2 与 3 的三个数据包，如图 5-7-5。

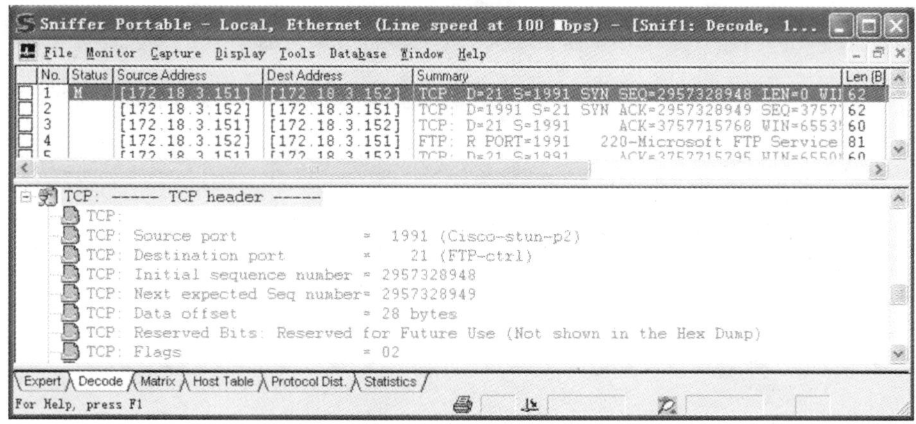

图 5-7-5

分析图 5-7-5 的三个数据包，PC—A 与 PC—B 通过三次握手实现了 PC—A 上的 FTP 客户端软件用端口号 1991 与 PC—B 上的 FTP 服务器软件的端口号 21 的 TCP 连接。

(2)分析被截取的相关的第 4 个包，是 PC—B 发送给 PC—A 的，如图 5-7-6。

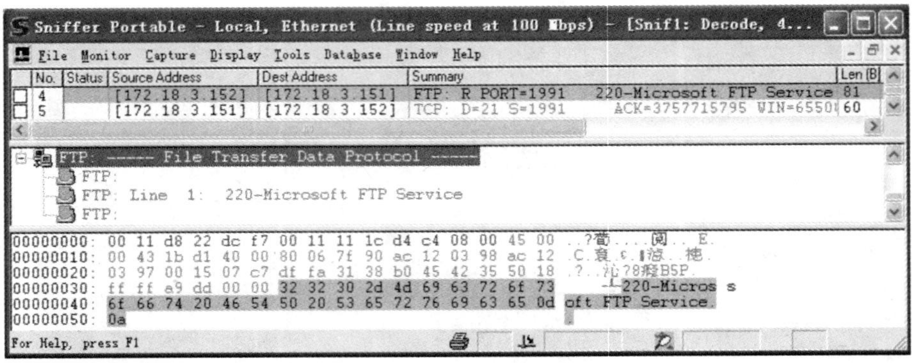

图 5-7-6

这里只分析第四行开始的十六进制用灰色作标记的 FTP 数据部分，表示 FTP 服务器与客户机彼此采用字符串来实现控制协议规程。字符串前面的三个字节的数字字符串是协议规程的关键，表示客户端向服务器端有某种请求后，服务器对客户端的请求的不同回应。客户端根据不同的回应数字字符串，来了解服务器对请求的执行情况。后面的字符串是可选的附加信息，“32 32 30”规定的是 PC－B 上的 FTP 服务器与 PC－A 上的 FTP 客户端传输层连接完成后服务器向客户端发送的“220”表示服务器服务就绪。这是服务器与客户端控制协议协商的第一个数据字符串，灰色的部分的最后两个字节的值是“0d 0a”，FTP 应用协议规定，所有的控制字符串信息的最后必须用这两个字符结束，顺序也不能颠倒。

(3)分析相关的第 5 个报文，即 PC－A 发送给 PC－B 的，如图 5-7-7。

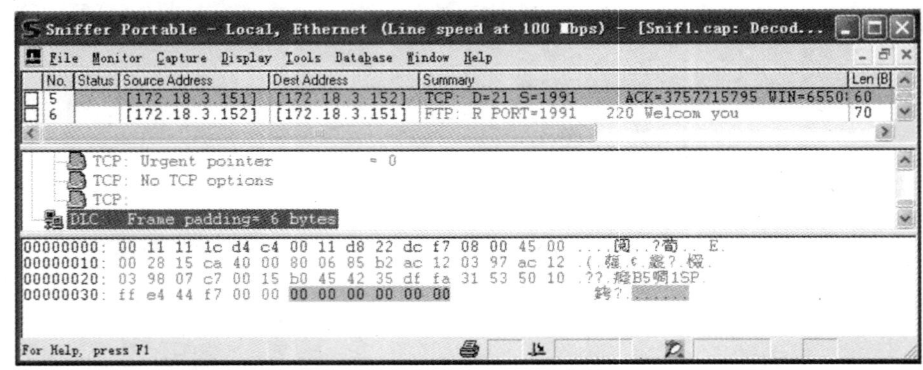

图 5-7-7

这里只有传输层的数据，实现传输层的确认机制，这个数据包表示对第 4 个数据包即 PC－B 发给 PC－A 的数据包的确认，没涉及到 FTP 协议。

(4)分析相关的第 6 个报文，是 PC－B 发送给 PC－A 的，如下图 5-7-8。

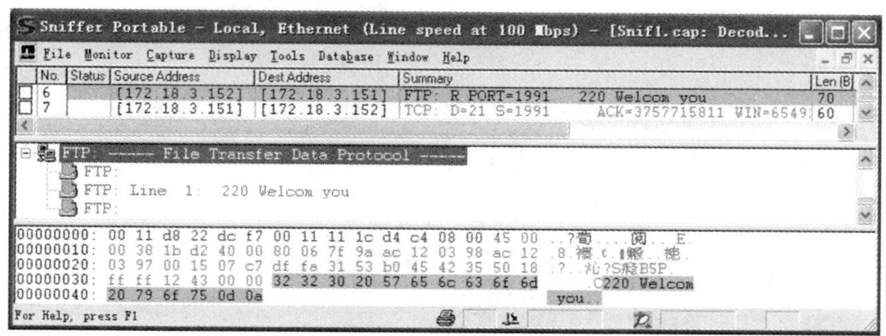

图 5-7-8

分析第四行开始的十六进制用灰色作标记的 FTP 数据部分。用字符串实现控制协议规程，字符串前面的三个字节的数字字符串“32 32 30”是 PC－B 上 FTP 服务器向 PC－A 上的 FTP 客户端发送的“220”，”220”与后面的其他字符串用空格隔开，后面的字符串是可选内容，此处是服务器向客户机发送的表示的欢迎信息。

(5)分析相关的第 7 个报文，即 PC－A 发送给 PC－B 的，见图 5-7-9：

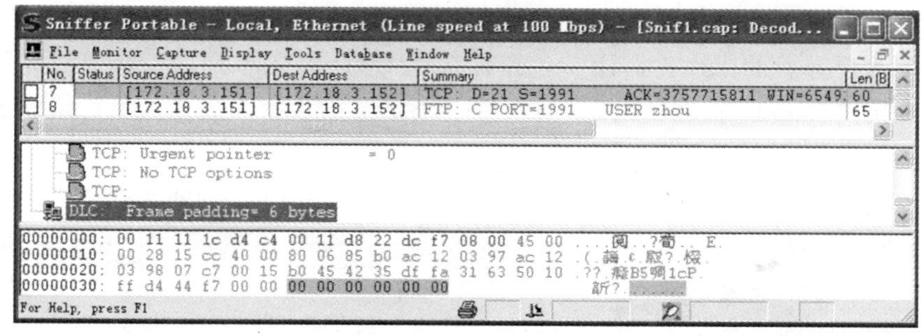

图 5-7-9

这个报文与第 5 个报文的作用是一样的。

(6)分析相关的第 8 个报文，即 PC－A 发送给 PC－B 的，见图 5-7-10。

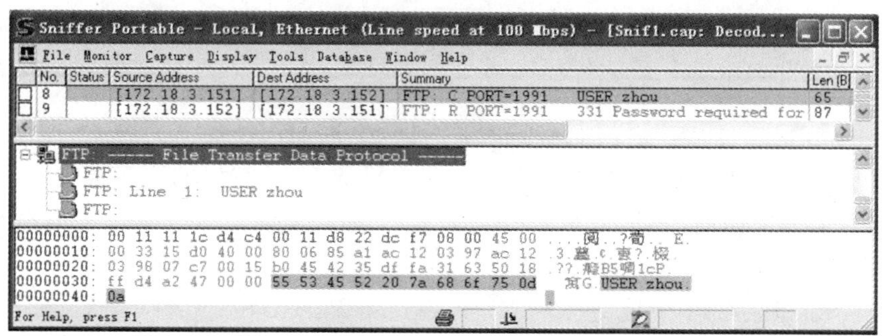

图 5-7-10

分析第四行开始的十六进制用灰色作标记的 FTP 数据部分。用字符串表示的控制协议，前面四个字符是”55 53 45 52”即“USER”，”USER”与后面的字符串之间有一个空格字符，在 FTP 协议中，客户端向服务器发送请求的时候，将字符串用空格分成两部分，前面使用四个字符表示的命令请求，后面的字符串是该命令请求的参数，整个字符串最后也用"0d 0a"作为结束标志。这个报文是客户端 PC－A 向服务器 PC－B 发送的请求用户命令，请求服务器验证是否存在有用户名"zhou"。

(7)分析相关的第 9 个报文，即 PC－B 发送给 PC－A 的，见图 5-7-11。

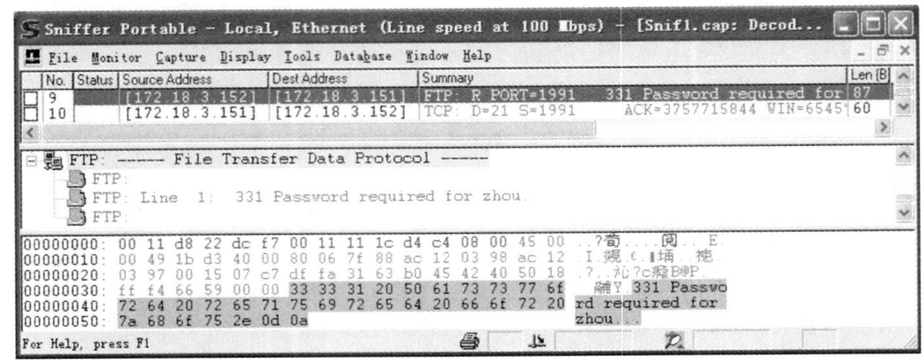

图 5-7-11

分析第四行开始的十六进制用灰色作标记的 FTP 数据部分，表示 FTP 服务器向客户机回答该用户"zhou" 存在，字符串前面的三个字节的数字字符串"33 33 31"表示客户机请求询问的用户"zhou"是存在的。

(8)分析相关的第 10 个报文，即 PC－A 发送给 PC－B 的，见图 5-7-12。

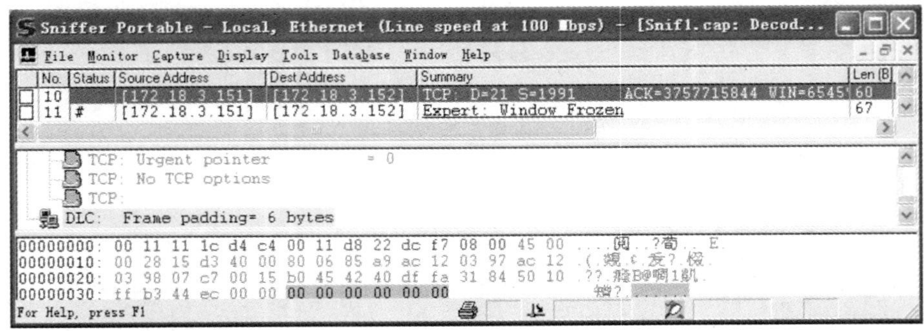

图 5-7-12

这个包是在 FTP 服务器的 21 号端口与客户机的 1991 端口的连接报文，没有应用层数据，同第 5 个报文作用，表示是对服务器向客户端回应验证用户存在数据报文的确认报文。

(9)分析相关的第 11 个报文，即 PC－A 发送给 PC－B 的，见图 5-7-13。

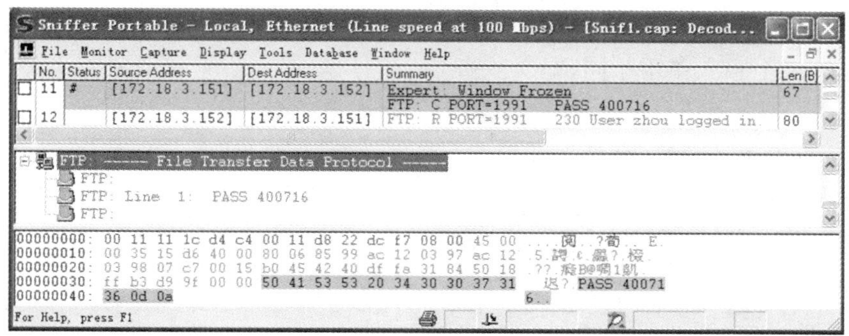

图 5-7-13

分析第四行开始的十六进制用灰色作标记的 FTP 数据部分。用字符串表示的控制协议，前面四个字符是"50 41 53 53"即"PASS"，"PASS"与后面的字符串之间有一个空格字符，"PASS"表示命令验证密码请求，空格后面是字符串"400716"，这是请求验证用户"zhou"的密码是否是"400716"。同样最后用"0d 0a"结束。

(10)下面分析相关的第 12 个报文，是 PC－B 发送给 PC－A 的，见图 5-7-14。

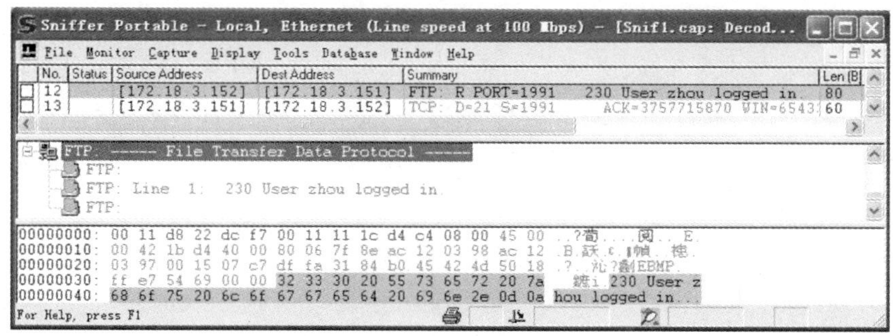

图 5-7-14

分析第四行开始的十六进制用灰色作标记的 FTP 数据部分。表示 FTP 服务器向客户机回应用户"zhou" 的密码正确否，字符串前面的三个字节的数字字符串"32 33 30"表示客户机刚才请求询问用户"zhou"的密码"400716"是正确的，并提示客户端登录成功。

(11)分析相关的第 13 个报文，即 PC－A 发送给 PC－B 的，见图 5-7-15。

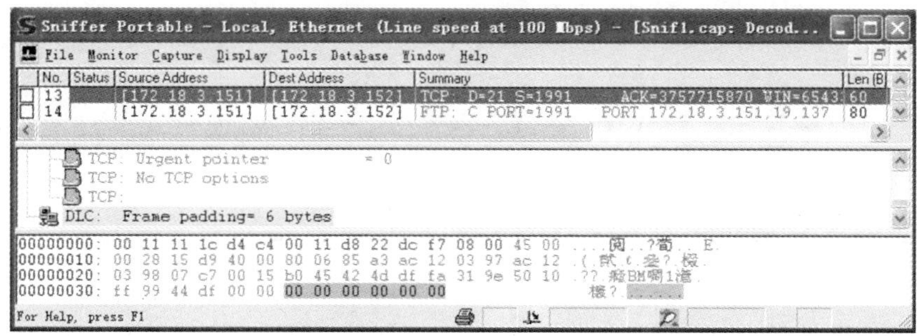

图 5-7-15

这个包是 FTP 服务器 21 号端口与客户机 1991 端口连接上的 TCP 报文，没有应用层数据，同第 5 个报文作用相同，是对服务器向客户端回应验证密码正确的数据报文的确认报文。

(12)分析相关的第 14 个报文，即 PC－A 发送给 PC－B 的，见图 5-7-16：

```
Sniffer Portable - Local, Ethernet (Line speed at 100 Mbps) - [Snif1.cap: Decod...
File  Monitor  Capture  Display  Tools  Database  Window  Help
No. | Status | Source Address | Dest Address   | Summary                                           | Len (B
14  |        | [172.18.3.151] | [172.18.3.152] | FTP: C PORT=1991  PORT 172,18,3,151,19,137        | 80
15  |        | [172.18.3.152] | [172.18.3.151] | FTP: R PORT=1991  200 PORT command successf       | 84

FTP: ------ File Transfer Data Protocol ------
  FTP:
  FTP: Line  1:  PORT 172,18,3,151,19,137
  FTP:

00000000: 00 11 11 1c d4 c4 00 11 d8 22 dc f7 08 00 45 00
00000010: 00 42 15 dc 40 00 80 06 85 86 ac 12 03 97 ac 12
00000020: 03 98 07 c7 00 15 b0 45 42 4d df fa 31 9e 50 18
00000030: ff 99 b3 1f 00 00 50 4f 52 54 20 31 37 32 2c 31   PORT 172,1
00000040: 38 2c 33 2c 31 35 31 2c 31 39 2c 31 33 37 0d 0a   8,3,151,19,137..
For Help, press F1
```

图 5-7-16

分析第四行开始的十六进制用灰色作标记的 FTP 数据部分，用字符串表示的控制协议。协议内容是“PORT 172,18,3,151,19,137 0d 0a”，这是在图 5-7-4 的 FTP 客户端命令窗口里面输入“ls”命令后，客户端先通过 PORT 命令向服务器端发送一个 IP 地址与端口号，客户端会在该端口等待服务器端通过 20 号与之连接，PORT 后面接着是空格，空格后是逗号分开的数字字符串，这些数字字符串是客户端的 4 字节的 IP 地址与准备建立数据连接的 2 字节的端口号，所有数字字符串都是这 6 个字节的每个字节的数值转化成数字字符串后形成的“172,18,3,151”是由客户段的 IP 地址的四个字节每个字节转化的，“19,137”是端口号的两个字节转化而成的，对应的端口号数值是 $19*256+137=5001$。这些数字字节串用逗号分开是 FTP 协议规定的，最后用“0d 0a”作为命令结束标志。

(13)分析相关的第 15 个报文，是 PC－B 发送给 PC－A 的，见图 5-7-17。

```
Sniffer Portable - Local, Ethernet (Line speed at 100 Mbps) - [Snif1.cap: Decod...
File  Monitor  Capture  Display  Tools  Database  Window  Help
No. | Status | Source Address | Dest Address   | Summary                                           | Len (B
15  |        | [172.18.3.152] | [172.18.3.151] | FTP: R PORT=1991  200 PORT command successf       | 84
16  |        | [172.18.3.151] | [172.18.3.152] | FTP: C PORT=1991  NLST                            | 60

FTP: ------ File Transfer Data Protocol ------
  FTP:
  FTP: Line  1:  200 PORT command successful.
  FTP:

00000000: 00 11 d8 22 dc f7 00 11 11 1c d4 c4 08 00 45 00
00000010: 00 46 1b d5 40 00 80 06 7f 89 ac 12 03 98 ac 12
00000020: 03 97 00 15 07 c7 df fa 31 9e b0 45 42 67 50 18
00000030: ff cd 87 83 00 00 32 30 30 20 50 4f 52 54 20 63   200 PORT c
00000040: 6f 6d 6d 61 6e 64 20 73 75 63 63 65 73 73 66 75   ommand successfu
00000050: 6c 2e 0d 0a                                       l...
For Help, press F1
```

图 5-7-17

分析第四行开始的十六进制用灰色作标记的 FTP 数据部分。表示 FTP 服务器向客户机回应前面客户机的 PORT 命令接收处理情况，“200 PORT command successful.”字符串前面的三个字节的数字字符串“32 30 30”表示服务器向客户机回应 PORT 请求命令正确。

(14)分析相关的第 16 个报文,即 PC—A 发送给 PC—B 的,见图 5-7-18。

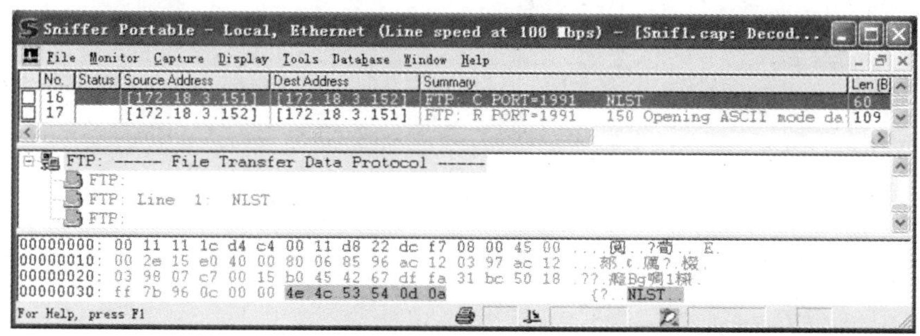

图 5-7-18

分析第四行开始的十六进制用灰色作标记的 FTP 数据部分,用字符串表示的控制协议。协议内容是客户端向服务器端发送“NLST”命令,这是在图 5-7-4 的 FTP 客户端命令窗口里面输入“ls”命令后,客户端在发送完 PORT 命令,服务器回应 PORT 命令正确后,客户端紧接着向服务器发送的请求文件列表信息的命令,表示请求服务器发送当前文件夹下的文件列表信息,用“0d 0a”作为命令结束标志。

(15)分析相关的第 17 个报文,是 PC—B 发送给 PC—A 的,见图 5-7-19。

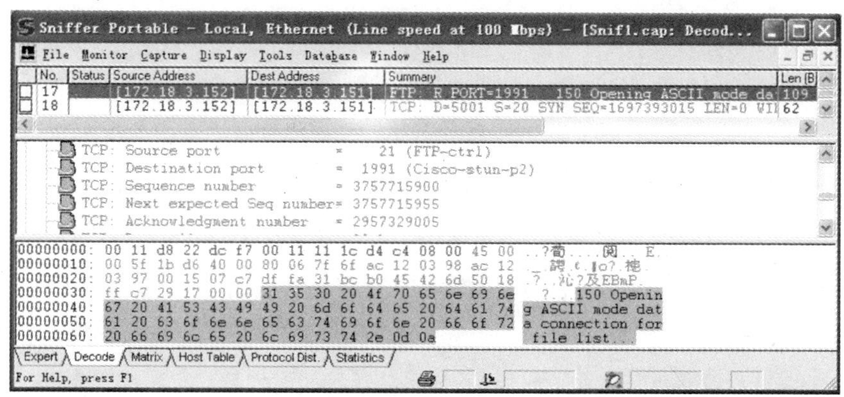

图 5-7-19

分析第四行开始的十六进制用灰色作标记的 FTP 数据部分。表示 FTP 服务器通过 21 号端口的控制连接向客户机回应客户机的 NLST 命令处理情况,“150 Opening ASCII mode data connection for file list..”字符串前面的三个字节的数字字符串“150”表示服务器向客户机回应 NLST 请求命令,表示文件状态正确,准备建立数据连接。

(16)分析相关的第 18、19 与 20 三个报文,见图 5-7-20。

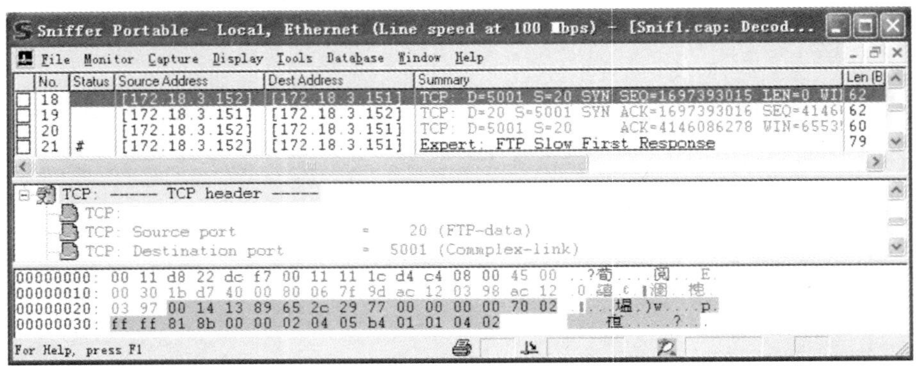

图 5-7-20

分析图 5-5-20 的三个数据报文，通过三次握手实现了 PC－B 上的 FTP 服务器软件用端口号 20 与 PC－B 上的客户端软件 FTP 的端口号 5001 的 TCP 连接。

(17)分析相关的第 21 个报文，即 PC－B 发送给 PC－A 的，见图 5-7-21。

```
Sniffer Portable - Local, Ethernet (Line speed at 100 Mbps) - [Snif1.cap: Decod...
File Monitor Capture Display Tools Database Window Help
No. Status Source Address  Dest Address     Summary                                  Len (B)
21  #      [172.18.3.152]  [172.18.3.151]   Expert: FTP Slow First Response          79
                                            FTP: R PORT=5001   Text Data
22         [172.18.3.152]  [172.18.3.151]   TCP: D=5001 S=20 FIN ACK=4146086278 SEQ=1697 60
FTP: ----- FTP Data -----
FTP:
FTP: Line 1:  initsock.h
FTP: Line 2:  NetTime.cpp
FTP:
00000000: 00 11 d8 22 dc f7 00 11 11 1c d4 c4 08 00 45 00
00000010: 00 41 1b d9 40 00 80 06 7f 8a ac 12 03 98 ac 12
00000020: 03 97 00 14 13 89 65 2c 29 78 f7 20 41 86 50 18
00000030: ff ff 21 74 00 00 69 6e 69 74 73 6f 63 6b 2e 68   initsock.h
00000040: 0d 0a 4e 65 74 54 69 6d 65 2e 63 70 70 0d 0a      ..NetTime.cpp..
For Help, press F1
```

图 5-7-21

分析第四行开始的十六进制用灰色作标记的 FTP 数据部分。服务器用端口号 20 与客户机端口号 5001 建立数据连接后，FTP 服务器通过该数据连接向客户机传输当前文件夹下的文件列表信息。“69 6e 69 74 73 6f 63 6b 2e 68 0d 0a 4e 65 74 54 69 6d 65 2e 63 70 70 0d 0a”数据是实验实服务器上当前文件夹的两个文件名字，中间的“0d 0a”是两个文件的回车分割符。最后的“0d 0a”表示文件名列表字符串结束，这里的结束是数据内容结束，而不是控制连接上的命令与回应协议结束。

(18)分析相关的第 22、23、24 与 25 四个报文，见图 5-7-22。

分析图 5-7-22 的四个数据包，通过四次握手实现断开 PC－B 上的 FTP 服务器在 20 号端口与 PC－B 的客户端软件在 5001 端口的 TCP 连接。没有应用层数据，同时在四次握手过程中客户端也附带确认前面服务器向客户端传送文件列表数据的数据报文的确认。

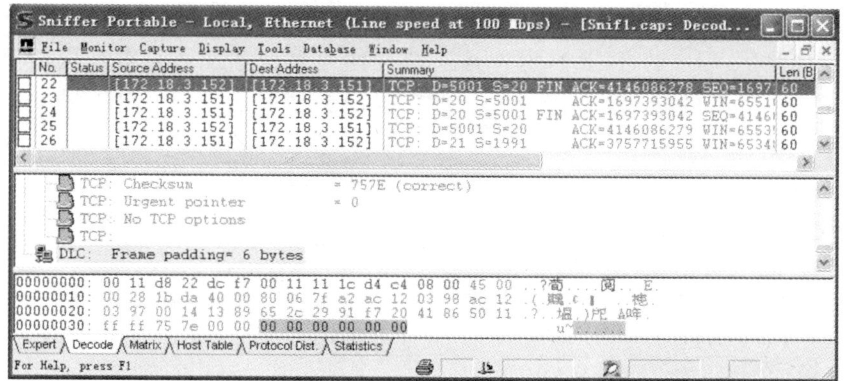

图 5-7-22

(19)分析相关的第 26 个报文,即 PC—A 发送给 PC—B 的,见图 5-7-23。

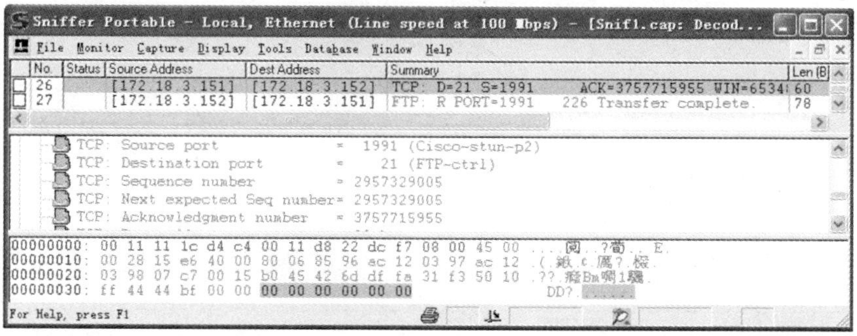

图 5-7-23

对比分析图 5-7-19 与图 5-7-23,两个包都是在 PC—A 的 1991 端口与 PC—B 上 21 端口控制连接上的控制信息发送,第 17 个包的发送序号是“3757715900”,数据内容是 55 个字节,而这里的第 26 个包确认序号是 3757715955,因此此处的第 26 个包是对第 17 个 PC—B 发送给 PC—A 的包的确认。

(20)分析相关的第 27 个报文,即 PC—A 发送给 PC—B 的,见图 5-7-24。

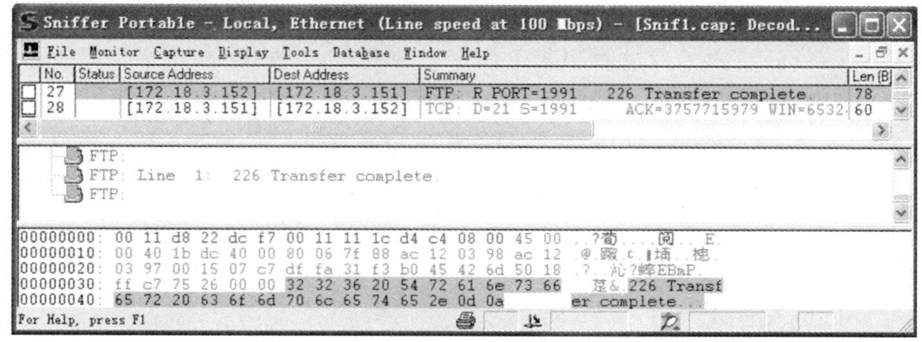

图 5-7-24

分析第四行开始的十六进制用灰色作标记的 FTP 数据部分，PC—B 通过 20 号端口与 PC—A 的 5001 端口的 TCP 数据连接上把文件列表信息发送给客户段后，PC—B 通过 21 号端口的控制连接向客户端回应，“226”表示文件列表信息发送完毕，该释放数据连接。

(21)分析相关的第 28 个报文，即 PC—A 发送给 PC—B 的，见图 5-7-25。

```
Sniffer Portable - Local, Ethernet (Line speed at 100 Mbps) - [Snif1.cap: Decod...
File Monitor Capture Display Tools Database Window Help
No. Status Source Address   Dest Address     Summary                                       Len (B)
28          [172.18.3.151]  [172.18.3.152]   TCP: D=21 S=1991    ACK=3757715979 WIN=6532  60
29   #      [172.18.3.151]  [172.18.3.152]   Expert: Window Frozen                         80

TCP: Destination port       =     21 (FTP-ctrl)
TCP: Sequence number        = 2957329005
TCP: Next expected Seq number= 2957329005
TCP: Acknowledgment number  = 3757715979

00000000: 00 11 11 1c d4 c4 00 11 d8 22 dc f7 08 00 45 00
00000010: 00 28 15 e8 40 00 80 06 85 94 ac 12 03 97 ac 12
00000020: 03 98 07 c7 00 15 b0 45 42 6d df fa 32 0b 50 10
00000030: ff 2c 44 bf 00 00 00 00 00 00 00 00
For Help, press F1
```

图 5-7-25

分析，这个包是 FTP 服务器 21 号端口与客户机 1991 端口上对第 27 个包的确认报文。

(22)分析相关的第 29 个报文，即 PC—A 发送给 PC—B 的，见图 5-7-26。

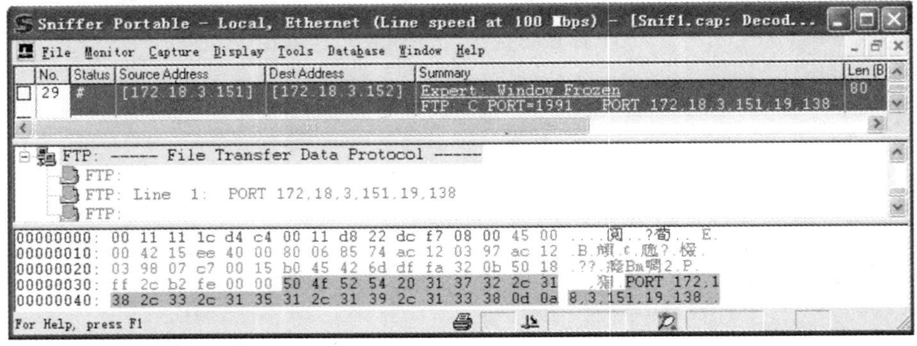

图 5-7-26

分析第四行开始的十六进制用灰色作标记的 FTP 数据部分，用字符串表示的控制协议。协议内容是“PORT”，这是在图 5-7-4 的 FTP 客户端命令窗口里面输入“get NetTime. cpp c:\NetTime. cpp”命令后，客户端先向服务器端发送的准备建立数据连接的客户端的 IP 地址与端口号参数，等待服务器用 20 号端口建立数据连接。命令后面的参数表示得与第 14 个报文的参数含义相同，这次的“19，138”对应的端口号值是 5002，最后用“0d 0a”为字符串协议结束标志。

(23)分析相关的第 30 个报文，即 PC—B 发送给 PC—A 的，见图 5-7-27。

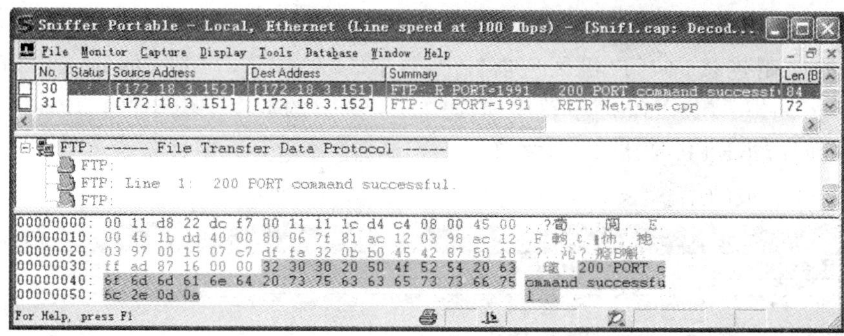

图 5-7-27

分析第四行开始的十六进制用灰色作标记的 FTP 数据部分。与第 15 个报文的作用一样，服务器告诉客户端，PORT 命令正确，接受成功。

(24)分析相关的第 31 个报文，是 PC－A 发送给 PC－B 的，见图 5-7-28。

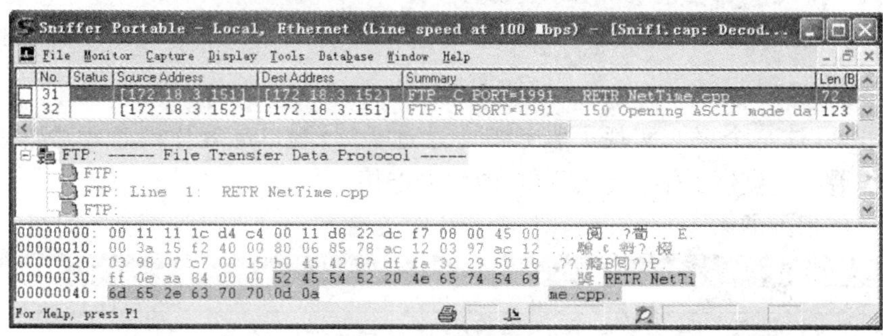

图 5-7-28

分析第四行开始的十六进制用灰色作标记的 FTP 数据部分，用字符串表示的控制协议。协议内容是客户端向服务器端发送“RETR”命令，这是在图 5-7-4 的 FTP 客户端命令窗口里面输入“get NetTime. cpp c:\NetTime. cpp”命令后，客户端请求 PORT 命令成功后，请求下载服务器的 NetTime. cpp 文件。

(25)分析相关的第 32 个报文，即 PC－B 发送给 PC－A 的，见图 5-7-29。

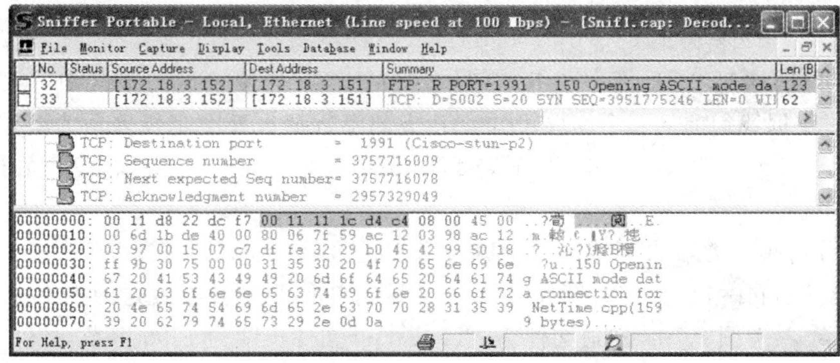

图 5-7-29

分析第四行开始的十六进制用灰色作标记的FTP数据部分。表示FTP服务器通过21号端口的控制连接向客户机回应客户机的RETR命令，“150 Opening ASCII mode data connection for file list..”字符串前面的三个字节的数字字符串“31 35 30”表示服务器向客户机回应RETR请求命令，文件状态正确，准备建立数据连接。

(26)分析相关的第33、34与35三个报文，见图5-7-30。

```
Sniffer Portable - Local, Ethernet (Line speed at 100 Mbps) - [Snif1.cap: Decod...
File Monitor Capture Display Tools Database Window Help
No. Status Source Address   Dest Address      Summary                                          Len (B)
33         [172.18.3.152]   [172.18.3.151]    TCP: D=5002 S=20 SYN SEQ=3951775246 LEN=0 WI   62
34         [172.18.3.151]   [172.18.3.152]    TCP: D=20 S=5002 SYN ACK=3951775247 SEQ=3293   62
35         [172.18.3.152]   [172.18.3.151]    TCP: D=5002 S=20     ACK=329341297 WIN=65535   60
36  #      [172.18.3.152]   [172.18.3.151]    Expert: FTP Slow First Response                1514
                                              FTP: R PORT=5002    Binary Data

TCP: ------ TCP header ------
  TCP:
  TCP: Source port        =    20 (FTP-data)
  TCP: Destination port   =  5002

00000000: 00 11 d8 22 dc f7 00 11 11 1c d4 c4 08 00 45 00
00000010: 00 30 1b df 40 00 80 06 7f 95 ac 12 03 98 ac 12
00000020: 03 97 00 14 13 8a eb 8b 4e 0e 00 00 00 00 70 02
00000030: ff ff d6 93 00 00 02 04 05 b4 01 01 04 02
For Help, press F1
```

图 5-7-30

分析可见，这三个报文实现了服务器端通过20号端口与客户端已经通过PORT命令告诉服务器的5002号端口建立TCP的数据连接。

(27)分析相关的第36个报文，即PC—B发送给PC—A的，见图5-7-31。

```
Sniffer Portable - Local, Ethernet (Line speed at 100 Mbps) - [Snif1.cap: Decod...
File Monitor Capture Display Tools Database Window Help
No. Status Source Address   Dest Address      Summary                            Len (B)
36  #      [172.18.3.152]   [172.18.3.151]    Expert: FTP Slow First Response    1514
                                              FTP: R PORT=5002    Binary Data
37         [172.18.3.152]   [172.18.3.151]    FTP: R PORT=5002    Binary Data    193

FTP: ------ FTP Data ------
  FTP:
  FTP: [1460 bytes of binary data]
  FTP:

00000000: 00 11 d8 22 dc f7 00 11 11 1c d4 c4 08 00 45 00
00000010: 05 dc 1b e1 40 00 80 06 79 e7 ac 12 03 98 ac 12
00000020: 03 97 00 14 13 8a eb 8b 4e 0f 13 a1 59 71 50 10
00000030: ff ff bd f3 00 00 2f 2f 20 4e 65 74 54 69 6d 65   // NetTime
00000040: 2e 63 70 70 ce c4 bc fe 0d 0a 0d 0a 23 69 6e 63   .cpp文件....#inc
00000050: 6c 75 64 65 20 22 49 6e 69 74 53 6f 63 6b 2e 68   lude "InitSock.h
For Help, press F1
```

图 5-7-31

分析可见，通过20号端口与5002号端口的TCP连接发送的报文中，数据部分占1460字节，跟据我们前面几个实验可知，IP头部中数据报长度字段表示为此整个IP数据报长度为1500字节，其中IP头部与TCP头部各位20字节，所以FTP数据部分为1460字节。

(28)分析相关的第37个报文，是PC—B发送给PC—A的，见图5-7-32。

分析可见，再一次通过20号端口与5002号端口的TCP连接发送的报文中数据部分占139字节，参考图5-7-4，知道文件NetTime.cpp文件长度为1599字节，1599＝1460＋139，所以可知服务器把文件的内容分在两个TCP报文发送给客户端。

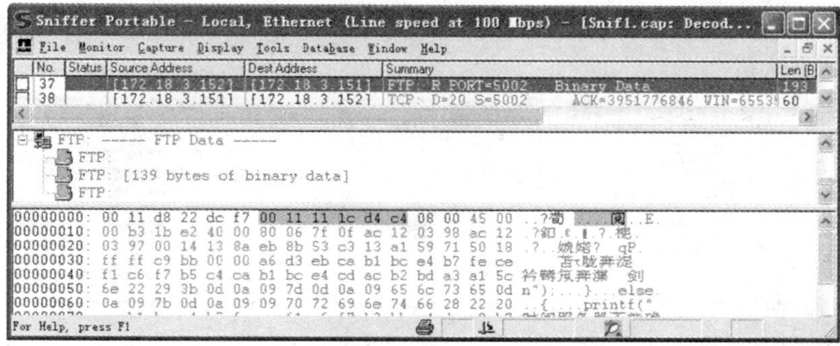

图 5-7-32

(29)分析相关的第 38 个报文，是 PC－A 发送给 PC－B 的，见图 5-7-33。

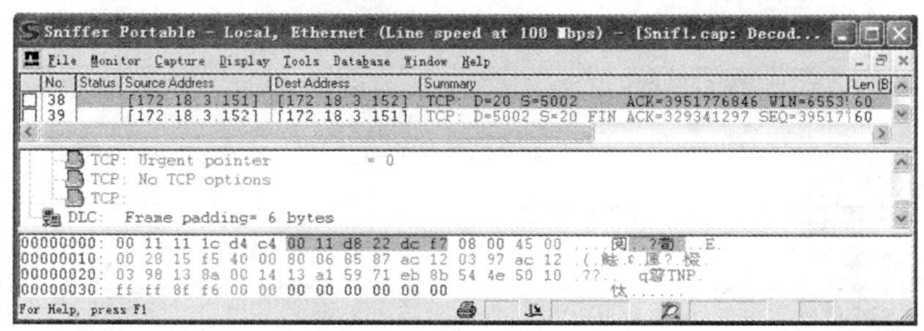

图 5-7-33

这个报文仅仅是 PC－A 向 PC－B 确认前面接收到 FTP 文件数据后的 TCP 确认报文，报文中没有包含 FTP 数据。

(30)分析相关的第 39、40、41 与 42 四个报文，见图 5-7-34。

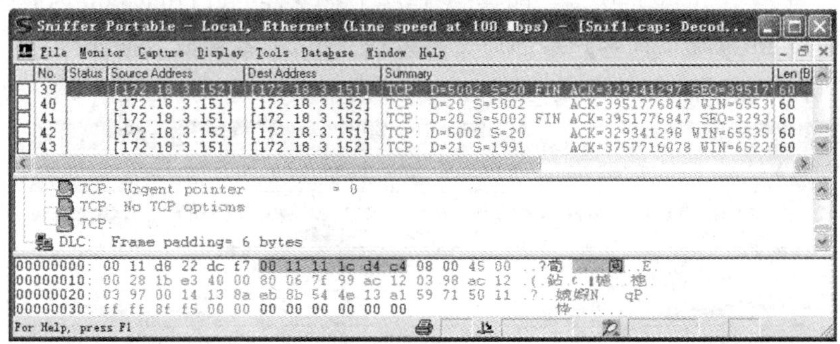

图 5-7-34

这四个报文是 FTP 服务器与客户机经过服务器的端口号 20 与客户机的端口号 5002 的数据连接完成文件 NetTime. cpp 传送后的释放数据连接的四次握手。

(31)分析相关的第 43 个报文，是 PC－A 发送给 PC－B 的，见图 5-7-35。

对比分析图 5-7-29 第 32 个报文，第 43 个报文是在 21 号端口与 1991 端口连接上，对第 32 个报文即 PC－B 发送给 PC－A 的报文的确认报文。第 32 报文的发送序号是

3757716009，数据长度是 69，第 43 个报文的确认序号是 3757716078＝3757716009＋69。符合 TCP 的确认机制。

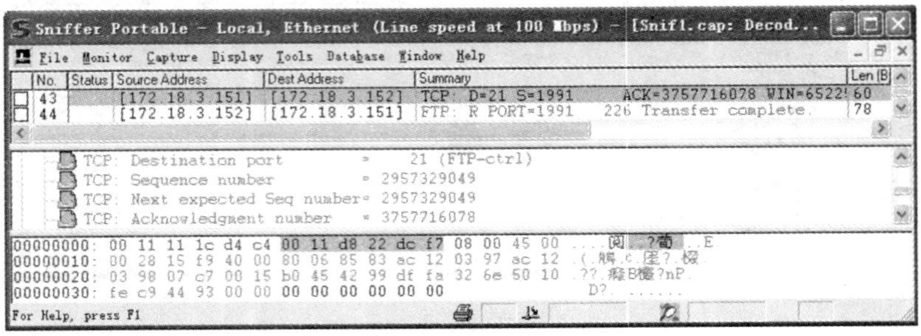

图 5-7-35

（32）分析相关的第 44 个报文，是 PC－B 发送给 PC－A 的，见图 5-7-36。

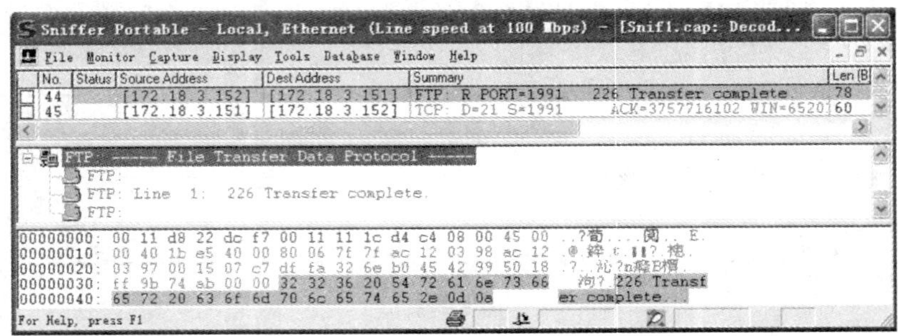

图 5-7-36

分析第四行开始的十六进制用灰色作标记的 FTP 数据部分，这个包是在 PC－B 通过 20 号端口与 PC－A 的 5002 端口的数据连接上把文件 NetTime. cpp 内容全部发送给客户段后，通过 21 号端口向客户端回应文件发送完成，准备释放数据连接。

（33）分析相关的第 45 个报文，是 PC－A 发送给 PC－B 的，见图 5-7-37。

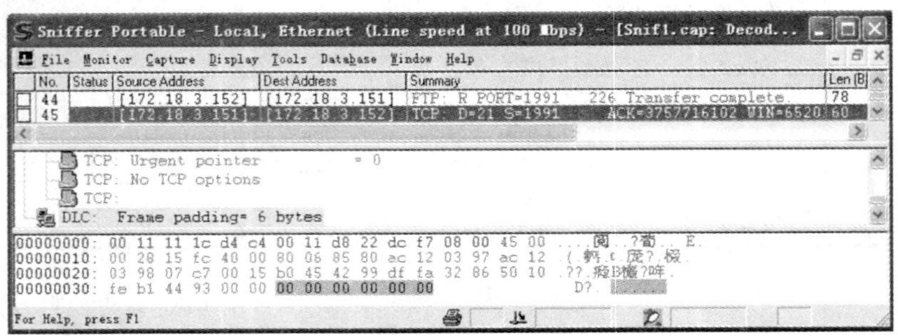

图 5-7-37

分析服务器在端口号 21 向客户机 1991 端口发送 226 报文表示文件传输完成后，FTP 客户端确认第 44 个报文接收的确认报文。

第六章　交换机与路由器配置基础

本章实验主要是介绍交换机与路由器的基本配置方法、VLAN的配置方法、静态路由的配置方法。通过本章实验，实验者将能更清楚的了解交换机与路由器的工作原理，比较熟练的掌握对交换机与路由器进行基本配置的方法。

实验一　交换机、路由器配置入门

一、背景知识描述

交换机是目前局域网中广泛使用的网络设备，它工作在OSI参考模型第二层(数据链路层)，用来解决网络瓶颈和带宽不足问题，是多个计算机或网段之间的数据交换设备。路由器工作在OSI参考模型第三层(网络层)，用来解决不同网络的数据转发问题，它有“边界路由器”和“中间节点路由器”两种。“边界路由器”处于网络边界的边缘或末端，用于不同网络的连接，如连接企业局域网和广域网(如因特网)，这也是目前大多数路由器的类型，这类路由器所支持的网络协议和路由协议比较广，背板带宽非常高，具有较高的吞吐能力，以满足各类不同类型网络的互联；而“中间节点路由器”则处于局域网的内部，通常用于连接不同局域网，起到一个数据转发的桥梁作用。中间节点路由器更注重MAC地址的记忆能力，要求较大的缓存。因为所连接的网络基本上是局域网，所以所支持的网络协议比较单一，背板带宽也较小，这些都是为了获得最高的性价比，适应一般企业的随机能力。

二、实验内容

1. 通过Console口配置交换机和路由器；
2. 通过Telnet配置交换机和路由器；
3. 命令行接口视图；
4. 实验常用命令介绍。

三、实验目的

1. 掌握交换机的管理特性，学会配置交换机的基本方法和命令行视图及常用命令；
2. 掌握路由器的管理特性，学会配置路由器的基本方法和命令行视图及常用命令。

四、应用场景描述

交换机和路由器必须先对其进行正确配置才能正常工作，网络管理员对交换机和路由器进行初始配置前，必须通过交换机和路由器的 Console 口搭建配置环境。网络管理员通过 Console 口对交换机和路由器进行初始配置后，可以通过 Telnet 对交换机和路由器进行远程管理。

五、实验拓扑

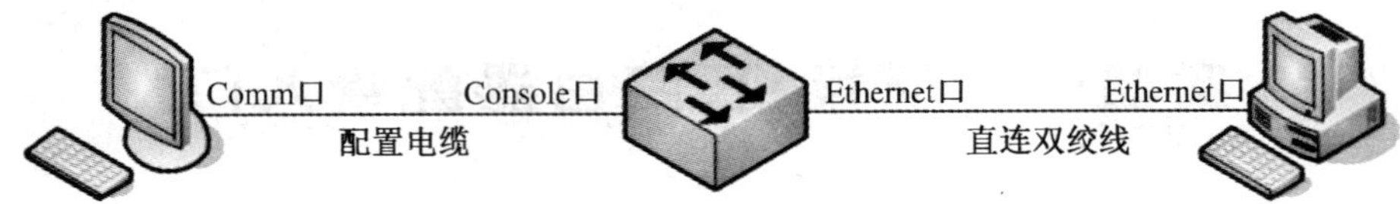

图 6-1-1　通过 Console 口/Telnet 配置交换机

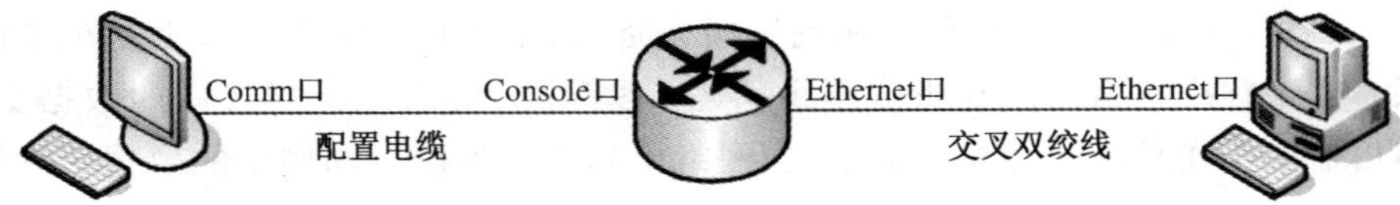

图 6-1-2　通过 Console 口/Telnet 配置路由器

六、实验设备

H3C 系列交换机和路由器各一台，PC 机一台或二台，专用配置电缆一条，直连双绞线和交叉双绞线各一条。

七、实验步骤

1. 通过 Console 口配置交换机

(1) 按图 6-1-1 搭建实验环境

将 PC 终端的 Comm 口通过配置电缆与以太网交换机的 Console 口连接。

(2) 创建超级终端

在 PC 上运行“开始”→“所有程序”→“附件”→“通讯”→“超级终端”，设置终端通信参数为：波特率为 9600bit/s、8 位数据位、1 位停止位、无校验和无流控。如图 6-1-3 所示。

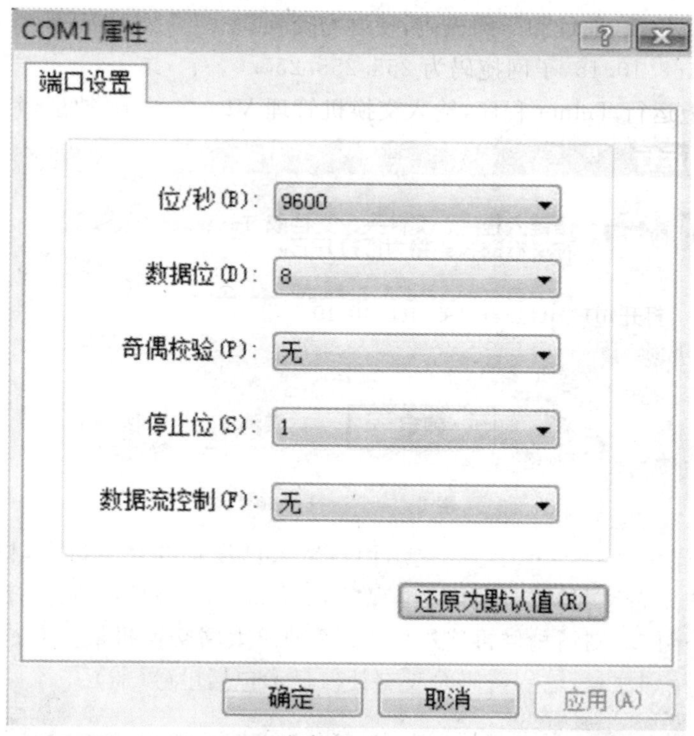

图 6-1-3　超级终端设置

(3) 命令行接口

启动交换机,单击"确定",终端上显示以太网交换机自检信息。自检结束后提示用户键入回车,进入交换机命令行视图。

<H3C>

2. 通过 Telnet 配置交换机

(1)配置交换机管理 VLAN 的 IP 地址

<H3C>

<H3C>system－view

[H3C]interface Vlan－interface 1

[H3C－Vlan－interface1]ip address 192.168.10.10 255.255.255.0

(2)在交换机上配置 Telnet 用户认证口令。

<H3C> system－view

Enter system view , return user view with Ctrl＋Z.

[H3C] user－interface vty 0

[H3C－ui－vty0] authentication－mode password

[H3C－ui－vty0] set authentication password simple xxxx(xxxx 是欲设置的该 Telnet 用户登录口令)

(3)配置 PC 的 IP 地址和子网掩码，使之与交换机 VLAN 的 IP 地址在同一网段，如 IP 地址为 192.168.10.15，子网掩码为 255.255.255.0。

(4)在 PC 上运行 Telnet 程序，输入交换机管理 VLAN 的 IP 地址，然后按“确定”。

图 6-1-4　运行 Telnet

(5)终端上显示“Password:”，并提示用户输入已设置的登录口令，口令输入正确后则出现命令行提示符<H3C>。如果出现“Too many users!”的提示，表示当前 Telnet 到交换机的用户过多，则请稍候再连接(H3C 系列以太网交换机最多允许 5 个 Telnet 用户同时登录)。特别注意：输入密码时没有任何显示包括星号(＊)。

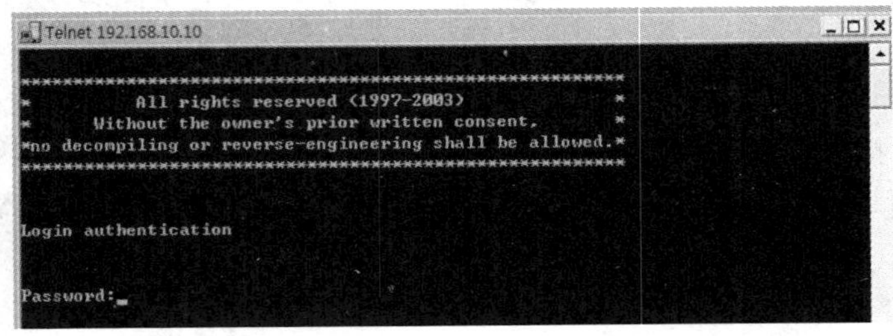

图 6-1-5　Telnet 登录界面

“注意事项”

① 通过 Telnet 配置交换机时，不要删除或修改对应本 telnet 连接的交换机上的 VLAN 接口的 IP 地址，否则会导致 Telnet 连接断开。

② Telnet 用户登录时，缺省可以访问命令级别为 0 级的命令。参照命令：

[H3C] super password [level level]{simple|cipher}password

<H3C> super level

③此外，有些以太网交换机还可以修改 Telnet 用户登录后的用户级别。参考命令：

[H3C-ui-vty0]user privilege level 3

3. 命令行接口视图

命令行提供多种视图，针对不同的命令细则，须在相应的视图中进行配置。

下表中列出了交换机常见命令视图：

表 6-1-1　交换机命令行视图

命令视图	提示符	功能	进入命令	退出命令
用户视图	<H3C>	查看简单的运行状态和信息	与路由器建立连接即进入	quit
系统视图	[H3C]	配置系统参数	System-view	quit
以太网端口视图	[H3C-Ethernet0/1]	配置和查看以太网端口信息	Interface ethernet0/1	quit
VLAN 端口视图	[H3C-Vlan- interface1]	配置 VLAN 端口	Interface vlan-interface 1	quit
VLAN 配置视图	[H3C-vlan5]	进行 VLAN 端口的增加、删除等	Vlan 5	quit
AUX 用户接口视图	[H3C-ui-aux0]	设置用户访问控制权限	User-interface aux 0	quit

4. 实验常用命令

(1)查看当前设备配置

<H3C>display current-configuration

(2)保存当前设备配置

<H3C>save

(3)查看 Flash 中的配置信息

<H3C>display saved-configuration

(4)删除 Flash 中的配置信息

<H3C>reset saved-configuration

(5)重启交换机

<H3C>reboot

(6)显示系统版本信息

<H3C>display version

(7)显示历史命令,命令行接口为每个用户缺省保存 10 条历史命令

[H3C]display history-command

(8)设备重新命名,设备的默认缺省名为 H3C

[H3C]sysname CQIT　　//把设备的名字更改为 CQIT

5. 另外我们还可以本地提供用户名和口令认证为例进行 Telnet 用户认证:

[H3C]user-interface vty 0 4

[H3C -ui-vty0-4] authentication-mode scheme

[H3C -ui-vty0-4]quit

[H3C]local-user cqit

[H3C -user-cqit]password simple jsjxy

[H3C -user-cqit]service-type telnet level 3

再次使用 Telnet 进行登录 192.168.10.10，按照提示输入 user：cqit，password：jsjxy，即进入用户视图，请注意与第 2 步的区别。

6. 通过 Console 口配置路由器

按图 6-1-2 搭建实验环境，将 PC 终端的 Comm 口通过配置电缆与路由器的 Console 口连接，通过 Console 口配置路由器与通过 Console 口配置以太网交换机的方法相同，这里不再介绍。

7. 通过 Telnet 配置路由器

如果路由器配置了 IP 地址，我们就可以在本地或远程使用 Telnet 登录到路由器上进行配置。

(1)配置路由器的 IP 地址：我们首先要在系统视图下使用 interface Ethernet 命令进入以太网接口配置视图，然后使用 ip address 命令配置 IP 地址。

<H3C>system

[H3C]interface Ethernet 0/0

[H3C - Ethernet 0/0]ip address 192.168.10.11 255.255.255.0

(2)配置 PC 的 IP 地址与路由器在同一网段，如 PC 的 IP 地址为 192.168.10.15，子网掩码为 255.255.255.0。

(3)在 PC 上运行“Telnet 192.168.10.11”，并输入默认用户名：admin，密码：admin，即进入用户视图，登录到路由器进行配置。特别注意：输入密码时没有任何显示包括星号(*)。

8. 路由器命令行也提供多种视图，针对不同的命令细则，须在相应的视图中进行配置。

下表中列出了路由器常见命令视图：

表 6-1-2　路由器命令行视图

命令视图	功能	提示符	进入命令	退出命令
用户视图	查看路由器状态	<H3C>	与路由器建立连接即进入	Quit
系统视图	配置系统参数	[H3C]	System-view	Quit
RIP 视图	配置 RIP 协议	[H3C-rip]	rip	Quit
OSPF 视图	配置 OSPF 协议	[H3C-ospf-1]	ospf 1	Quit
BGP 视图	配置 BGP 协议	[H3C-bgp]	bgp 1	Quit

路由策略视图	配置路由策略	[H3C-route-policy]	route-policy abc permit node 1	Quit
PIM 视图	配置组播路由	[H3C-pim]	multicast routing-enable，pim	Quit
同步串口视图	配置同步串口	[H3C-Serial0/0]	interface Serial0/0	Quit
以太网接口	配置以太网接口	[H3C-Ethernet0/0]	interface Ethernet0/0	Quit
AUX 接口视图	配置 AUX 接口	[H3C-Aux0]	interface Aux 0	Quit
LoopBack 接口	配置 LoopBack 接口	[H3C-LoopBack1]	interface LoopBack 1	Quit

八、思考题

如何将交换机和路由器还原为出厂配置？

实验二　简单 VLAN 技术

一、背景知识描述

虚拟局域网(Virtual Local Area Network，VLAN)是指在交换局域网的基础上，采用网络管理软件构建的可跨越不同网段、不同网络的端到端的逻辑网络。一个 VLAN 组成一个逻辑子网，即一个逻辑广播域，它可以覆盖多个网络设备，允许处于不同地理位置的网络用户加入到一个逻辑子网中。建立 VLAN 需要相应的支持 VLAN 的网络设备。网络中的不同 VLAN 间进行相互通信时，需要路由的支持，这时就需要增加路由设备——要实现路由功能，既可采用路由器，也可采用三层交换机来完成。从技术角度讲，VLAN 的划分可依据不同原则，它们分别是基于端口、基于 MAC 地址、基于路由、基于协议的划分方法。它具有控制广播风暴、提高网络整体安全性、网络管理简单直观等优点。

二、实验内容

VLAN 基础配置及 VLAN 常用命令使用。

三、实验目的

掌握 VLAN 级联的静态配置方法。

四、应用场景描述

对于交换式以太网，如果对某些用户重新分配网段，需要网络管理员对网络系统的物理结构重新进行调整，甚至需要追加网络设备，增加网络管理的工作量。而对于采用

VLAN 技术的网络来说，一个 VLAN 可以根据部门职能、对象组或者应用将不同地理位置的网络用户划分为一个逻辑网段，大大减轻了网络管理和维护工作的负担，降低了网络维护费用。

五、实验拓扑

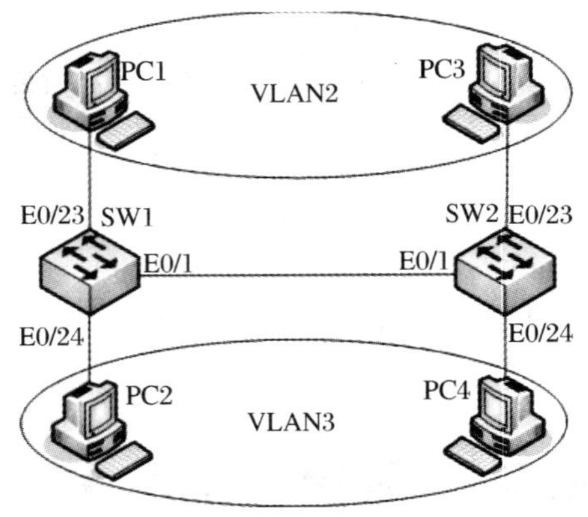

图 6-2-1 VLAN 实验网络拓扑结构图

六、实验设备

H3C 系列交换机两台、PC 机四台、专用配置电缆一条、网线五条。

七、实验步骤

1. 在交换机上创建 Vlan；

<H3C>system-view

[H3C]sysname SW1

[SW1]vlan 2

[SW1-vlan2]vlan 3

2. 为 Vlan 分配端口；

[SW1-vlan3] port ethernet 0/24

[SW1-vlan3]vlan 2

[SW1-vlan2] port ethernet 0/23

3. 打开以太网接口的 vlan trunk 功能；

[SW1-Ethernet0/1]port link-type trunk

4. 设置 Trunk 端口中允许通过的 VLAN；

[SW1-Ethernet0/1]port trunk permit vlan 2 to 3

5. 对另一个交换机做类似的配置；

6. 将 PC1、PC2、PC3、PC4 的 IP 地址分别设为 10.0.101.1、10.0.101.2、

10.0.101.3、10.0.101.4，子网掩码均为 255.0.0.0；

7. 同一 VLAN、不同 VLAN 内的计算机相互 ping，测试其相通性；

8. 相关命令介绍：

(1)[H3C]vlan vlan_id

创建 VLAN vlan_id。vlan-id 是 VLAN 接口的 ID，取值范围为 2～4094

[H3C] undo vlan vlan_id

删除 vlan vlan_id

(2)[H3C-vlan2] port port_num [to port_num]

给指定 vlan 增加以太网接口，port_num：由端口类型和端口序号组成；端口序号由槽号和端口号的二元组组成，如果是百兆口，则槽号为 0，端口号取值范围为 1～24；如果是千兆口，则槽号为 1 或 2，端口号取值围为 1。

(3)[H3C-Ethernet0/10] port access vlan vlan-id

给指定 vlan 增加以太网接口。

(4)[H3C-Ethernet0/1]port link-type trunk

打开以太网接口的 vlan trunk 功能，缺省为关闭 vlan trunk 功能。

(5)[H3C-Ethernet0/1]port trunk permit vlan { vlan_id_list | all }

该命令用来设置 Trunk 端口中允许通过的 VLAN，缺省值时端口为非 Trunk 端口。

(6)[H3C-Ethernet0/1] port trunk pvid vlan vlan_id

该命令用来设置 Trunk 端口的缺省 VLAN ID，vlan_id 的缺省值为“1”。

八、思考题

如果在交换机 SW1 和 SW2 之间加一个交换机 SW3，即 SW1 连接到 SW3，SW3 连接到 SW2，那么交换机该怎么配置？

实验三　静态路由实验

一、背景知识描述

在因特网中进行路由选择要使用路由器，路由器根据所收到的报文的目的地址选择一条合适的路由（通过某一网络），并将报文传送到下一个路由器，路径中最后的路由器负责将报文送交目的主机，目前常用的路由有静态路由和动态路由，本节主要介绍静态路由。静态路由是指由网络管理员手工配置的路由信息。当网络的拓扑结构或链路的状态发生变化时，网络管理员需要手工去修改路由表中相关的静态路由信息。静态路由信息在缺省情况下是私有的，不会传递给其他的路由器。当然，网管员也可以通过对路由器进行设置使之成为共享的。静态路由一般适用于比较简单的网络环境，在这样的环境中，网络管理员易于清楚地了解网络的拓扑结构，便于设置正确的路由信息。

二、实验内容

配置静态路由。

三、实验目的

通过本实验掌握利用静态路由实现主机通信，并了解静态路由的使用场合。

四、应用场景描述

不同网络通过路由器连接时，需要在路由器上配置路由协议。

五、实验拓扑

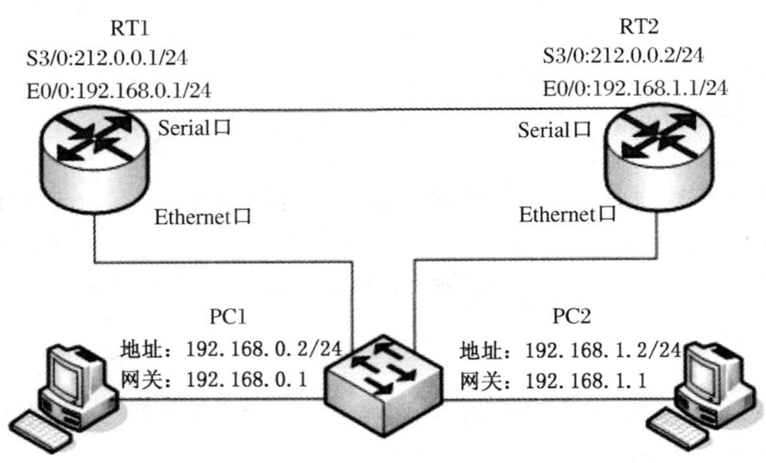

图 6-3-1 配置静态路由

六、实验设备

路由器两台、计算机两台、Console 配置电缆一条、标准 V35 线缆 1 对、双绞线 4 条。

七、实验步骤

1. 按照图 6-3-1 所示，搭建网络环境。
2. 在 RT1 上配置各接口的地址：

```
<H3C>system-view
[H3C]sysname RT1                                   //修改路由器的名字
[RT1]interface Ethernet0/0
[RT1-Ethernet0/0]ip address 192.168.0.1 255.255.255.0
                                                   //配置 Ethernet 口的地址
```

[RT1-Ethernet0/0]interface Serial3/0

[RT1-Serial3/0]ip address 212.0.0.1 255.255.255.0 //配置 Serial 口的地址

3. 静态路由的配置：

[RT1-Serial3/0]link—protocol ppp

[RT1-Serial3/0]quit

[RT1] ip route-static 192.168.1.0 255.255.255.0 212.0.0.2 preference 60

4. 对 RT2 做类似的配置：

<H3C>system-view

[H3C]sysname RT2

[RT2]interface Ethernet0/0

[RT2-Ethernet0/0]ip address 192.168.1.1 255.255.255.0

[RT2-Ethernet0/0]interface Serial3/0

[RT2-Serial3/0]ip address 212.0.0.2 255.255.255.0

[RT2-Serial3/0]link—protocol ppp

[RT2-Serial3/0]quit

[RT2] ip route-static 192.168.0.0 255.255.255.0 212.0.0.1 preference 60

5. 分别配置 PC1、PC2 的 IP 地址和网关，使用 ping 命令检查两台计算机之间的连通性。

"注意事项"

①在配置静态路由时，一定要保证路由的双向可达。

②如果必须配置静态路由，请尽量使用具体网段的静态路由，避免使用 ip route-static 0.0.0.0 0.0.0.0 {interface-type interface-name | nexthop-address} [preference value]缺省路由，以防止路由环的产生。

③如果接口封装 PPP 或 HDLC 协议，这时可以不用指定下一跳地址，只需指定发送接口即可；对于封装了非点到点协议比如 fr、x25 等，必须配置下一跳的 ip 地址。

内容简介

本书中的实验内容分六大块：网络基础知识、网络服务、网络互联、网络安全配置、网络管理和网络协议、交换机与路由器配置基础等等。具体包括双绞线标准及制作，网络综合布线，网络实验工具 VMware 的使用，Windows 环境下对等网的组建，常见网络指令的使用，Windows2003 服务器的安装与配置，FTP 服务器的建立及设置，DHCP 服务器的安装与配置，Windows Server2003 中的远程访问/VPN 服务器，Windows Server2003 中的流媒体服务器，网络协议选择，Windows 环境与 NetWare 环境的互联，Windows 环境与 Linux 环境的互联，多种操作系统的互联、故障排除、Windows 操作系统安全，Linux 操作系统安全，常用网络设备安全，HP OpenView 的使用，Sniffer 的使用，局域网中常用的协议栈，局域网数据链路层帧及实例，协议分析实验，交换机与路由器配置实验等。

图书在版编目(CIP)数据

网络技术基础实验/唐明，陆渝，刘胜宏主编. —重庆：西南师范大学出版社，2008.7

ISBN 978-7-5621--4722-0

Ⅰ. 网…　Ⅱ. ①唐 ②陆 ③刘…　Ⅲ. 计算机网络—高等学校—教材　Ⅳ. TP393

中国版本图书馆 CIP 数据核字(2009)第 161202 号

大学计算机科学实验教学示范中心教材

网络技术基础实验

总 主 编：张为群

本册主编：唐明　陆渝　刘盛弘

责任编辑：张浩宇　罗渝　李蜀丽

封面设计：陈　杨

出版发行：西南师范大学出版社

（重庆・北碚　邮编：400715

网址：www.xscbs.com）

印　　刷：四川外语学院印刷厂

开　　本：787mm×1092mm　1/16

印　　张：12.375

字　　数：340 千字

版　　次：2011 年 1 月第 1 版

印　　次：2011 年 1 月第 1 次

书　　号：ISBN 978-7-5621-4722-0

定　　价：23.00 元